新工科·普通高等教育系列教材
"十三五"江苏省高等学校重点教材

# Pro/Engineer 模具设计

主　编　卢雅琳　王江涛
副主编　孙凌燕　刘　文
参　编　张肖肖　杨晓红　王明智

机械工业出版社

本书以企业实际生产为主线，构建教材体系。全书包括草绘设计、产品建模、工程图、塑料模具设计、模具零件加工五个模块。基于 OBE 理念，以"产品—模具—加工"为思路，选择 18 个项目，采用"问题引入—案例分析—案例实施—知识分析—错误问题导正"阶梯化撰写方式，实现教、学、做、思一体化，符合学生的学习习惯，有助于自主学习习惯的养成。

　　全书内容语言精练、通俗易懂，内容编排由浅入深，使读者更容易掌握基础概念、基本理论、基本方法，适合作为应用型本科高等院校的教材。

## 图书在版编目（CIP）数据

Pro/Engineer 模具设计/卢雅琳，王江涛主编. —北京：机械工业出版社，2022.10

新工科·普通高等教育系列教材　"十三五"江苏省高等学校重点教材
ISBN 978-7-111-71860-4

Ⅰ.①P…　Ⅱ.①卢…　②王…　Ⅲ.①模具-计算机辅助设计-应用软件-高等学校-教材　Ⅳ.①TG76-39

中国版本图书馆 CIP 数据核字（2022）第 195893 号

机械工业出版社（北京市百万庄大街 22 号　邮政编码 100037）
策划编辑：丁昕祯　　　　　　责任编辑：丁昕祯
责任校对：潘　蕊　陈　越　　封面设计：张　静
责任印制：常天培
固安县铭成印刷有限公司印刷
2023 年 7 月第 1 版第 1 次印刷
184mm×260mm · 19.25 印张 · 477 千字
标准书号：ISBN 978-7-111-71860-4
定价：64.80 元

电话服务　　　　　　　　　网络服务
客服电话：010-88361066　　机 工 官 网：www.cmpbook.com
　　　　　010-88379833　　机 工 官 博：weibo.com/cmp1952
　　　　　010-68326294　　金 书 网：www.golden-book.com
**封底无防伪标均为盗版**　机工教育服务网：www.cmpedu.com

# 前　言

　　模具作为现代工业生产的"效益放大器"，在国民经济中占重要地位，其制品具有高精度、高复杂程度、高一致性、高生产率的特点。模具生产技术水平的高低，已成为衡量一个国家产品制造水平高低的重要标志。相关数据显示，模具 CAD/CAM 技术的应用可将工程成本降低 13%~30%，产品开发周期减少 30%~60%，产品质量提高 5~15 倍。Pro/Engineer 系列软件用于工业设计和机械设计，覆盖众多的工程设计领域。作为一个高端、全方位的三维产品设计开发软件，它以其尺寸驱动、基于特征、全相关及单一数据库的优点，逐渐成为国内最受欢迎的三维 CAD/CAM 软件之一。

　　本书是基于课程性质和培养目标，以企业实际生产为主线，构建立体化的内容体系，主要包括产品设计—模具设计—工艺设计等。本书在内容编排、表述方法及案例习题选取上的主要特点如下：

　　1）强化与渗透基本概念，以"主题+项目"的形式，将图形变换等基本理论中的概念渗透到软件操作中，使读者在应用中体会并掌握基本概念与原理。

　　2）突出工程应用，以企业的实际产品为案例，以企业的实际工作过程"产品—模具—加工"为撰写思路，将 CAD/CAM 技术和模具紧密结合起来，在习题的选取上，注重采用工程实例，以培养读者解决实际工程问题的能力。

　　3）注重分析和创新能力的培养，采用"纠错"的方式撰写部分案例项目，启发读者自行纠错，引导读者分析错误的原因和解决办法，且习题采用"规定作图+自由创新"，鼓励读者在学会操作命令与技能的同时进行创新设计。

　　全书语言精练、通俗易懂，内容编排由浅入深，使读者更容易掌握基础概念、基本理论、基本方法，适合作为应用型本科高等院校的教材。

　　本书的编写团队成员为具有丰富教学经验的高职称、高学历的一线高校教师，同时他们参与了大量企业产品的研发。

　　由于编者水平有限，编写时间仓促，书中的错误及不当之处在所难免，恳切希望广大读者给予批评指正。

编　者

# 目　录

# 第1章

## 绪论

Pro/Engineer 是当今世界著名的三维 CAD/CAM/CAE 系统软件，广泛应用于电子、机械、汽车、家电等行业，集零件设计、产品装配、模具开发、NC 加工、钣金设计等功能于一体。

### 【学习目标】

**（1）知识目标**

① 了解三维数字化建模的基本特点。

② 掌握 Pro/Engineer 的界面和特点。

③ 掌握 Pro/Engineer 的一些基本配置。

**（2）能力目标**

① 熟练使用"文件"中各工具。

② 能区别命令"拭除"与"删除"。

③ 能创建具有常规配置的 config.pro 文件。

一般认为，CAD 是指工程技术人员在人和计算机组成的系统中，以计算机为辅助工具，通过计算机和 CAD 软件对设计产品进行分析、计算、仿真、优化与绘图，在这一过程中，把设计人员的创造思维、综合判断能力与计算机强大的记忆、数值计算、信息检索等能力相结合，各尽所长，完成产品的设计、分析、绘图等工作，最终达到提高产品设计质量、缩短产品开发周期、降低产品生产成本的目的。CAD 的功能大致可以归纳为四类，即几何建模、工程分析、动态模拟和自动绘图。模具是工业生产的主要工艺设备，随着计算机技术的发展，手工设计将逐渐被各种模具 CAD 软件设计代替。Pro/Engineer（简称 Pro/E）就是其中应用最广泛的软件之一，它提供了零件建模、曲面建模、钣金设计、工程图、数控加工等全面的功能，结合单一数据库、参数化、基于特征、全相关等特点改变了模具 CAD/CAE/CAM 软件的传统观念，大大提高了设计的效率和效果。

本章重点介绍 Pro/Engineer 的功能、工作环境等内容，使读者对 Pro/Engineer 有一个感性的认识。

## 1.1　常用模具 CAD/CAM/CAE 软件的介绍

根据产品性能及应用领域的不同，常用模具 CAD/CAM/CAE 软件大致可分为功能独立型支撑软件和功能集成型支撑软件。

### 1.1.1　功能独立型支撑软件

功能独立型支撑软件又分为交互绘图软件、几何建模软件、优化方法软件、有限元分析软件、数控编程软件、数据库系统软件、模拟仿真软件等。

（1）交互绘图软件　主要用于二维设计，以工程制图为主。通过人机交互方法完成二维工程图样的生成和绘制，具有基本图形元素（点、线、圆）绘制、图形变换（缩放、平移、旋转等）、编辑（增、删、改等）、存储、显示控制等功能。这类软件可以提供符号库、完美的尺寸、公差标注等，如 AutoCAD、国内大部分自主版权开发的或二次开发的符合国情的 CAD 软件、CAXA 软件等。

（2）几何建模软件　主要用于三维实体建模。具有消隐、着色、浓淡处理、实体参数计算、质量特性计算、参数化特征造型、装配和干涉检查等功能。这类软件可以提供零件库，并能生成对应的二维工程图，如 Solid Edge、SolidWorks 等。

（3）优化方法软件　主要用于从多种方案中选择最佳方案。它以数学中的最优化理论为基础，以计算机为手段，根据设计所追求的性能目标，建立目标函数，在满足给定的各种约束条件下，寻求最优的设计方案。这类软件可以提供相关的优化求解函数，如 Matlab、Kissoft 等。

（4）有限元分析软件　用于进行静态、动态、热特性、流体特性、电磁场等分析。有限元分析法（FEA）是对于结构力学分析迅速发展起来的一种现代计算方法，通常包括前置处理、计算分析及后置处理三部分。常见的通用有限元分析软件包括 MSC Nastran、Ansys、Abaqus 等；其中进行塑料流动分析的专业软件有 Moldflow、Moldex3D、HSCAE、i-mold 等；进行冲压过程分析的软件有 Autoform、Dynaform、PAMStamp 等；进行铸造模拟分析的软件有 Magma、Procast、Flow-3D 等；进行锻压模拟分析的软件有 Deform、MSC/Forge、Simufact 等。

（5）数控编程软件　用于借助计算机使用规定的数控语言生成零件加工的源程序。它具备刀具定义、工艺参数设定、刀具轨迹自动生成、后置处理和切削加工模拟等功能，如 MasterCAM、Delcam、SurfCAM、PowerMill 等。

（6）数据库系统软件　用于支持各子系统中的数据传递与共享。它在 CAD/CAM 系统中具有重要地位，可以有效地存储、管理、使用相关数据，如 FoxPro、DB-2、Access、SQL-server 等。

（7）模拟仿真软件　用于建立真实系统的计算机模型。它可以实时、并行模拟产品生产或各部分运行的全过程，以预测产品性能、产品的制造过程和产品的可制造性。一般来讲，动力学模拟可以仿真分析机械系统在质量特性和力学特性作用下系统的运动和力的动态特性；运动学模拟可根据系统的机械运动关系来仿真计算系统的运动特性，如 ADAMS 软件，而加工仿真的软件主要有 Vericut 等。

### 1.1.2　功能集成型支撑软件

功能集成型支撑软件是大型集成化系统。它不但兼有 CAD、CAM 两类软件之长，还集成有 CAE、CAPP、PDM 等分析、工艺、产品资料管理的功能。由于其对系统资源要求高、价格昂贵、功能完整，大多应用于航空航天、汽车、兵工、船舶等大型企业。常用的功能集成型支撑软件如 Pro/Engineer、UG NX、I-DEAS、CATIA 等。

（1）Pro/Engineer 美国 PTC（Paramatric Technology Corporation）公司开发的机械设计自动化软件，最早实现参数化技术商品化，是国内应用最为广泛的 CAD/CAM 软件之一。它功能齐全，包括 70 多个专用功能模块，如特征造型、装配建模、有限元分析、曲面造型、产品数据管理等。

（2）UG NX 美国 EDS（Electronic Data System）公司汇集美国航空航天、汽车冶金等工业丰富的设计经验，发展而成的世界一流集成化 CAD/CAE/CAM 系统，在国际和国内均占有很重要的市场份额。

（3）I-DEAS 美国 SDRC（Structure Dynamics Research Corporation）公司推出的高度集成化 CAD/CAE/CAM 系统，具备强大的有限元分析前处理和实用的机构仿真能力。近年来推出的 Master 系列产品在变量几何设计技术方面上有新的突破，同时，该公司提供功能强大的 PDM 产品 Matephase。

（4）CATIA 法国达索飞机公司（Dassault Aircraft Company）开发的高档 CAD/CAM 软件。CATIA 软件以其强大的曲面设计功能在飞机、汽车、轮船等设计领域享有很高的声誉。CATIA 的曲面造型功能体现在它提供了极其丰富的造型工具来支持用户的造型需求，使用户能够节省大量的硬件成本，而且其友好的用户界面，使用户更容易使用。从 CATIA 软件的发展过程可以发现，现在的 CAD/CAM 软件更多地向智能化、支持数字化制造企业和产品的整个生命周期的方向发展。

## 1.2 Pro/Engineer 的功能简介

Pro/Engineer 系统是一个大型软件包，它支持并行工作和协同工作，是一个应用广泛、功能强大的 CAD/CAE/CAM 工程设计软件，它将产品从设计到生产加工的过程集成在一起，并且能够实现所有用户同时参与同一产品的设计与制造工作。

Pro/Engineer 系统由六大主模块组成：工业设计（CAID）模块、机械设计（CAD）模块、功能仿真（CAE）模块、制造（CAM）模块、数据管理（PDM）模块和数据交换（Geometry Translator）模块。这些主模块又包含了许多不同的子模块，每种子模块可完成不同的设计、分析和制造功能，在此无法将每种子模块的功能一一列出，下面主要就机械设计（CAD）模块和制造（CAM）模块中用户经常使用的一些功能做简单介绍。

（1）实体装配模块 实体装配模块是一个参数化组装管理系统，用户可采用自定义手段生成一组组装系列并自动更换零件。同时生成的装配模型包含的零件数目没有限制，因此可用来构造和管理大型复杂的模型，并且装配模型可以按不同的详细程度来表示，从而使用户可以对某些特定的部件或子装配体进行研究，从而能够保证整个产品的设计意图不变。

（2）电路设计模块 电路设计模块具有全面的电缆布线功能，它为在 Pro/Engineer 3.0 的部件内设计三维电缆和导线束提供了一个综合性的电缆铺设功能包。用户进行三维电缆铺设时，可同时进行设计和组装机电装置，并能对机械与电缆空间进行优化设计。

（3）曲面设计模块 曲面设计模块为用户提供了各种不同的方法来创建各种类型的曲

面或形状复杂的零件。设计人员在此模块中可直接参与对 Pro/Engineer 中的任一实体零件的几何外形和自由形式的曲面进行有效的开发，或者直接进行整个曲面造型，其主要创建过程为：创建数个单独的曲面，然后对曲面进行裁剪、合并等操作，最后将曲面或面组转化为实体零件。

（4）特征模块　特征模块扩展了 Pro/Engineer 内的有效特征，包括用户定义的习惯特征，如各种弯面造型、零件抽壳、三维扫描造型、多截面造型功能等。通过将 Pro/Engineer 任意数量的特征组合在一起，可以既快又方便地生成用户自定义特征。另外，Pro/Engineer 具有从零件上一个位置复制或组合特征到另一个位置的能力，以及镜像复制生成带有复杂雕刻轮廓的实体模型的功能。

（5）模具设计模块　模具设计模块主要用于设计模具部件和进行模板组装。在此模块中用户可方便地创建模具型腔几何外形、产生模具型芯和腔体、产生精加工的塑料零件和完整的模具装配体文件、自动生成模架、冷却水道、顶出杆和分型面，在模具打开的过程中检测元件是否干涉，分析设计零件是否可塑，对问题区域进行检测和修复等。

（6）钣金设计模块　钣金设计模块为用户提供了专业工具来设计和制造钣金部件，与实体零件模型一样，钣金件模型的各种结构也是以特征的形式进行创建的。在此模块中用户可以创建钣金壁，添加其他实体特征，创建钣金冲孔和切口，进行钣金折弯和展开，最终生成钣金件工程图。

（7）制造模块　制造模块支持高速加工及专业化加工，能够生成生产过程规划、刀具轨迹，能根据用户需要生成的生产规划做出时间上、价格上及成本上的估计。通过 Pro/Engineer 中制造模块能够实现将生产过程、生产规划与设计造型连接起来，所以任何在设计上的改变，软件都能自动地将已做过的生产上的程序和资料自动重新产生，而无须用户手动修改。它将具备完整关联性的 Pro/Engineer 产品延伸到加工制造的工作环境里，容许用户采用参数化方法去定义数值控制（NC）工具路径，凭此才可将 Pro/Engineer 生成的实体模型进行加工，接着对这些信息做后期处理，产生驱动器件所需的编码。

（8）仿真模块　在此模块中，通过对数值控制操作进行仿真，可以帮助制造工程人员优化制造过程，减少废品和再加工。在加工和操作开始以前，让用户检查干涉情况和验证零件切割的各种关系，以保证加工顺利进行。本书按照企业使用 Pro/Engineer 软件进行产品开发的实际流程进行展开，具体如图 1-1 所示。

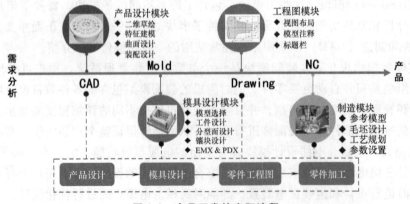

图 1-1　产品开发的实际流程

## 1.3　Pro/Engineer 的工作环境

### 1.3.1　Pro/Engineer 的用户操作界面

Pro/Engineer 软件安装完成后，单击【开始/程序/ProE】或直接在桌面上双击 Pro/Engineer 的图标，即可启动软件进入 Pro/Engineer 的初始界面，如图 1-2 所示。

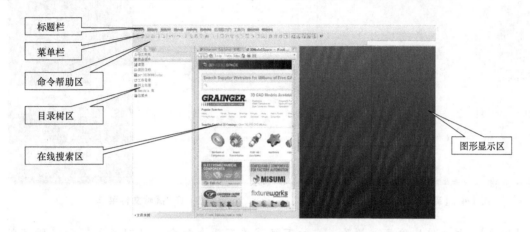

图 1-2　Pro/Engineer 的初始界面

下面详细介绍 Pro/Engineer 操作界面的组成部分。

**1. 标题栏**

标题栏与其他普通窗口应用程序的外观与功能是一样的。标题栏左边显示应用程序名称和当前打开的文件名称，右边是窗口应用程序的三个标准按钮。

**2. 菜单栏**

Pro/Engineer 将大量命令综合起来放在菜单栏中，以求更符合微软窗口化的标准，同时对一些相近的操作命令重新进行合成。Pro/Engineer 的菜单栏中包含了【文件】【编辑】【视图】【插入】【分析】【信息】【应用程序】【工具】【窗口】【帮助】十大菜单，如图 1-3 所示。

文件(F)　编辑(E)　视图(V)　插入(I)　分析(A)　信息(N)　应用程序(P)　工具(T)　窗口(W)　帮助(H)

图 1-3　菜单栏

与 Pro/Engineer 先前的版本相比，菜单栏中做了一些调整。菜单包含的命令信息更加丰富和完备，更符合操作习惯，下面简要介绍各个菜单的含义。

（1）【文件】菜单　【文件】中的大部分命令，读者在其他软件中已经很熟悉了，这里只对几个比较特殊但在 Pro/Engineer 中常用的一些命令做简单介绍。

【新建】：在【文件】下拉菜单中选择【新建】命令，或在最初界面工具栏中单击【新建】按钮 □，可打开【新建】对话框，如图 1-4 所示。

【设置工作目录】：设置好工作目录后，打开和保存文件等操作都在该目录下进行，这为文件管理提供了方便，读者应该从开始就养成设置工作目录的好习惯。

【拭除】：当打开多个文件后，它们会一直驻留在内存中，为了释放内存资源，可以使用该命令。该命令的下级菜单有两个命令：【当前】和【不显示】，即擦除当前显示的和内存中没有显示的文件，如图1-5所示。

注意：拭除文件并不是把文件从<u>硬盘</u>上删除掉，它只是把文件从<u>内存</u>中删除掉。

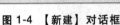

图1-4 【新建】对话框　　　　　　　　　　图1-5 拭除文件菜单

【删除】：把文件从硬盘上删除。它的下级菜单有两个命令：【旧版本】和【所有版本】，前者表示删除当前版本以前的老版本，不包含当前版本；后者表示删除所有版本的文件，即从硬盘中彻底删除文件，使用该命令要谨慎。

提示：Pro/Engineer保存文件的方式比较特殊，每保存一次文件并不覆盖原有的文件，而是产生一个副本，文件扩展名的序号递增。如 PRT0001.prt.1、PRT0001.prt.2、PRT0001.prt.3 等。其有利的一面是，当有不正确的操作而丢失了当前的数据时，可以从旧版本中恢复数据，但也有不利的一面，即在多次保存后，会产生大量的文件副本，浪费大量硬盘空间，此时，读者可以用【删除/旧版本】命令来删除文件，只保留最新版本。

(2)【编辑】菜单　【编辑】菜单是与旧版本相比变化比较大的一个菜单，它包含了更丰富的命令功能。不同的功能模块，其菜单中所包含的命令不同，由于Pro/Engineer不直接显示菜单管理器，只是在用到有些命令时才弹出菜单管理器，所以该菜单包含了很多先前版本出现在菜单管理器中的命令。通过【编辑】菜单可以完成对曲线、曲面和实体的编辑。一些编辑命令可通过快捷菜单访问，在图形窗口或模型树中选取对象后，单击鼠标右键，即可打开快捷菜单。

(3)【视图】菜单　【视图】菜单主要是对图形窗口进行控制，以便于观察模型，方便模型操作，【视图】菜单中有些常用视图控制命令可在工具栏中找到相应的工具图标。其中【视图管理器】是新增加的一个命令。【视图】菜单如图1-6所示。

(4)【插入】菜单　Pro/Engineer将模型的创建流程，如长方形、挖孔、倒角、圆角、剪切等操作作为特征，该菜单的主要作用是插入特征。在不同的模块下，其菜单中的命令不尽相同，零件模块下的【插入】菜单如图1-7所示，该菜单也包含很多以前出现在菜单管理器中的命令。

（5）【分析】菜单　【分析】菜单主要用于分析模型或对象，不同模块下【分析】菜单的内容不同。图1-8所示是零件模型下的【分析】菜单。其中较常见的有【测量】【模型分析】【曲线分析】【机械分析】【ModelCHECK】和【曲面分析】等命令。与以前版本相比，该菜单变化不大。

（6）【信息】菜单　该菜单主要用来查看零件、模型或对象的信息。信息以单独的窗口显示，【信息】菜单如图1-9所示。

（7）【应用程序】菜单　该菜单中主要是一些应用程序，零件模块下的【应用程序】菜单如图1-10所示，其中【钣金件】命令用于在零件模块下将实体零件转换成钣金件，并进入钣金件设计环境。菜单中取消了【扫描工具】【基本外壳】【后处理】等命令，增加了一个网络功能很强的【会议】命令。通过网上会议，可以在线与PTC公司的专家以及专业人士进行交流。

图1-6　【视图】菜单

图1-7　【插入】菜单

图1-8　【分析】菜单

图1-9　【信息】菜单

图1-10　【应用程序】菜单

（8）【工具】菜单　【工具】菜单如图1-11所示，其中的选项可用来定制Pro/Engineer工作环境、设置外部参照控制及使用模型播放器查看模型创建历史记录。除此以外，还包括设置配置选项、播放跟踪/培训文件选项等，还可选择创建和修改映射键及使用浮动模块和辅助应用程序等选项。

（9）【窗口】菜单　该菜单与一般的应用程序的【窗口】菜单一样，用于对窗口进行操作，如激活、新建、关闭一个窗口等，如图1-12所示。其中一个较特别的命令是【打开系统窗口】，其作用是打开一个DOS状态的窗口。

（10）【帮助】菜单　【帮助】菜单如图1-13所示，该菜单主要是提供一些Pro/Engineer的在线帮助、版本发布信息以及技术支持信息等。

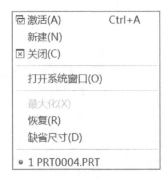

图1-11　【工具】菜单　　　　　图1-12　【窗口】菜单　　　　　图1-13　【帮助】菜单

## 1.3.2　Pro/Engineer的工作环境的设定

由于Pro/Engineer是美国PTC公司开发的软件，其中很多标准、单位都不符合我国的使用习惯，而且有些功能要经过配置才能使用，因此需要对Pro/Engineer的工作环境进行设定。

选择【工具】菜单中的【环境】命令和【定制屏幕】命令，在弹出的对话框中，读者可依据自己的喜好来设置，有关这方面的内容，可参考相关文献，在此不再详述。

另外一个环境配置的途径是修改Config文件。选择【工具】菜单中的【选项】命令，弹出如图1-14所示的窗口，在此窗口中可以修改有关数值从而进行配置，举例说明如下：

### 1. 修改缺省模板的单位

系统缺省模板的单位是"英寸-升磅-秒"，即长度为in（英寸）、体积为L（升）、质量为lbm（磅）、时间为sec（秒），但这并不符合我国的标准和习惯，所以将pro_unit_sys的值（Value）改为"mmNs"，这样每次打开Pro/Engineer系统的缺省模板时，单位就变成了国际单位制，即"毫米-牛顿-秒"。

提示：单位制的修改也可在菜单管理器中进行。选择【编辑/设置】命令弹出菜单管理器，在菜单管理器中选择【单位】，弹出【单位管理器】对话框，如图1-15所示，在该对

图 1-14　在 Pro/Engineer 中修改 Config 文件

话框中同样也可设定单位制。

**2. 显示【插入/高级】子菜单全貌**

系统缺省情况下，【高级】子菜单很多功能都没显示出来，需要修改 Config.pro 文件才能使之全部显示出来。具体修改方法是，设定"allow_anatomic_features"的值为"yes"即可，如图 1-15a 所示，修改后的【高级】子菜单如图 1-15b 所示。

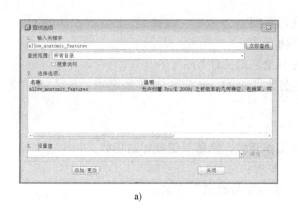

a)　　　　　　　　　　　　　　　　b)

图 1-15　【高级命令的调入】对话框

## 1.4　Pro/Engineer 中的文件交换

历史上 CAD、CAM 软件最初开发过程中的孤岛显现，导致了数据表示格式的不统一，使用不同系统、不同模块间的数据交换难于进行，数据交换欠缺标准化间接导致了设计/制造的成本上升，影响了 CAD/CAM 的集成，因此提出了通用的数据交换规范。

数据格式标准是规范产品设计的一种描述式语言，用来实现 CAD 工具或设计师之间的数据传递、原理图和版图之间的数据交换以及设计与制造测试之间的无缝衔接。

9

产品数据交换技术是实现机械 CAD/CAPP/CAM 系统集成的关键技术之一，也是实现制造业信息化的重要基础。为此，近 20 年来世界各国相继推出了众多有关产品数据交换的标准，例如：

① CAD * I 标准接口（CAD Interface）。

② 产品定义数据接口（Product Data Definition Interface，PDDI）。

③ 产品数据交换规范（Product Data Exchange Specification，PDES）。

④ 数据交换规范（Standard d' Exchange et de Transfer，SET）。

⑤ 产品模型数据交换标准（STEP）。

Pro/Engineer 可以与多种格式的文件交换数据，即 Pro/Engineer 可以打开和保存多种类型的文件，只需在【文件】对话框的【保存副本】下拉列表框中选择相应的格式即可，如图 1-16 所示。

图 1-16　与其他文件格式的转换

# 思考与练习

**1. 思考题**

（1）拭除文件与删除文件有何不同？

（2）保存文件与备份文件有何不同？

（3）如何将模型文件转换为其他格式文件？

（4）一个 Pro/Engineer 文件名为 "part1.prt.2"，其扩展名中 "prt" 和 "2" 各代表什么含义？

**2. 上机题**

（1）打开 Pro/E 软件，熟悉工作环境，熟练三键鼠标的功能。

（2）练习 "设置工作目录"，要求：

① 在 D 盘新建文件夹，以 "班别学号姓名" 命名；

② 将其设置为工作目录。

（3）练习创建具有 4 项常用配置的 config.pro 文件。

# 第❷章

# 二维草绘设计

任何一个三维实体都是由二维剖面按一定方式如拉伸、旋转、扫描等生成的，在 Pro/Engineer 中，二维剖面的绘制是基础模块，二维剖面草绘设计主要包括基本几何图元的绘制、修改、尺寸标注及限制条件定义等。

## 【学习目标】

**（1）知识目标**

① 了解草绘的基本特点。

② 掌握图元的基本定义。

③ 掌握约束的基本定义和特点。

**（2）能力目标**

① 熟练使用"草绘器"中的各工具。

② 掌握"约束添加"与"编辑"的方法。

③ 能解决尺寸冲突等复杂问题。

## 2.1　草绘的基础知识

为了迅速方便地绘制二维剖面图，Pro/Engineer 为操作者提供了一些可以修改的环境参数，本节在介绍草绘界面的基础上，详细介绍用户使用中需要设置的环境参数。

### 2.1.1　草绘界面

进入草绘界面的方法有两种：一是利用菜单栏中【文件】—【新建】命令或工具栏的命令 □，选择草绘模块，进入草绘设计；二是在绘制三维特征时选定绘图平面及视角平面后，系统直接进入草绘设计。

### 2.1.2　设置草绘环境

用户可根据模型大小，设置草绘环境。在菜单栏中选择【草绘】—【选项】，弹出【草绘器首选项】对话框，如图 2-1 所示。

1)【栅格】：用于在草绘设计时控制是否打开网格作为绘图参考，也可以在草绘管理器工具条中单击图标按钮 ，控制网格的显示或隐藏。

2) 单击【参数】选项，显示栅格的类型有两种，即笛卡儿与极坐标。"原点"指定网格显示的原点。选择"原点"后，系统会提示选择点，可以选择图元端点、中心点、坐标系统、曲线顶点与基准点。对于笛卡儿坐标系，"栅格间距"用于修改网格的距离。对于极坐标系，可修改栅格间距的径向、角度、线数，分别可用来控制极坐标圆的径向间距、极坐标放射线间的角度量、极坐标放射线间的数量。"精度"用于设置尺寸标注后小数点后的位数。

图 2-1 【草绘器首选项】对话框

### 2.1.3 二维草绘的思路

在使用 Pro/Engineer 软件草绘时一定要建立起一个与 AutoCAD 不同的思路，如图 2-2 所示。

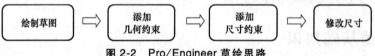

图 2-2 Pro/Engineer 草绘思路

注意：这与 AutoCAD 绘制二维图是不同的，后者主要依据尺寸进行建模，且修改尺寸不具有驱动功能，而 Pro/Engineer 草绘主要强调参数化，具有尺寸驱动功能。

## 2.2 草绘案例一：一般草图的绘制

### 2.2.1 问题引入

选择菜单栏中【草绘】中的各项命令，完成图 2-3 所示的图形。

### 2.2.2 案例分析

（1）图形分析 该图形的特点为左右对称，主要由矩形、圆弧和圆构成，大矩形的下部开有矩形槽。

（2）绘图思路分析　绘制中心线→绘制大矩形和圆弧→绘制圆和小矩形→删除多余线段→添加/编辑几何约束→编辑尺寸约束→修改尺寸→图形生成。

### 2.2.3 案例实施

（1）新建草绘　单击【文件】—【新建】—【草绘】—【确定】，如图2-4所示。

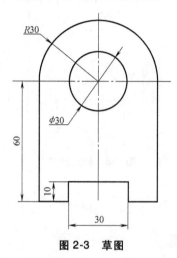

图2-3　草图

图2-4　新建草绘界面

（2）绘制中心线　单击【草绘】—【线】—【中心线】，启动绘制中心线命令，绘制横竖两条中心线，如图2-5所示。

（3）绘制圆　单击【草绘】—【圆】—【圆心和点】，选定中心线交点为圆心，画两个圆，如图2-6所示。

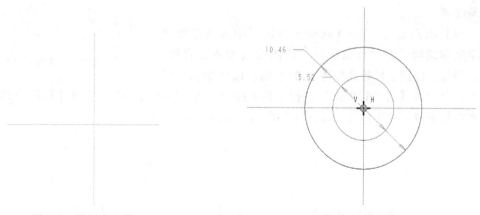

图2-5　绘制中心线　　　　　　　　图2-6　绘制圆

（4）绘制直线　单击【草绘】—【线】—【线】，绘制如图2-7所示的图形。

（5）删除多余线段　单击【编辑】—【修剪】—【删除段】，选择要删除的线。

（6）标注尺寸　单击【草绘】—【尺寸】—【法向】，单击要标注的尺寸两边界限，然后单击中键即可标注法向尺寸，单击圆弧后按中键标注半径，先单击圆弧一边，再单击另一边后按中键标注直径，如图2-8所示。

（7）修改尺寸　框选所画图形及尺寸，单击【编辑】—【修改】，按 ☐ 再生(R) 关掉再生，输入正确尺寸后单击【确定】，如图2-9所示。

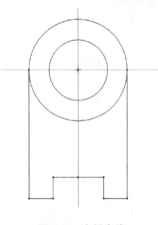

图 2-7　绘制直线

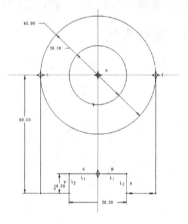

图 2-8　标注尺寸

## 2.2.4　知识分析

在该案例的实施过程中，涉及草绘的知识有二维图元、尺寸约束和几何约束等，这些知识的基本定义、操作技巧和注意事项会影响草绘的效率和质量。

### 1. 二维图元

在Pro/Engineer中，二维图元是指草绘环境中组成图形的基本几何单元，如点、直线、圆弧、圆、矩形、样条线等。

（1）图元工具　Pro/Engineer提供了丰富的二维图元绘制和编辑工具，可以进行二维图元（如点、直线、圆、圆弧、椭圆、样条曲线等）的绘制、尺寸编辑、修

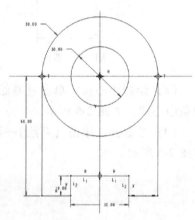

图 2-9　修改尺寸

改等。可使用【目的管理器】右侧工具条按钮绘制二维图元，若不使用【目的管理器】，也可在草绘下拉菜单中进行二维图元的绘制，如图2-10所示。

图 2-10　不使用目的管理器绘制二维几何图元的子菜单

（2）基本图元的创建

1）直线。单击右侧工具栏直线 三角箭头，展开直线绘制二级工具栏，具体应用见表2-1。

表2-1　直线绘制方式

| 直线类型 | 说明 | 操作方法 | 示例 |
|---|---|---|---|
| 两点直线 | 任意两点创建一条直线 | 单击图标，激活命令，在草绘区用鼠标在任意位置单击，可创建两点直线；连续单击，可得到首尾相连的连续直线 | |
| 与两个图元相切的直线 | 在已有的两个图元（圆、圆弧等）之间创建公切线 | 单击图标，激活命令，在草绘区依次选择两个图元，创建公切线 | |
| 两点中心线 | ①用于表示圆、矩形等对称图形的对称中心线 ②作为镜像轴、对称轴设置（没有中心线，是没有办法进行镜像和对称设置的） ③用于对称约束及标注 | 单击图标，激活命令，在草绘区用鼠标在不同位置单击，可创建两点中心线 | |
| 两点几何中心线 | 几何中心线一般默认作为旋转特征的旋转轴。也可作为基准轴，作为后面的特征的参照，可单独存在 | 单击图标，激活命令，在草绘区用鼠标在不同位置单击，可创建两点几何中心线 | |

中心线与几何中心线有如下区别：

① 几何中心线可以默认作为旋转特征的旋转轴，在已经构造了几何中心线的情况下创建旋转特征时，无须特别选择其作为旋转轴。如果在旋转特征中创建的是中心线，还需要特别选择中心线作为旋转轴。指定中心线为旋转轴后，中心线自动转换成"几何中心线"。

② 中心线作为草绘图元的一部分，不能单独存在。

③ 在草绘平面中创建一条几何中心线后，它会在图形窗口中显示为基准轴，可以被后面的特征所参照，即可单独存在。

④ 在几何中心线上单击鼠标右键，选取"构建"可以转换为草绘图元；同理，在中心线上单击右键，选取"几何"也可以将中心线转换为几何中心线。

2）矩形。单击右侧工具栏三角箭头，展开矩形二级工具栏，具体应用见表2-2。

3）圆。单击【草绘器工具】工具栏 三角箭头，展开圆绘制二级工具栏，具体应用见表2-3。

表 2-2 矩形

| 矩形类型 | 说明 | 操作方法 | 示例 |
|---|---|---|---|
| | 创建边与坐标轴互相平行的普通矩形 | 单击图标,激活命令,在草绘区用鼠标在不同位置单击两次,可创建以这两点连线为对角线的矩形 | |
| | 创建边与坐标轴成一定角度的斜矩形 | 单击图标,激活命令,在草绘区用鼠标在不同位置单击三次,可创建以前两个点连线为一条边、以后两个点连线为另一条边的矩形 | |
| | 创建平行四边形 | 单击图标,激活命令,在草绘区用鼠标在不同位置单击三次,可创建以前两个点连线为一条边、以后两个点连线为另一条边的平行四边形 | |

表 2-3 圆形应用

| 圆的类型 | | 说明 | 操作方法 | 示例 |
|---|---|---|---|---|
| | | 根据圆心和圆周上一点创建圆 | 单击图标,激活命令,先选择圆心,再在任意位置单击 | |
| | | 创建和已知圆(圆弧)同心的圆 | 单击图标,激活命令,先选择已有的圆或圆弧,再在任意位置单击 | |
| | | 通过不在同一直线上的三点创建圆 | 单击图标,激活命令,依次选择已有的不在同一直线上的三点,或鼠标在不同位置单击三次 | |
| | | 创建与三个已知图元相切的圆 | 单击图标,激活命令,顺次选择已有的三个图元(圆、圆弧、直线等),可创建与三个已知图元相切的圆 | |
| 椭圆 | | 根据长轴端点创建椭圆 | 单击图标,激活命令,依次选择两点作为椭圆长轴,再移动鼠标至合适位置单击 | |
| | | 中心+长轴端点创建椭圆 | 单击图标,激活命令,先选择椭圆中心点,移动鼠标至合适位置单击确定椭圆长半轴,再移动鼠标至合适位置单击,绘制椭圆 | |

4)圆弧。单击【草绘器工具】工具栏 三角箭头,展开圆弧绘制二级工具栏 ,具体应用见表 2-4。

表2-4　圆弧应用

| 圆弧的类型 | 说明 | 操作方法 | 示例 |
|---|---|---|---|
| | 根据圆弧两端点和圆弧上一点创建圆弧 | 单击图标,激活命令,先选择圆弧两端点(或在绘图区合适位置先后单击两个不同位置),再在合适位置单击 | |
| | 创建和已知圆(圆弧)同心的圆弧 | 单击图标,激活命令,先选择已有的圆或圆弧,再在合适位置单击两次 | |
| | 通过圆心和端点创建圆弧 | 单击图标,激活命令,先单击确定圆心位置,再依次选择已有的不在同一直线上的两点,或鼠标在不同位置单击两次 | |
| | 创建与三个已知图元相切的圆弧 | 单击图标,激活命令,顺次选择已有的三个图元(圆、圆弧、直线等),可创建与三个已知图元相切的圆 | |
| | 创建锥形圆弧 | 单击图标,激活命令,依次选择两点作为锥形圆弧端点,再移动鼠标至合适位置单击 | |

5) 圆角。单击【草绘器工具】工具栏 ⌐ 三角箭头,展开圆角绘制二级工具栏 ⌐⌐ ,具体应用见表2-5。

表2-5　圆角应用

| 圆角类型 | 说明 | 操作方法 | 示例 |
|---|---|---|---|
| | 在两个图元之间创建一个圆角 | 单击图标,激活命令,先后选择两个需要圆角过渡的图元 | |
| | 在两个图元之间创建一段椭圆弧 | 单击图标,激活命令,在进行连接的位置附近单击,选择需要进行圆弧或椭圆弧连接的两个图元(直线、圆或圆弧等) | |

6) 倒角。单击【草绘器工具】工具栏 ╱ 三角箭头,展开倒角工具二级工具栏 ╱╱ ,具体应用见表2-6。

表2-6　倒角应用

| 倒角类型 | 说明 | 操作方法 | 示例 |
|---|---|---|---|
| | 在两个图元之间创建一个倒角并创建构造线延伸 | 单击图标,激活命令,先后选择两个需要倒角的图元(直线、圆或圆弧等) | |

（续）

| 倒角类型 | 说明 | 操作方法 | 示例 |
|---|---|---|---|
| | 在两个图元之间创建一个倒角 | 单击图标,激活命令,先后选择两个需要倒角的图元(直线、圆或圆弧等) | |

### 2. 尺寸约束

在 Pro/Engineer 中，约束分为强约束（强几何约束和强尺寸约束）和弱约束（弱几何约束和弱尺寸约束）两大类。弱约束是系统自动创建的尺寸或几何约束，以灰色显示。强约束是由用户创建的尺寸和几何约束，以较深的颜色显示。强尺寸约束用户可以删除，弱尺寸约束用户不能删除。在标注强尺寸约束时，系统自动删除多余的弱尺寸约束和几何约束。

（1）尺寸约束的自动添加　在绘制草图时，有时让系统自动标注尺寸以快速地进行尺寸标注，然后可根据需要进行修改，这在很大程度上方便了草图的绘制。

（2）尺寸约束的手动添加　在完成图元的绘制之后，可以利用 Pro/Engineer 提供的自动标注工具 手动添加尺寸约束，展开二级工具栏 见表 2-7。

表 2-7　线性尺寸标注

| 标注类型 | 说明 | 操作方法 | 示例 |
|---|---|---|---|
| | 法向 | 单击图标,激活命令,选择两个点进行标注 | |
| | 周长 | 单击图标,激活命令,按住<Ctrl>键选择图形,出现周长,变量字样 | |
| | 参照 | 参照法向尺寸的操作方法,参照尺寸后添加了"REF"符号 | |
| | 基线 | 选择直线或参考点,单击鼠标中键,基线上有"0.00"标记 | |

注意：在进行长度和距离标注时，在绘图区用鼠标选取直线本身或直线的两个端点，用鼠标中键指定尺寸放置位置。直接选取直线时，将平行于直线进行标注；选取两端点时，根据尺寸线的放置位置进行标注。若放置位置偏于水平方向则标注水平尺寸；若放置位置偏于竖直方向则标注竖直尺寸。

### 3. 几何约束

按照工程技术人员设计的习惯，在草绘时或草绘后，希望对绘制的草图增加一些如平行、相切、相等、共线等约束来帮助定位几何，这些约束有利于设计者绘制出高质量的草图。

（1）约束的显示　在草绘工具栏中单击 约束命令按钮，即可控制约束符号的显示或关闭。

（2）约束符号颜色的含义

① 当前约束：红色。

② 弱约束：浅灰色。

③ 强约束：默认为白色，一般称之为深色。

④ 锁定约束：将约束符号放在一个圆内。

⑤ 禁用约束：用一条直线穿过约束符号。

（3）各种约束的名称与符号　各种约束的名称与符号见表2-8。

（4）约束的禁用与锁定　当鼠标指针出现在某些约束公差内时，系统对齐该约束并在图元旁边显示其图形符号。

用鼠标左键选取位置前，可以进行下例操作：

① 单击鼠标的右键禁用约束，如再次启用约束，则再单击右键即可。

② 按住<Shift>键同时按下鼠标来锁定约束，重复刚才的动作即可解除锁定约束。

③ 当多个约束处于活动状态时，可以使用<Tab>键改变活动约束。

约束符号以灰色出现的约束称为"弱"约束。系统可以删除这些约束，而不加警告。可以用草绘环境中的约束下拉菜单来增加用户自己的约束。

表2-8　各种约束的名称与符号

| 图标 | 说明 | 操作方法 | 示例 |
|---|---|---|---|
| ┼ | 竖直:使一条线或两点竖直放置 | 激活命令,选择两条线或两点 | |
| ┼ | 水平:使一条线或两点水平放置 | 激活命令,选择两条线或两点 | |
| ⊥ | 正交:使两个图元正交 | 激活命令,选择两条线 | |
| ♀ | 相切:使两个图元相切 | 激活命令,选择两个需要相切的图元 | |
| ↘ | 中点:将一个图元约束到另一个图元的中点处 | 激活命令,先选择要放置的点,再选定放置的图元 | |
| ⊕ | 重合:某两个点重合或者某两个图元上的点重合 | 激活命令,先选择要放置的点,再选定放置的图元 | |

（续）

| 图标 | 说明 | 操作方法 | 示例 |
|---|---|---|---|
| 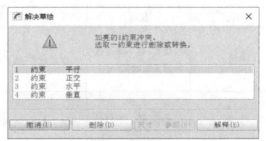 | 对称:使两点或顶点关于中心线对称 | 激活命令,单击"点—中心线—点"(第一个点为参考点) | |
| = | 相等:创建等长,等半径,等曲率的约束 | 激活命令,选择需要设置为相等的两个图元 | |
| // | 平行:使两条线平行 | 激活命令,选择需要设置为平行的两个图元 | |

## 2.2.5　错误问题导正

在使用 Pro/Engineer 进行草绘的过程中，会出现许多错误导致无法进行下去，对这些问题的解决和导正，会提高草绘的正确率和效率。

### 1. 错误案例一：约束冲突

Pro/Engineer 系统对尺寸约束要求很严格，尺寸过多或几何约束与尺寸约束有重复都会导致过度约束，此时显示【解决草绘】对话框（图 2-11）。根据对话框中的提示或根据设计要求对显示的尺寸或约束进行相应取舍即可。

### 2. 错误案例二：多余的尺寸

在利用 Pro/Engineer 进行草绘时，经常会遇到系统自动标注一些弱尺寸约束，这些弱尺寸约束无法删除，如果置之不理，又会导致图形绘制无法进行，而且经常不知道出现的原因是什么。对于用户自己不需要，而且又无法删除的尺寸，解决方法主要有以下两种：

图 2-11　草绘案例

（1）几何观察法　顺着图形按照"先水平，后竖直，再其他"的方式进行查漏补缺，先检查水平方向的尺寸和约束，再检查竖直方向的尺寸和约束，最后再检查圆等其他尺寸和约束。

（2）尺寸变化法　将多余的弱尺寸放大或缩小后，观察图形的变化，根据图形的变化进行尺寸和几何约束的编辑与更改。

# 2.3　草绘案例二：复杂草图的绘制

## 2.3.1　问题引入

使用草绘中的各项命令，完成如图 2-12 所示的图形。

### 2.3.2　案例分析

（1）图形分析　该图形主要由圆弧和圆构成，右边圆心处有正六边形。

（2）绘图思路分析　草绘→绘制中心线→绘制圆→绘制相切线→绘制相切圆弧→创建圆角→利用调色板绘制六边形。

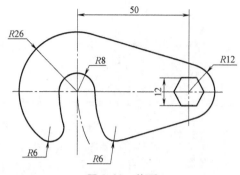

图 2-12　钩子

### 2.3.3　案例实施

1）单击菜单栏中的 ▯ →选择草绘，单击【确定】。

2）单击 ⋮ 绘制三条中心线，并用 ↦ 标注出竖直两条中心线的距离，如图 2-13 所示。

3）用 ○ 命令绘制出 R8、R12、R26 中的两个圆，利用 ↦ 命令用鼠标左键单击圆并在空白处按下鼠标中键进行半径标注，如图 2-14 所示。

4）用 ＼ 命令随意绘制两条长直线，并用 ⚲ 命令，单击下直线，再单击大圆，然后单击上直线，最后单击小圆使两圆分别与直线相切，按鼠标中键结束。

5）用 ○ 命令根据 R6 圆的圆心画出两个圆与 R8 圆的左右两面相切，如图 2-15 所示。

6）用 ⚡ 命令删除多余线段，如图 2-16 所示。

7）利用 ⌐ 命令在两个尖角圆弧处分别单击两段圆弧创建出圆角，利用 ＝ 命令然后分别单击两个圆角创建相等。利用 ↦ 单击圆弧标注 R6，如图 2-17 所示。

8）利用 ◔ 命令选择六边形后双击，然后单击左键将六边形放入图纸。利用 ◉ 命令选择六边形原点，单击 R12 圆的水平中心线，利用 ◉ 命令再次选择六边形原点，单击 R12 圆的竖直中心线，将六边形约束在圆心。利用 ↦ 命令选择六边形上下两条线，将尺寸约束为 12。至此草绘完成，草绘结果如图 2-18 所示。

9）保存后便可在工作目录里创建出此次绘制的草图文件。

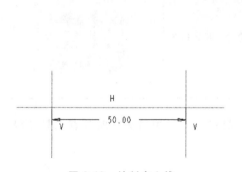

图 2-13　绘制中心线

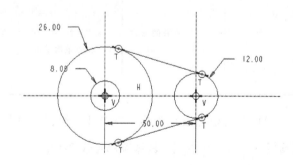

图 2-14　绘制圆

### 2.3.4　知识分析

在该案例的实施过程中，涉及圆弧相切命令的应用，这关乎绘图的正确性，还涉及调色板的运用，利用调色板可以大大提高绘图效率。

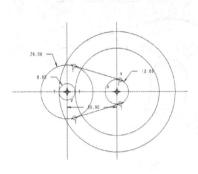

图 2-15　绘制圆

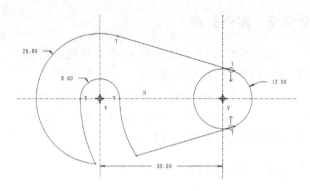

图 2-16　删除多余线段

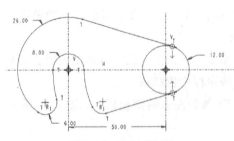

图 2-17　绘制 R6 圆

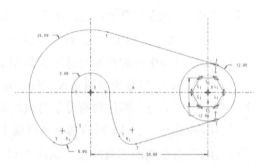

图 2-18　绘制六边形

**1. 高级图元的创建**

在绘制二维平面图时，除基本几何图元外，还有样条曲线、文字以及特殊用途的点。这些在 Pro/Engineer 中，都属于高级的几何元素。

（1）样条线工具　样条线工具用于绘制经过一系列点的光滑曲线，具体应用见表 2-9。

表 2-9　样条线应用

| 按钮图标 | 说明 | 操作方法 | 示例 |
|---|---|---|---|
| ∿ | 绘制平滑的通过任意多个点的曲线 | 单击图标，激活命令，在草绘区用鼠标在适当位置依次单击 | |

（2）点（坐标系）工具　单击【草绘器工具】工具栏 ╳ ▸ 三角箭头，展开点工具二级工具栏 ╳ ╳ ↳ ↳ ╳ ▸ ，具体应用见表 2-10。

表 2-10　点应用

| 按钮图标 | 说明 | 操作方法 | 示例 |
|---|---|---|---|
| ╳ | 创建二维点 | 单击图标，激活命令，在草绘区适当位置单击创建二维点 | |

（续）

| 按钮图标 | 说明 | 操作方法 | 示例 |
|---|---|---|---|
| ✖ | 创建几何点 | 单击图标，激活命令，在草绘区适当位置单击创建几何点 | |
| ⚛ | 创建坐标系 | 单击图标，激活命令，在草绘区适当位置单击创建坐标系 | |
| ⚛ | 创建几何坐标系 | 单击图标，激活命令，在草绘区适当位置单击创建几何坐标系 | |

（3）边界图元工具　单击【草绘器工具】工具栏 □· 三角箭头，展开边界图元工具二级工具栏 □· □ □ 。

通过使用已有的几何边界创建草绘图元：单击 □ ，系统弹出【类型】对话框，选择使用边界的方式（单一、链或环），再选取需要使用的实体、曲面边界，在草绘区创建图元，如图2-19所示。

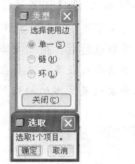

图2-19　使用已有的几何边界

通过偏移一条边或草绘图元来创建草绘图元：单击 □ ，系统弹出【类型】对话框，选择使用边界的方式（单一、链或环），再选取需要使用的实体、曲面边界等，系统弹出【偏移量】对话框，在对话框内输入偏移值，单击 ✔ 按钮，在草绘区创建图元，如图2-20所示。

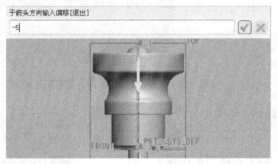

图2-20　偏移一条边或草绘图元

通过在两侧偏移边或草绘图元来创建草绘图元：单击 □ ，系统弹出【类型】对话框，选择使用边界的方式（单一、链或环），再选取需要使用的实体、曲面边界，系统弹出【偏移量】对话框，在对话框内输入偏移值，单击 ✔ 按钮，在偏移方向对话框内输入箭头方向偏移值，单击 ✔ 按钮，在草绘区创建图元，如图2-21所示。

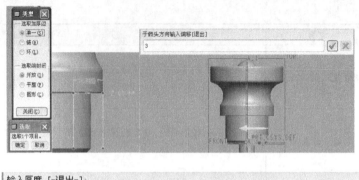

图 2-21　两侧偏移边或草绘图元

（4）文本工具　在草绘区创建文本，作为草绘图形（剖面）的一部分。操作方法：单击【草绘器工具】工具栏 ，选择文字起点和终点（起点和终点连线方向确定文字高度方向，起点和终点距离确定文字高度），系统弹出如图 2-22 所示的【文本】对话框，在对话框中设置文字字体、位置等进行后，在"文本行"输入需要添加的文字，单击【确定】。

提示：如果需要文字沿曲线放置，只要在【文本】对话框下方勾选"沿曲线放置"，系统提示区会提示"选取将要放置文本的曲线"，然后选取曲线，就可以达到如图 2-23 所示的文字沿曲线放置的效果。

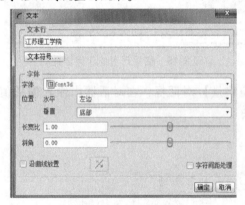

图 2-22　【文本】对话框

图 2-23　【文本】对话框

（5）调色板工具　在 Pro/Engineer 草绘中，增加了一个更加快捷的草绘命令【草绘器调色板】 ，单击该命令弹出如图 2-24 所示的【草绘器调色板】对话框，其中各选项的功能如下：

【多边形】：可以直接调入十边形，十二边行等。

【轮廓】：可以直接调入 C、I、L、T 轮廓。

【形状】：包括弧形跑道、十字形、椭圆形、跑道形、圆角矩形、波形 1、波形 2。

【星形】：包括 3 角星形、4 角星形、5 角星形、6 角星形、7 角星形、8 角星形、9 角星形、10 角星形、12 角星形、16 角星

图 2-24　【草绘器调色板】

形、20角星形。

**2. 图元的编辑**

用户在绘制过程中，经常需要调整图形元素的位置、形状等，这时就需要使用系统提供的图形编辑功能。【草绘/几何工具】菜单下的命令组是用于几何图元编辑的，命令功能如下：

绘制图元的命令只能绘制一些简单的基本图形，要想获得复杂的图形，就需借助草图编辑命令对图元进行位置、形状的调整。草图编辑工具主要有"镜像""缩放和旋转""修剪"等。单击【草绘器工具】工具栏 三角箭头，展开二级工具栏，可选择"镜像""旋转"命令；单击【草绘器工具】工具栏 三角箭头，展开二级工具栏，可选择"删除段""拐角"和"分割"命令，具体应用见表2-11。

表2-11 草图编辑命令的应用

| 图标 | 说明 | 操作方法 | 示例 |
|---|---|---|---|
| 镜像 | 以某一中心线为基准对称图形 | 选取需要镜像的几何图元，单击图标，激活命令，选择镜像中心线 | |
| 旋转/缩放 | "旋转"就是将所绘制的图形以某点为旋转中心，旋转一个角度；"缩放"是对所选取的图元进行比例缩放 | 选取需要旋转和缩放的几何图元，单击图标，激活命令，弹出对话框。选择相关参照，设置平移、旋转和缩放相关参数 | |
| 删除段 | 动态修剪剖面图元 | 单击命令后，直接选择要删除的图元 | |
| 拐角 | 将图元修剪（剪切或延伸）到其他图元或几何 | 单击命令后，依次选取要剪切或延伸的图元 | |
| 分割 | 在选取点的位置处分割图元 | 单击命令后，选择分割点，可将直线、圆弧等图元在该点处进行分割 | |

# 思考与练习

**1. 思考题**

（1）熟悉草绘命令工具图标的功能。

（2）想一想圆和圆弧有几种绘制方式。

（3）圆锥曲线的绘制步骤是怎样的？如何绘制一条抛物线？

（4）如何绘制样条曲线？如何添加和删除控制点？

（5）绘制文字的操作步骤是怎样的？如何实现沿指定的曲线放置文字？

（6）如何标注直径尺寸？如何标注角度尺寸？

## 2. 上机题

绘制如图 2-25～图 2-28 所示的图形。

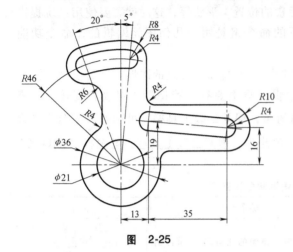

图 2-25

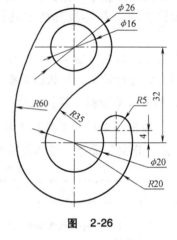

图 2-26

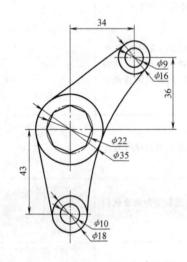

图 2-27

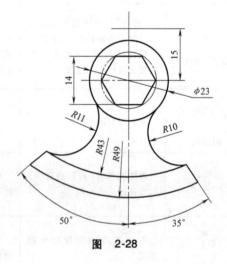

图 2-28

# 第**3**章

# 基本实体特征

在模具 CAD/CAM 技术中，特征是指从工程对象中高度概括和抽象后得到的具有工程语义的功能要素。特征建模就是通过特征及其集合来定义、描述零件模型的过程。特征的分类与零件类型及具体的工程应用有关，在本书中，特征主要是形状特征，它是指具有一定工程语义的几何形体，包含几何信息和拓扑信息。在产品数据交换标准（Standard for the Exchange of Product Model Data，STEP）中，将形状特征分为体特征、过渡特征和分布特征三种类型。体特征主要用于构建零件的主体形状，如圆柱体、矩形体等；过渡特征是表达一个形体的各表面的分离或结合性质的特征，如倒角、圆角、键槽、中心孔、退刀槽等；分布特征是一组按一定规律在空间的不同位置上复制而成的形状特征，如周向均布孔、齿轮的轮廓等。

## 【学习目标】

**（1）知识目标**

① 了解常用几何建模方法的基本特点。

② 掌握实体拉伸、旋转、扫描、混合的基本定义。

③ 掌握模型树的基本定义和特点。

**（2）能力目标**

① 熟练使用各特征工具操作面板和下拉菜单。

② 掌握各特征编辑的方法。

③ 能解决特征无法生成的复杂问题。

## 3.1 基础知识

几何造型又称几何建模。几何建模技术是将现实世界中的物体及其属性转化为计算机内部可数字化表示、分析、控制和输出的几何形体的方法。几何建模技术是产品信息化的源头，是定义产品在计算机内部表示的数字模型、数字信息及图形信息的工具，它为产品设计分析、工程图生成、数控编程、数字化加工与装配中的碰撞干涉检查、加工仿真、生产过程管理等提供有关产品的信息描述与表达方法，是实现计算机辅助设计与制造的前提条件，也是实现 CAD/CAM 一体化的核心内容。常见几何建模模式有：线框建模、表面建模、实体建模和特征建模等。

（1）线框建模　线框建模是计算机图形学和 CAD 领域中最早用来表示形体的建模方法。虽然存在很多不足，而且有逐步被表面模型和实体模型取代的趋势，但它是表面模型和实体模型的基础，并具有数据结构简单的优点。

（2）表面建模　表面建模分为平面建模和曲面建模。平面建模是将形体表面划分成一系列多边形网格，每一个网格构成一个小的平面，用一系列的小平面逼近形体的实际表面；曲面建模是把需要建模的曲面划分为一系列曲面片，用连接条件拼接来生成整个曲面，它是 CAD 领域最活跃、应用最广泛的几何建模技术之一。

（3）实体建模　采用基本体素组合，通过集合运算和基本变形操作建立三维立体的过程称为实体建模。实体建模是实现三维几何实体完整信息表示的理论、技术和系统的总称。实体建模技术是 CAD/CAM 中的主流建模方法。

（4）特征建模　特征建模是建立在实体建模基础上，利用特征的概念面向整个产品设计和生产制造过程进行设计的建模方法，不仅包含与生产有关的非几何信息，而且还可以描述这些信息之间的关系。

（5）参数化建模　参数化建模技术又称尺寸驱动几何技术，它可使 CAD 系统不仅具有交互式绘图功能，还具有自动绘图的功能。目前它是 CAD 技术应用领域内的一个重要的研究课题。尺寸驱动采用预定义的方法建立图形的几何约束集，指定一组尺寸作为参数与几何约束集相联系，修改尺寸值就能修改图形。

尺寸驱动的几何模型由几何元素、尺寸约束和拓扑约束组成。当修改某一尺寸时，系统自动检索该尺寸在尺寸链中的位置，找到相关的几何元素使它们按照新的尺寸进行调整，得到新的模型，接着检查所有几何元素是否满足约束条件。如不满足，则让拓扑约束不变，按尺寸模型递归修改几何模型，直到满足全部约束条件为止。将参数化造型与特征造型结合，构成参数化特征造型方法，使得形状、尺寸、公差、表面粗糙度等均能随时修改，最终达到修改零件的目的。

（6）变量化建模　变量化建模技术仍采用约束驱动方式，但模型发生了改变，从单一的几何约束构成的模型转变为由几何约束和工程约束混合构成的几何模型。变量化建模技术是在参数化建模基础上进一步改进后提出的设计思想。变量化建模的技术特点是保留了参数化技术基于特征、全数据相关、尺寸驱动设计修改的优点。但在约束定义方面它做了根本性改变，除了包含参数化设计中的结构约束、尺寸约束、参数约束外，还允许设置工程约束，如面积、体积、强度、刚度、运动学、动力学等限制条件或计算方程，并将这些方程的约束条件与图形中的设计尺寸联系起来。

变量化设计可以用于公差分析、运动机构协调、设计优化、初步方案设计选型等，尤其是在概念设计阶段更显得得心应手。变量化技术既保持了参数化技术原有的优点，同时又克服了它的许多不利之处。它的成功应用，为 CAD 技术的发展提供了更大的空间和机遇。Pro/Engineer（Creo Parametric）软件是该建模技术的杰出代表。

（7）同步建模　同步建模技术能够快速地在用户思考创意的时候就将其捕捉下来，从而提高设计速度。有了这些新技术，设计人员能够有效地进行尺寸驱动的直接建模，而不用像先前一样必须考虑相关性及约束等情况，因而可以在创新上花更多的时间。在创建或编辑时，这项技术能自己定义选择的尺寸、参数和设计规则，而不需要一个经过排序的历史记录。

该技术允许用户采用来自其他 CAD 系统的数据，无须重新建模。用户通过一个快速、灵活的系统，能够以相比原始系统更快的速度编辑其他 CAD 系统的数据，并且编辑方法与采用何种设计方法无关。因此，用户可以在一个多 CAD 环境中进行应用。NX UG 软件是该建模技术的杰出代表。

（8）行为建模技术  行为建模技术是在设计产品时，综合考虑产品所要求的功能行为、设计背景和几何图形，采用知识捕捉和迭代求解的一种智能化设计方法。通过这种方法，设计者可以面对不断变化的要求，追求高度创新的、能满足行为和完善性要求的设计。

本章主要是以 Pro/Engineer 为平台，采用参数化特征建模技术进行三维实体（Three-Dimension）特征的构建，即 3D 建模。3D 建模不同于 2D 绘图，2D 绘图在一个平面上即可完成，而 3D 建模则是在空间中进行，建立的模型具有长度、宽度、高度三个方向的尺寸。

在 3D 建模中，首先要选定工作空间的坐标系（包括原点、坐标轴和基准平面），用户一般可直接使用 Pro/Engineer 系统提供的默认坐标系，然后再明确草绘平面与参照平面即可。

① 草绘平面：在该面绘制模型的特征截面或扫描轨迹线等。

② 参照平面：选定与草绘平面垂直的一个面，作为参照平面，以确定草绘平面的放置特征。

## 3.2  3D 建模案例一

### 3.2.1  问题引入

某企业生产的塑料卡件如图 3-1 所示，请建立该塑料卡件的 3D 模型。

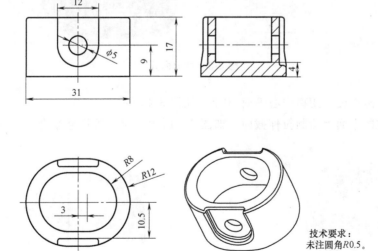

图 3-1  塑料卡件

### 3.2.2  案例分析

图 3-1 所示为一个椭圆形的薄壁主体，侧面有凹槽，中部有一孔。本案例拟以拉伸、倒圆和基准平面为工具来完成此实体。

### 3.2.3  案例实施

1）新建草绘：单击【文件】—【新建】—【草绘】—【确定】。

2）绘制拉伸截面，拉伸高度为 17，完成拉伸后的外形如图 3-2 所示。

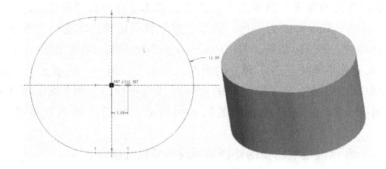

图 3-2  拉伸外形

3）绘制拉伸截面，切除材料—深度 13—完成拉伸，如图 3-3 所示。

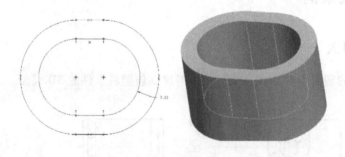

图 3-3  拉伸内孔

4）创建基准平面，距离中心平面 10.5，如图 3-4 所示。

5）在创建的平面上绘制拉伸截面，如图 3-5 所示。拉伸切除至外曲面，如图 3-6 所示。

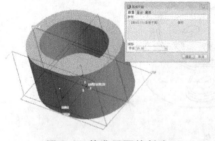

图 3-4  基准平面的创建

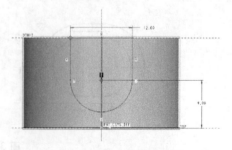

图 3-5  绘制草绘图形

6）利用镜像命令将拉伸 3 以中心平面为基准镜像，如图 3-7 所示。

7）利用拉伸切除绘制前后孔，如图 3-8 所示。

8）利用倒圆命令绘制出零件上的圆角，如图 3-9 所示。

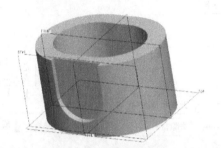

图 3-6　拉伸去除材料

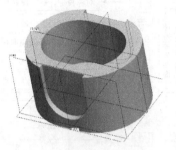

图 3-7　镜像命令的运用

图 3-8　孔的绘制

图 3-9　倒圆

## 3.2.4　知识分析

在该案例的实施过程中，涉及拉伸命令及拉伸方式、基准平面的创建，还有倒圆的运用，这些都是基础命令，需要熟练掌握。

### 1. 拉伸特征

将绘制的截面沿给定的方向和深度生成的三维特征称为拉伸特征。它适用于构造等截面的实体特征，它可以完成拉伸成实体、拉伸去除材料、拉伸成壳体和拉伸成曲面四种特征。图 3-10 所示为拉伸特征操控板及其各项解释。

建立拉伸特征的操作步骤：

1）单击菜单中的【插入】—【拉伸】选项，或直接单击拉伸工具按钮 ，打开拉伸特征操控板。

2）单击 放置 按钮，弹出草绘对话框，单击【定义】，选择草绘及其视角参考平面的对话框。该对话框中显示指定的草绘平面、参照平面、视图方向等内容。

3）在草绘环境中绘制拉伸截面，绘制完毕单击草绘工具栏中的 按钮，系统回到拉伸特征操控板。在【选项】面板选择拉伸模式并设置拉伸尺寸。

4）如果生成薄体特征，选择薄体特征按钮 ，如果是在已有的实体特征中去除材料，单击去除材料按钮 ，单击 按钮可改变去除材料的方向。

5）单击特征预览按钮 ，观察生成的特征。

---

6）单击拉伸特征操控板中的 按钮，完成拉伸特征的建立。

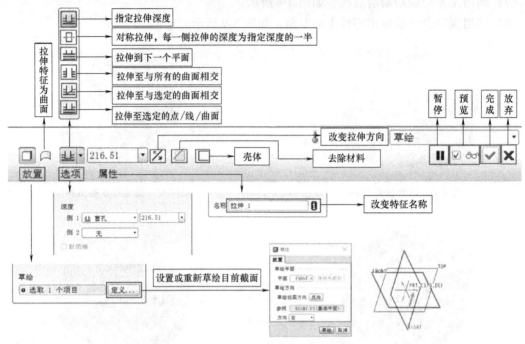

图 3-10　拉伸特征操控板及其各项解释

提示：在进行减料特征操作时，将光标移到建立的切割几何体，光标自动显示单/双方向箭头。单击即可完成特征生成方向的更改。在其他特征的操作中也有类似功能，请读者留心学习使用。

**2. 倒圆特征**

零件中为减小应力集中一般都设置圆角，Pro/Engineer 中圆角有四种类型，如图 3-11 所示。

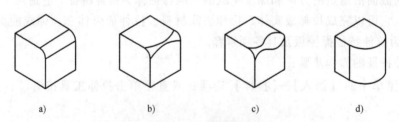

图 3-11　四种圆角

a）半径为常数的圆角　b）有多个半径的圆角　c）由曲线驱动的圆角　d）全圆角

单击新建圆角的图标 ，出现图 3-12 所示的菜单栏。

图 3-12　圆角菜单栏

建立圆角特征的操作步骤：

1）单击菜单【插入】—【倒圆角】，或单击 按钮，打开圆角特征操控板。

2）单击【集】按钮，在打开的面板中设定圆角类型、形成圆角的方式、圆角的参考、圆角的半径等。

3）单击圆角过渡模式按钮 ，设置转角的形状。

4）单击【选项】按钮，选择生成的圆角是实体形式还是曲面形式。

5）单击【预览】按钮，观察生成的圆角，单击 按钮，完成圆角特征的建立。

**3. 基准特征**

基准特征是零件建模的参照特征，其主要用途是辅助 3D 特征的创建，可作为特征截面绘制的参照面、模型定位的参照面和控制点、装配用参照面等。此外，基准特征（如坐标系）还可用于计算零件的质量属性，提供制造的操作路径等。

基准特征包括：基准平面、基准轴、基准点、基准曲线、坐标系等。

（1）基准平面 基准平面是零件建模过程中使用最频繁的基准特征，它既可用作草绘特征的草绘平面和参照平面，也可用于放置特征的放置平面。另外，基准平面也可作为尺寸标注基准、零件装配基准等。

基准平面理论上是一个无限大的面，但为便于观察可以设定其大小，以适合于建立的参照特征。基准平面有两个方向面，系统默认的颜色为棕色和黑色。在特征创建过程中，系统允许用户使用基准特征工具栏中的按钮 或单击菜单【插入】—【模型基准】—【平面】选项建立基准平面。图 3-13 所示为【基准平面】对话框，该对话框包括"放置""显示""属性"三个面板。根据所选取的参照不同，该对话框各面板显示的内容也不相同。下面对图3-13 中各选项进行简要介绍。

放置：选择当前存在的平面、曲面、边、点、坐标、轴、顶点等作为参照，在"偏距"栏中输入相应的约束数据，在"参照"栏中根据选择的参照不同，可能显示五种类型的约束：穿过，新的基准平面通过选择的参照；偏移，新的基准平面偏离选择的参照；平行，新的基准平面平行于选择的参照；法向，新的基准平面垂直于选择的参照；相切，新的基准平面与选择的参照相切。

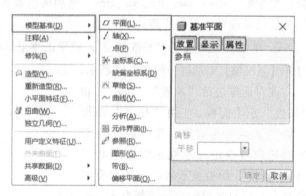

图 3-13 【基准平面】对话框

显示：该面板包括反向按钮（垂直于基准面的相反方向）和调整轮廓选项（供用户调节基准面的外部轮廓尺寸）。

属性：该面板显示当前基准特征的信息，也可对基准平面进行重命名。

建立基准平面的操作步骤如下：

① 单击菜单【插入】—【模型基准】—【平面】选项，或单击基准特征工具栏中的按钮 。

② 在图形窗口中为新的基准平面选择参照，在【基准平面】对话框的"参照"栏中选择合适的约束（如偏移、平行、法向、穿过等）。

③ 若选择多个对象作为参照，应按下<Ctrl>键。

④ 重复步骤 ②、③，直到必要的约束建立完毕。

⑤ 单击【确定】按钮，完成基准平面的创建。

此外，系统允许用户预先选定参照，然后单击 ⬜ 按钮，即可创建符合条件的基准平面。可以建立基准平面的参照组合如下：

选择两个共面的边或轴（但不能共线）作为参照，单击 ⬜ 按钮，产生通过参照的基准平面。

选择三个基准点或顶点作为参照，单击 ⬜ 按钮，产生通过三点的基准平面。

选择一个基准平面或平面以及两个基准点或两个顶点，单击 ⬜ 按钮，产生过这两点并与参照平面垂直的基准平面。

选择一个基准平面或平面以及一个基准点或一个顶点，单击 ⬜ 按钮，产生过这两点并与参照平面垂直的基准平面。

选择一个基准点和一个基准轴或边（点与边不共线），单击 ⬜ 按钮，【基准平面】对话框显示通过参照的约束，单击【确定】按钮即可建立基准平面。

（2）基准轴  同基准面一样，基准轴常用于创建特征的参照，它经常用于制作基准面、同心放置的参照、创建旋转阵列特征等。基准轴与中心轴的不同之处在于基准轴是独立的特征，它能被重定义、压缩或删除。

对于利用拉伸特征建立的圆角形特征，系统会自动地在其中心产生中心轴。对于具有"圆弧界面"造型的特征，若要在其圆心位置自动产生基准轴，应在配置文件中进行如下设置：将参数"show_axes_for_extr_arcs"选项的值设置为"Yes"。

创建基准轴的操作步骤如下：

① 单击基准工具栏中的按钮 ✎ ，或单击主菜单中的【插入】—【模型基准】—【轴】选项，打开【基准轴】对话框，如图 3-14 所示。

该对话框包括"放置""显示"和"属性"三个面板。使用"显示"面板可调整基准轴轮廓的长度，从而使基准轴轮廓与指定尺寸或选定参照相拟合，"属性"面板显示基准轴的名称和信息，也可对基准轴进行重新命名。

在"放置"面板中有"参照"和"偏移参照"两个栏目。

参照：在该栏中显示基准轴的放

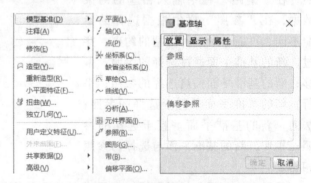

图 3-14  【基准轴】对话框

置参照。供用户选择使用的参照有三种类型：穿过，基准轴通过指定的参照；法向，基准轴垂直于指定的参照，该类型还需要在"偏移"参照栏中进一步定义或者添加辅助的点或顶点，以完全约束基准轴；相切，基准轴相切于指定的参照，该类型还需要添加辅助点或顶点以完全约束基准轴。

偏移参照：在"参照"栏选用"法向"类型时该栏被激活，以选择偏移参照。

② 在图形窗口中为新基准轴选择至多两个"放置"参照。可选择已有的基准轴、平面、曲面、边、顶点、曲线、基准点，选择的参照显示在【基准轴】对话框的"参照"栏中。在"参照"栏中选择适当的约束类型，完成必要的约束。

③ 单击【确定】按钮，完成基准轴的创建。

此外，系统允许用户预先选定参照，然后单击 / 按钮即可创建符合条件的基准轴。可以建立基准轴的各参照组合如下：

选择一条垂直的边或轴，单击 / 按钮，创建一个通过选定边或轴的基准轴。

选择两基准点或基准轴，单击 / 按钮，创建一个通过选定的两个点或轴的基准轴。

选择两个非平行的基准面或平面，单击 / 按钮，创建一个通过选定相交线的基准轴。

选择一条曲线或边及其终点，单击 / 按钮，创建一个通过终点和曲线切点的基准轴。

选择一个基准点和一个面，单击 / 按钮，创建一个过该点且垂直于该面的基准轴。

### 3.2.5　错误问题导正

草绘截面未完成，应使用检查工具加亮开放端点 ▦ ，然后删除多余线段即可。

## 3.3　3D 建模案例二

### 3.3.1　问题引入

某企业欲生产图 3-15 所示的塑料端盖，请完成该模型的数字化建模，为后续开模提供基础。

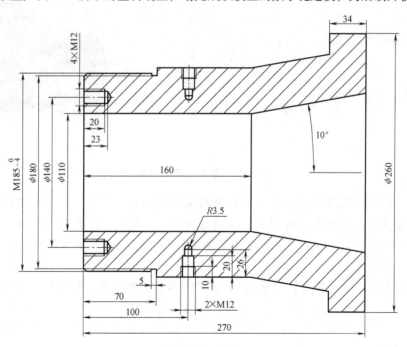

图 3-15　端盖

### 3.3.2 案例分析

该零件是一个回转体，且带有外螺纹；形体上有一定深度的光孔和螺纹孔。

### 3.3.3 案例实施

1）单击【文件】—【新建】—【零件】—【实体】—取消勾选【使用缺省模板】—【确定】，选择"mmns-part-solid"，然后再单击【确定】，如图3-16所示。

图 3-16 【新建】对话框

2）单击旋转按钮 ◇，长按鼠标右键定义内部草绘，选择【草绘平面】—【草绘】，绘制出基本回转体的截面，单击【确定】，默认旋转角度360°，旋转完成如图3-17所示。

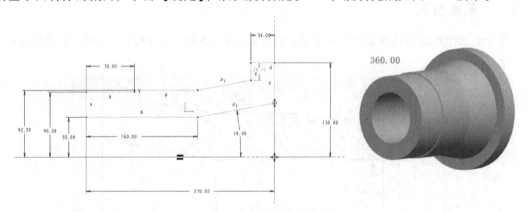

图 3-17 基本回转体完成

3）单击【孔】，放置在曲面上，并控制与基准面的相对位置，在左上角使用草绘定义钻孔轮廓，激活草绘以创建截面-草绘，绘制出M12-2的截面，如图3-18所示。

4）创建基准面1，平行于基准面且与曲面相切，创建基准面2，相对基准面1偏移10mm 如图3-19所示。

5）单击【插入】—【修饰】—【螺纹】，螺纹曲面为内孔表面，起始曲面为外曲面，方向默认，螺纹长度至曲面基准面2，主直径为12mm，镜像，完成修饰特征，如图3-20所示。

6）单击【孔】，选择左端放置平面，控制与基准面的相对位置，创建标准孔，修改形状完成，阵列完成如图3-21所示。

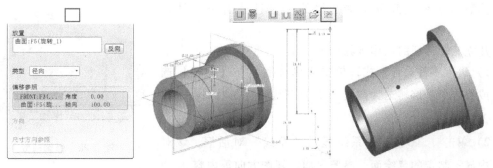

图 3-18　M12 孔位置放置

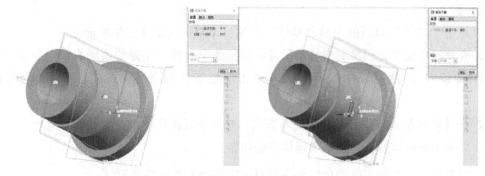

图 3-19　基准面确定

图 3-20　修饰螺纹

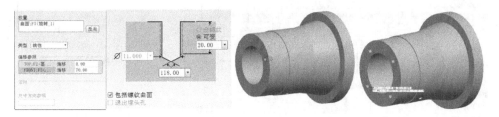

图 3-21　放置位置

7）单击【插入】—【修饰】—【螺纹】，螺纹曲面为左侧曲面，起始曲面为左平面，方向默认，螺纹长度至右侧曲线，主直径为 180mm，如图 3-22 所示。

### 3.3.4　知识分析

**1. 旋转特征**

旋转是由截面绕中心线旋转而成的一类特征，它适合于构建回转体零件。草绘特征截面时，其截面必须全部位于中心线的一侧且截面必须是封闭的。

建立旋转特征的操作步骤如下：

1）进入零件设计模式，单击菜单【插入】—【旋转】选项，或直接单击旋转工具按钮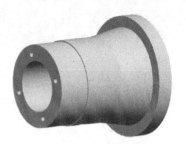，打开旋转特征操控板，如图 3-23 所示。

图 3-22　修饰螺纹

2）单击 放置 按钮，系统显示"草绘"对话框，该对话框中显示制定的草绘面、参照平面、视图方向等内容。

3）在绘图区选择相应的草绘平面或参照平面，在"草绘"对话框中设定视图方向和特征生成方向。

4）单击"草绘"对话框中的"草绘"按钮，系统进入草绘工作环境。

5）在草绘环境中使用绘制中心线工具绘制一条中心线，作为截面的旋转中心线，在中心线的一侧绘制旋转特征截面，绘制完毕单击草绘工具栏中的 ✓ 按钮，回到旋转特征操控板。

6）在【选项】面板中选择模型旋转方式，并设置旋转角度。

7）如果生成薄体特征，则选择薄体特征按钮 ⊏ 。

8）如果是在已有的实体特征中去除材料，应选择去除材料按钮 ⬜ 。

9）单击 ％ 按钮可改变去除材料方向。

10）单击特征预览按钮，观察生成的特征。

11）单击旋转特征操控板中的 ✓ 按钮，完成旋转特征的建立。

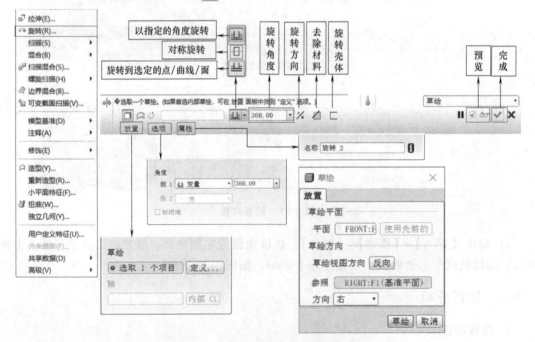

图 3-23　旋转特征操控板及其各项解释

提示：预览生成的特征后，如果欲重新修改草绘特征截面，以重新生成新的特征，只需单击特征操控板中的【放置】按钮，在弹出的面板中再单击【编辑】按钮，回到草绘工作环境进行修改即可。

要建立实体旋转特征，需绘制一封闭截面，绘制的截面应完全位于旋转轴的一侧，不可与旋转轴相交。

**2. 孔特征**

在 Pro/Engineer 中孔分为"简单孔""草绘孔"和"标准孔"三种。

使用【孔】命令建立孔特征，应指定孔的放置平面并标注孔的定位尺寸，系统提供四种标注方法：线性、径向、直径、同轴。

主参照：该栏中显示选定孔放置平面的信息。

反向：改变孔放置的方向。

线性：使用两个线性尺寸定位孔，标注孔中心线到实体边或基准面的距离。

径向：使用一个线性尺寸和一个角度尺寸定位孔，以极坐标的方式标注孔的中心线位置。此时应指定参考轴和参考平面，以标注极坐标的半径及角度尺寸。

直径：使用一个线性尺寸和一个角度尺寸定位孔，以直径的尺寸标注孔的中心线的位置，此时应指定参考轴和参考平面，以标注极坐标的直径及角度尺寸。

同轴：使孔的轴线与实体中已有的轴线共线，在轴和曲面的交点处放置孔。

形状：在该面板设置孔的形状及其尺寸，并可对孔的生成方式进行设定，其尺寸也可即时修改。

（1）简单孔　孔特征操控板及各项图标的解释如图 3-24 所示。

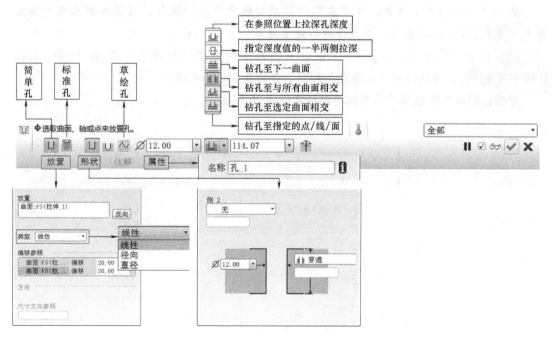

**图 3-24　打孔特征操控面板**

建立简单孔的操作步骤：

① 单击菜单【插入】—【孔】选项，或单击 按钮，系统显示孔特征操作板。

② 选择孔的类型为"简单孔"。

③ 确定孔的放置平面及尺寸定位方式，并相应标注孔的定位尺寸。

④ 输入孔的直径，选定深度定义方式，并相应给出孔的深度。

⑤ 单击控制面板中的 ✔ 按钮，完成孔特征的建立。

提示：建立简单孔，只需选定放置平面，给定形状尺寸与定位尺寸即可，而不需要设置草绘面、参考面等，这也是将孔特征归为放置特征的原因。

（2）草绘孔 所谓草绘孔就是使用草图中绘制的截面形状完成孔特征的建立。

草绘孔的操控面板及各项图标的解释如图 3-25 所示。

图 3-25 草绘孔操控面板

提示：

① 绘制的剖面至少要有一条边与旋转中心线垂直。

② 如果对孔特征不满意，可单击孔特征操控板中的 按钮，对草绘截面重新调整，这也正是 Pro/Engineer 在人机交互设计中提高效率的一大改进。

（3）标准孔 在 Pro/Engineer 1.0 以上版本中新增了"标准孔"类型（ISO、UNC、UNF 三个标准），并允许用户选择孔的形状，如埋头孔、沉孔等。

标准孔的操控面板及各项图标的解释如图 3-26 所示。

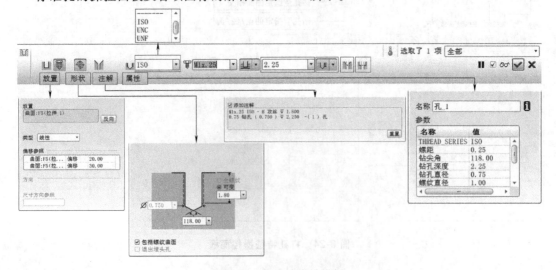

图 3-26 标准孔操控面板

### 3. 修饰螺纹特征

修饰螺纹主要用来表达螺纹结构,同时便于工程图的生成,其创建如图3-27所示。

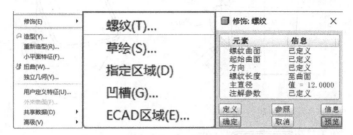

图3-27 修饰螺纹

### 3.3.5 错误问题导正

草绘完成后,发现无法勾选完成,是由于缺少了中心轴,可以单击右边基准轴工具,在正确的位置创建一个轴,也可以单击【放置】—【草绘】—【编辑】,返回草绘截面界面,添加一个轴,如图3-28、图3-29所示。

图3-28 创建旋转轴

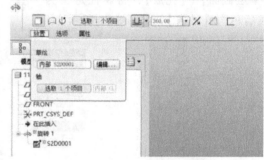

图3-29 草绘的重新编辑

## 3.4 3D建模案例三

### 3.4.1 问题引入

某企业欲生产图3-30所示的塑料杯子,请完成该模型的数字化建模,为后续开模提供基础。

### 3.4.2 案例分析

这是一个杯子,主体是一个旋转体加抽壳,右侧有一个杯把,需要用扫描特征绘制。

### 3.4.3 案例实施

1)单击【文件】—【新建】—【零件】—【实体】—取消勾选【使用缺省模板】—【确定】,选择"mmns-part-solid",然后再单击【确定】按钮。

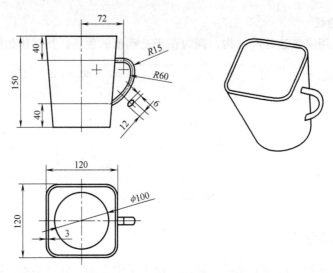

图 3-30　杯子

2）单击【插入】—【混合】—【伸出项】，选择【混合选项】—【平行】—【规则截面】—【草绘截面】—【完成】，将属性定义为"直"，单击【完成】按钮，选择平面，方向默认，然后单击【缺省】，如图 3-31 所示。

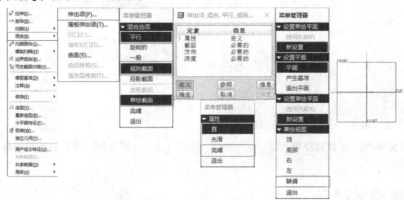

图 3-31　插入混合

3）绘制第一个截面，长按鼠标右键切换截面，绘制第二个截面并打断，使顶点数与截面 1 相同，同时长按鼠标右键切换起点与截面 1 一致，如图 3-32 所示。

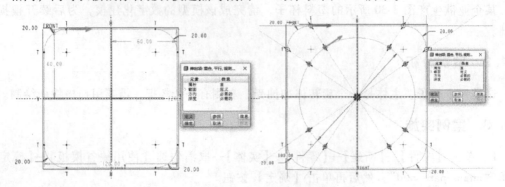

图 3-32　混合截面 1/2

4）完成截面绘制，深度选择"盲孔"，单击【完成】按钮，输入截面之间的距离，选择【预览】—【完成】，如图 3-33 所示。

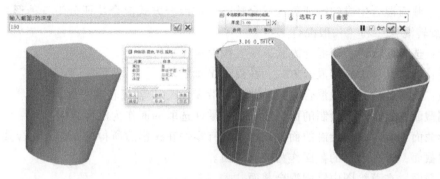

图 3-33 混合完成

5）创建两个基准点，为扫描做准备，如图 3-34 所示。

图 3-34 创建基准点

6）单击【插入】—【扫描】—【伸出项】，草绘轨迹选择平面，选择图中的 TOP 面，单击【确定】—【缺省】，绘制杯把的轨迹，完成轨迹的绘制，"属性"选择"合并端"，然后进行截面的绘制，在中心线交点绘制一个椭圆，如图 3-35 所示。

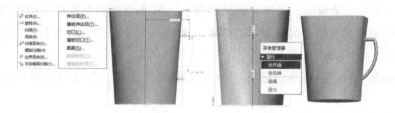

图 3-35 插入扫描

7）在杯把根部角倒圆，单击【插入】—【倒圆角】，选择杯把与杯体之间的交线即可，修改圆角半径为 $R1$，如图 3-36 所示。

### 3.4.4 知识分析

此零件的杯体单用旋转命令也能生成，但是绘制截面较烦琐，而用旋转绘制杯体外形，再用抽壳，步骤虽多了一步，但是绘图速度大大提高。扫描要理解自由端与合并端的意义，自由端是垂直于轨迹的，合

图 3-36 倒圆

并端会自动贴合曲面。

**1. 混合特征**

由数个截面混合生成的特征称为混合特征。按混合方式混合特征分为三种形式："平行混合""旋转混合"和"一般混合"。

平行：选择此项为平行混合方式，所有截面相互平行。

旋转：选择此项为旋转混合方式，截面绕 $Y$ 轴旋转。

一般：选择此项为一般混合方式，截面可沿 $X$、$Y$、$Z$ 轴旋转或平移。

规则截面：以草绘所绘制的面，或以现有零件选取的面作为混合截面。

投影截面：以草绘所绘制的面，或选择现有零件在投影后所得的面作为混合截面。

选取截面：选择已有的截面作为混合截面。

草绘截面：在草绘图中绘制混合截面。

（1）平行混合　平行混合是混合特征中最简单的方法，平行混合中所有的截面都相互平行，所有的截面都在同一窗口中绘制，截面绘制完毕，指定截面的距离即可。

建立平行混合特征的操作步骤：

① 单击菜单【插入】—【混合】—【伸出项】选项；若建立厚度均匀的实体，则选择【薄板伸出项】。

② 在弹出的【混合选项】菜单中选项【平行】选项，并相应地选择截面的绘制形式及方法。

③ 在弹出的"属性"菜单中确定截面混合的方式是"直的"还是"光滑"的，若建立混合曲面还应选择端面为"开放终点"或是"封闭端"。

④ 选择草绘平面与参照，绘制第一个截面，标注尺寸，并观察或调整起始点的位置。

⑤ 在绘图窗口右击，在弹出的快捷菜单中单击"切换剖面"选项，绘制的第一个截面颜色变淡，此时绘制第二个截面，标注尺寸，并观察或调整起始点的位置。

⑥ 若要绘制第三个截面，操作步骤同步骤⑤，若不绘制新的截面，单击草绘工具栏中 ✔ 按钮，即可完成混合截面的绘制。若要重新回到第一个截面，再次右击在快捷菜单中选择"切换剖面"选项即可。

⑦ 系统弹出"深度"菜单，选择一种定义深度的选项，然后相应确定相邻截面间的距离。

⑧ 单击模型对话框中的"预览"按钮，观察混合后的结果；单击模型对话框中的"确定"按钮，完成混合特征的建立。

注意：在混合特征中，各个截面的"节点"数必须相等，如果不相等，则需在少节点的截面中增加一点或多点为"混合顶点"。

（2）旋转混合　旋转混合特征的特点是参与旋转混合的截面间彼此成一定角度。

建立旋转混合特征的操作步骤：

① 单击菜单【插入】—【混合】—【伸出项】选项；若绘制厚度均匀的实体，则选择【薄板伸出项】选项。

② 在【混合选项】菜单中选择【旋转】选项，并根据情况选择截面的绘制形式及方法。

③ 确定截面混合的方式是"直的"还是"光滑的"。

④ 选择草绘面与参照面，在草绘环境中单击创建参照坐标系按钮，建立一个相对坐标系并标注此坐标系的位置尺寸。

⑤ 绘制混合特征的第一个截面并标注尺寸。

⑥ 单击草绘命令工具栏中的完成按钮，按系统提示输入第二个截面与第一个截面的夹角。

⑦ 重复绘制第一个截面的操作，绘制第二个截面。

⑧ 若绘制第三个截面，操作同步骤⑦，否则，在系统提示对话框中单击"否"按钮，结束截面的绘制。

⑨ 单击模型对话框中的"确定"按钮，完成旋转混合特征的建立。

（3）一般混合　一般混合是三种混合特征中使用最灵活、功能最强的混合特征。参与混合的截面可沿相对坐标系的 $X$、$Y$、$Z$ 轴旋转或者平移。

建立一般混合特征的操作步骤：

① 单击菜单【插入】—【混合】—【伸出项】选项；若绘制厚度均匀的实体，则选择【薄板伸出项】选项。

② 在【混合选项】菜单中选择【一般】选项，并根据情况选择截面的绘制形式及方法。

③ 确定截面混合的方式是"直的"还是"光滑的"。

④ 选择草绘面与参照面，在草绘环境中单击创建参照坐标系按钮，建立一个相对坐标系并标注此坐标系的位置尺寸。

⑤ 绘制混合特征的第一个截面并标注尺寸。

⑥ 单击草绘命令工具栏中的完成按钮，按系统提示依次输入第二个截面沿相对坐标系 $X$、$Y$、$Z$ 轴三个方向旋转的角度。

⑦ 重复绘制第一个截面的操作，绘制第二个截面。

⑧ 若绘制第三个截面，操作同步骤⑦，否则，在系统提示对话框中单击"否"按钮，结束截面的绘制。

⑨ 重复步骤⑧直到完成截面的绘制。

⑩ 完成混合截面的绘制后，依次输入截面相对坐标系间的距离。单击模型对话框中的"预览"按钮，观察生成的模型；或单击模型对话框中的"确定"按钮，完成混合特征的建立。

**2. 扫描特征**

扫描是将二维截面沿着指定的轨迹线扫描生成三维实体特征，使用扫描建立增料或减料特征时首先要有一条轨迹线，然后再建立沿轨迹线扫描的特征截面。

建立扫描特征的操作步骤：

① 单击菜单【插入】—【扫描】—【伸出项】选项，如果建立减料特征选【切口】选项。

② 在"扫描轨迹"菜单中选择创建轨迹线的方式，如图 3-37 所示。扫描轨迹包括：草绘轨迹，在草绘图中绘制扫描轨迹线；选取轨迹，选择已有的曲线作为扫描轨迹线。

③ 如果在步骤②中，选择的是"草绘轨迹"，则需定义绘图面与参考面，然后绘制轨迹

图 3-37　扫描轨迹菜单

线；如果选择"选取轨迹"，则需在绘制区中选择一条曲线作为轨迹线。

④ 如果轨迹线为开放轨迹并与实体相接合，则应确定轨迹的首尾端为"自由端点"还是"合并终点"。如果轨迹为封闭的，则需配合截面的形状选择"增加内部因素"或"无内部因素"选项。

⑤ 在自动进入的草绘工作区中绘制扫描截面并标注尺寸。位置尺寸的标注必须以轨迹起点的十字线的中心为基准。

⑥ 完成后，单击模型对话框中的【预览】按钮，观察扫描结果，单击鼠标中键完成扫描特征。

提示：增加内部因素：将一个非封闭的截面沿着轨迹线（应为封闭的线条）扫描出"没有封闭"的曲面，然后系统自动在开口处加入曲面，成为封闭曲面，并在封闭的曲面内部自动填补材料成为实体，如图 3-38 所示。在使用添加内部因素进行扫描时，轨迹线必须封闭，截面为不封闭，方可完成扫描特征。

无内部因素：将一个封闭的截面沿着轨迹线（可为封闭或非封闭）扫描出实体，如图3-39 所示。

图 3-38　增加内部因素及其结果　　　　图 3-39　无内部因素及其结果

⑦ 绘制的草绘特征截面不可彼此相交。

⑧ 截面与轨迹设置不当会造成扫描干涉，不能完成扫描特征的建立。

**3. 抽壳特征**

建立抽壳特征的操作步骤：

① 单击菜单【插入】—【壳】选项，或单击 回 按钮，打开抽壳特征操控板，如图 3-40 所示。

② 在模型中选择要移除的面。设定壳体厚度及去除材料方向。

③ 单击"预览"按钮，观察抽壳情况，单击"完成"按钮，完成抽壳特征。

## 3.4.5　错误问题导正

① 扫描属性定义为自由端会出现合并不完全的情况，进行属性定义时将自由端改为合

图 3-40　抽壳特征操控板

并端，如图 3-41 所示。

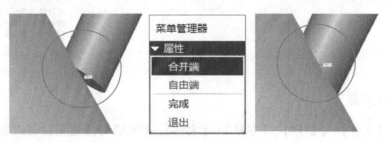

图 3-41　抽壳特征

② 壳体生成时未选择排除曲面，完成后下底面依旧有材料未去除，需要排除不需要的曲面，如图 3-42 所示。

图 3-42　抽壳错误范例

## 3.5　3D 建模案例四

### 3.5.1　问题引入

某企业欲生产图 3-43 所示的塑料端盖，孔的分布圆直径为 498mm。请完成该模型的数字化建模，为后续开模提供基础。

### 3.5.2　案例分析

这是一个端盖类零件，主体为旋转体，顶部有凸台，凸台内部有阶梯状通孔，周围有 4 个均布的筋，筋旁边有 4 个异形孔，零件边缘有 6 个凸耳。

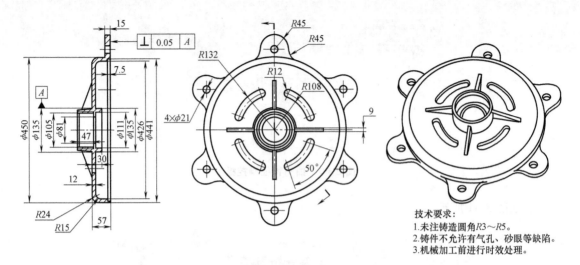

技术要求:
1.未注铸造圆角R3～R5。
2.铸件不允许有气孔、砂眼等缺陷。
3.机械加工前进行时效处理。

图 3-43　端盖

### 3.5.3　案例实施

1）单击【文件】—【新建】—【零件】—【实体】—【取消勾选使用缺省模板】—【确定】，选择 "mmns-part-solid"，然后单击【确定】。

2）单击 按钮，定义内部草绘，选择 front 平面，单击【草绘】。

3）单击 按钮，绘制一条旋转中心线，单击直线按钮 ，绘制基本轮廓，如图 3-44 所示。

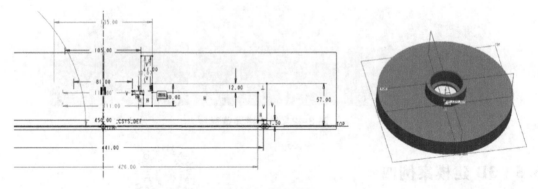

图 3-44　绘制截面

4）单击 按钮，定义内部草绘，选择 top 平面草绘，单击 按钮将 φ450 的外圆绘制出来。单击 ○ 绘制 R45 的外圆，再单击 φ450 的外圆，在两圆之间创造出圆角。单击 = 命令使两圆角相等，并修改尺寸，单击 命令删除多余线段，单击 按钮，拉伸高度输入 15，单击 按钮完成创建。单击 按钮，选择轴阵列，选择 6 个中心轴，每个 60°，单击 按钮完成创建，如图 3-45 所示。

5）单击 按钮，定义内部草绘，选择外圆上表面。选择草绘，单击 ○ 按钮绘制出

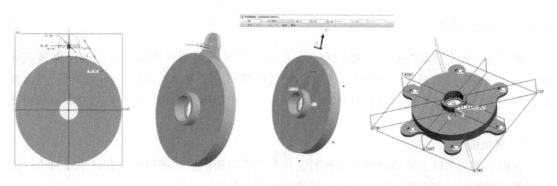

图 3-45　绘制凸耳

$R106$ 与 $R132$ 的圆，并绘制夹角为 50° 的构造线，单击 ↖ 按钮画出 $R12$ 的两个圆，单击 ⟳ 按钮使两个圆分别与 $R12$ 圆相切，使用 ⊬ 删除多余线段，单击 ✔ 按钮完成草绘，单击 ⟋ 按钮去除材料，并单击 ✔ 命令。单击 ▦ 按钮并选择轴阵列，选择中心轴，4 个，90°，单击 ✔ 按钮完成创建，如图 3-46 所示。

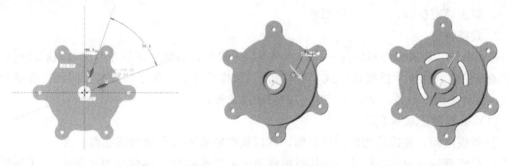

图 3-46　绘制异形孔截面

6）单击 ◢ 按钮，定义内部草绘，选择 right 平面。单击 ↖ 按钮，绘制直线，再单击 ⊙ 按钮将线约束到轮廓上。标注尺寸，单击 ✔ 按钮，尺寸修改为 9，单击 ✔ 按钮完成创建。单击 ▦ 按钮，选择轴阵列，如图 3-47 所示。

7）单击 ⟳ 按钮，绘制出 $R5$ 的圆，如图 3-48 所示。

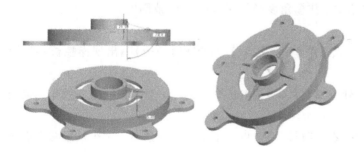

图 3-47　绘制筋

图 3-48　倒圆

### 3.5.4　知识分析

由于筋、孔、凸耳都是关于轴均布的，所以可以灵活地运用阵列命令。绘制旋转截面时，尺寸较多，只需要画出相似的形状，标出需要用到的尺寸，然后统一修改即可，并且所有倒角、圆角都不必在绘制截面时绘出，特征完成后再用倒角命令，这样可以减少绘制截面尺寸，减少出错率。

**1. 筋特征**

在两个或两个以上的墙面间加入材料，作为支承墙面的肋。筋特征是在两个或两个以上的相邻平面间添加加强筋，该特征是一种特殊的增料特征。

创建筋特征步骤：

① 单击 ⬚ 草绘图标，选择草绘平面和参照平面。

② 绘制肋的草图（须开放线条，绘制时注意参照的选择）。

③ 单击筋工具。

④ 确认筋材料方向。

⑤ 输入筋深度（注意添加深度方向）。

⑥ 单击确定按钮，完成肋的创建。

**2. 拔模特征**

在塑料件、金属铸件和锻件中，为了便于加工脱模，通常会在成品与模具型腔之间引入一定的倾斜角，称为"拔模角"或"脱模角"。拔模特征就是为了解决此类问题，在单独曲面或一系列曲面中添加一个介于-30°~30°的拔模角度。

（1）拔模特征基本术语

① 拔模曲面：要拔模的模型的曲面。可以拔模的曲面有平面和圆柱面。

② 拔模枢轴：曲面围绕其旋转的拔模曲面上的线或曲线（也称作中立曲线）。可通过选取平面（在此情况下拔模曲面围绕它们与此平面的交线旋转）或选取拔模曲面上的单个曲线链来定义拔模枢轴。

③ 拖动方向（也称作拔模方向）：用于测量拔模角度的方向，通常为模具开模的方向，可通过选取平面（在这种情况下拖动方向垂直于此平面）、直边、基准轴或坐标系的轴来定义它。

④ 拔模角度：拔模方向与生成的拔模曲面之间的角度。如果拔模曲面被分割，则可为拔模曲面的每侧定义两个独立的角度。拔模角度必须在-30°~30°范围内。

（2）拔模特征的操作步骤

① 特征工具栏"拔模工具"（或主菜单：【插入】→【拔模】……）→出现操控板→选取欲拔模的面。

② 按下操控板处的"单击此处添加项目"→选取一个平面、一条边或一条曲线作为拔模枢轴。

③ 按下操控板处的"单击此处添加项目"→选取一个平面、一条边、一个轴或两个点作为拖动方向→修改拔模角及拔模方向。

④ 按下鼠标中键（或单击操控板中的√按钮）。

### 3. 阵列特征

阵列是对排列复制原特征后的一组特征的总称。可以通过某个特征创建与其相似的多个特征，是重复造型。

阵列特征操控板如图 3-49 所示。

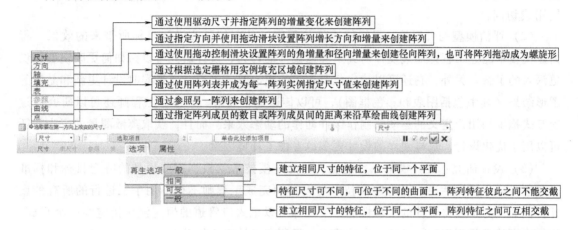

图 3-49　阵列特征操控板

### 3.5.5　错误问题导正

截面绘制未与零件交截，筋特征生成失败，修改截面后生成成功，如图 3-50 所示。

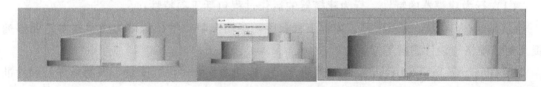

图 3-50　修改后的截面

## 3.6　模型树、层、关系式

在造型过程中，为了及时了解所建模的步骤及各步骤之间的关系，需要了解模型树的概念。同时，为了遮蔽不必要的特征，及时刷新零件，需要建立 AutoCAD 中层的概念。最后，为了约束各尺寸之间的关系，还可以在各尺寸之间建立关系式。

## 3.7　行为建模技术

行为建模技术是在设计产品时，综合考虑产品所要求的功能行为、设计背景和几何图形，采用知识捕捉和迭代求解的一种智能化设计方法。通过这种方法，设计者可以面对不断变化的要求，追求高度创新的、能满足行为和完善性要求的设计。行为建模包括以下三个步骤：

（1）定义行为特征　这些特征可以用于推动设计本身的进展。例如，捕获想得到的重量或体积的行为特征，可以用于设计剪草机油箱的大小；可以在一个用于设计表面曲率的行为特征中，测量和获取表面的反射角。另外，也可以对能够方便地获取这些复杂或定制的尺寸的行为特征进行分组，并将它们保存在库中，以供设计小组成员使用或访问。

（2）评估模型的可行性、灵敏性或优化程度，并理解更改设计目标所带来的效果　行为建模技术能让工程师通过设计研究来评估设计的行为，设计研究可以为如何更改模型提供更深入的了解。另外，它还可以确定想要进行的更改是否可行。通过实时设计更新和易读的图形结果（其中包括图表和彩色框图），可以传递这一数据。另外，工程师还可以研究通过交互式拖曳和用户定义的运动来制作部件动作的动态效果。而且，获取离散测量的行为特征可以用于优化设计。这样建立的设计更多地考虑了环境因素。

（3）设计研究　设计模型一旦建立，行为建模技术就根据那些模型的特定目标和标准来改进设计。换句话说，行为建模技术可以自动完成工程师不得不用手工进行的所有的设计。例如，为了获得最佳的引擎性能，工程师可以把入口管道的恒定流量指定为一个目标，行为建模技术将根据这一目标，自动建立一组研究设计空间的设计。

### 3.7.1　行为建模器

行为建模器——Behavioral Modeling 是一种分析工具，在特定的设计意图、设计约束前提下，经一系列测试参数迭代运算后，可使工程师能获取最佳的设计建议。

（1）行为建模器的特性　行为建模器的运作过程包括三项特性：

① Smart Models。聪颖模型，内含工程智能。利用全新的特征基础的建模技术，能够捕捉几何、规格、设计意图等知识进行设计。

② Objective-Driven Design。目标驱动设计，即使面临许多设计变量、限制条件与设计准则，工程师仍可获得最佳化的解决方案。

③ Open Extensible Environment。开放型的延伸环境，能轻易与外部应用软件达成双向沟通，确保设计模型自动反映结果。

（2）行为建模器的组成　行为建模器是一种分析工具，需要建立分析特征（Analysis Feature），利用分析特征对模型进行若干的物理性质、曲线性质、曲面性质、运动情况等测量，由于特征参数（Feature Parameter）的产生，清楚定义设计变量与设计目标后，系统会寻找出合理的参考解答。

另一种分析特征为用户自定义分析——User-Defined Analysis，简称 UDA。这是由数个特征（如基准、曲面或实体特征）组成局部群组，可再配合域点（Field Point），形成适合特定情况的分析特征。

分析特征建立后，依设计需求有四种解析模式供选择：

① 灵敏度分析——Sensitivity Analysis。

② 可行性研究——Feasibility。

③ 最优化分析——Optimization。

④ 多目标设计研究——Multi-Objective Design Study。

### 3.7.2 建模分析

容积设计问题是经常遇到的问题，其容积是抽壳前后的体积差，但要保证指定体积（如容积为 5L）却很困难，而用行为建模方法比较简单。如图 3-51 所示，对矿泉水容器进行设计。

1）设计矿泉水容器。

2）建立分析特征（在抽壳前），如图 3-52 和图 3-53 所示。

图 3-51 矿泉水容器

图 3-52 分析特征

图 3-53 分析参数设置

3）建立另一分析特征（在抽壳后）。

4）建立一分析特征（建立抽壳前后体积关系），最后再建立一个分析特征 inner_ volume，类型为"关系"，给出抽壳前后体积关系，即矿泉水瓶的内部容积等于抽壳前的实体体积减去抽壳后的实体体积。

关系式的名称 = {参数名称}:fid_{特征名称}-{参数名称}:fid_{特征名称}

写成式子为：

inner_volume = one_side_vol:FID_SOLID_VOLUME-one_side_vol:FID_SHELL_VOLUME

         抽壳前的实体体积       抽壳后的实体体积

/ * inner_volume——关系变量

/ * one_side_vol——该分析特征的参数名称

/ * FID_SOLID_VOLUME——分析特征名称

/ * one_side_vol——该分析特征的参数名称

/ * FID_SHELL_VOLUME——分析特征名称

5）进行灵敏度分析。此处进行灵敏度分析，即考察矿泉水瓶的内部容积 inner_ volume 与矿泉水瓶高度尺寸 d96 的关系和矿泉水瓶的内部容积 inner_ volume 与矿泉水瓶下方直径 d0 的关系，如图 3-54 所示。

6）进行可行性分析。通过上面的灵敏度分析，确定出能满足容积设计要求的设计变量为矿泉水瓶下方直径尺寸 d0，故使用可行性分析来确定满足要求的设计变量 d0 的具体尺寸。

计算结果 d0 为 170.66mm，设计前后矿泉水瓶如图 3-55 所示。

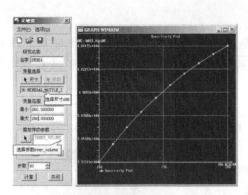

图 3-54　灵敏度分析

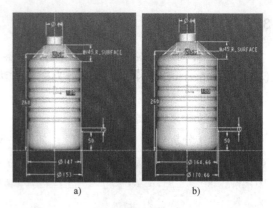

a)　　　　　　　　　b)

图 3-55　设计前后对比图

a）设计前　b）设计后

## 3.8　综合练习

### 3.8.1　产品分析

　　本节综合利用前面所学的拉伸特征、旋转特征、扫描特征建立最终模型。模型的操作过程如图 3-56 所示。

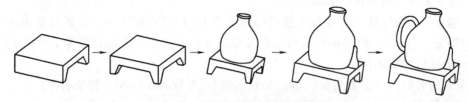

图 3-56　综合训练实例的造型思路

### 3.8.2　综合实例的演练步骤

　　Pro/Engineer 系统主要功能如下：①真正的全相关性，任何地方的修改都会自动反映到所有相关地方；②具有真正管理并发进程、实现并行工程的能力；③具有强大的装配功能，能够始终保持设计者的设计意图；④容易使用，可以极大地提高设计效率。Pro/Engineer 系统用户界面简洁，概念清晰，符合工程人员的设计思想与习惯。整个系统建立在统一的数据库上，具有完整而统一的模型。Pro/Engineer 建立在工作站上，系统独立于硬件，便于移植。产品的建模步骤如下：①读图。②零件建模。注意事项：先读图，后造型；先目录，后文件；先实体，后切割。

## 思考与练习

**1. 思考题**

（1）草绘平面与参照平面在设计过程中各扮演着什么角色？

（2）想一想拉伸特征的概念与操作步骤。

（3）在书中经常提到"增料"与"减料"两个词，你是如何理解这两个词的？

（4）想一想扫描特征的概念与操作步骤。

（5）在扫描特征中如何理解"自由端点""合并终点""增加内部因素"和"无内部因素"的含义？

（6）想一想混合特征的概念，它包括哪三种混合特征？试比较这三种混合特征的异同。

（7）在混合特征建立过程中如何切换到不同的特征截面？如何保证各特征截面的"边数"相同？

（8）为什么在建立过程中旋转混合特征与一般混合特征都要建立相对坐标系？

### 2．上机题

（1）自由建模

1）只使用拉伸特征，完成图3-57所示的零件模型。

2）只使用旋转特征，完成图3-58所示的零件模型。

3）使用拉伸、扫描特征，完成图3-59所示的零件模型。

图3-57 上机1　　　　　图3-58 上机2　　　　　图3-59 上机3

4）使用平行混合特征，使用3个截面（如图中箭头所示）完成图3-60所示的零件模型。

5）使用旋转混合特征，使用4个截面完成图3-61所示的零件模型。

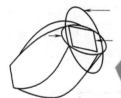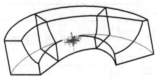　

图3-60 上机4　　　　　　　　图3-61 上机5

6）仿照本章的综合练习，完成如图3-62所示的零件模型。

图3-62 上机6

（2）按照尺寸作图

采用实体建模的方法构建图3-63~图3-74。

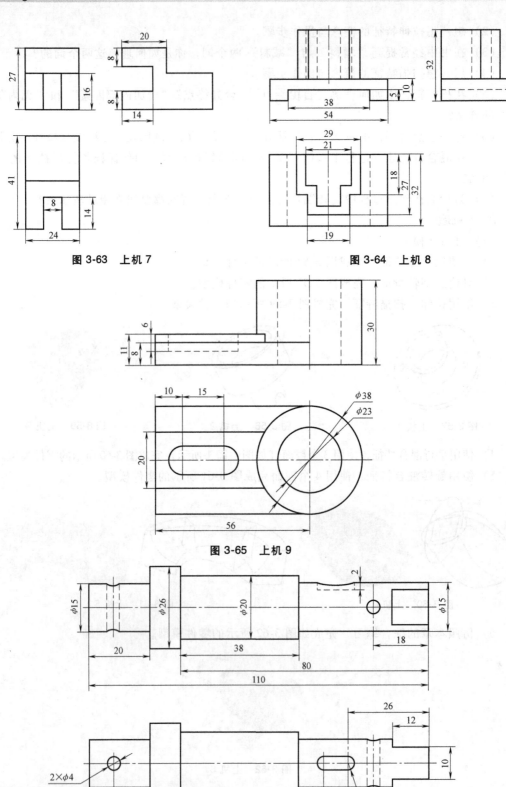

图 3-63　上机 7

图 3-64　上机 8

图 3-65　上机 9

图 3-66　上机 10

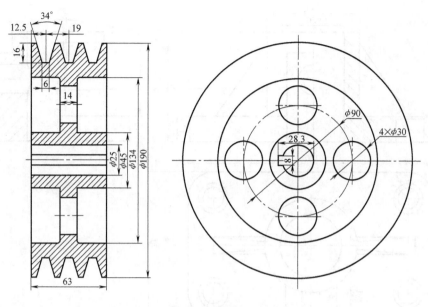

图 3-67 上机 11

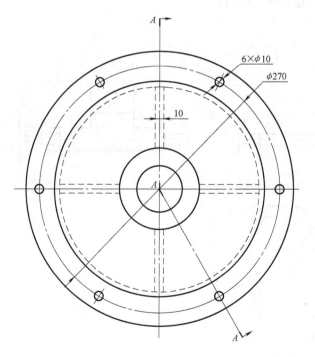

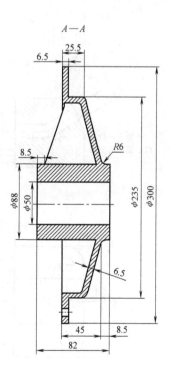

图 3-68 上机 12

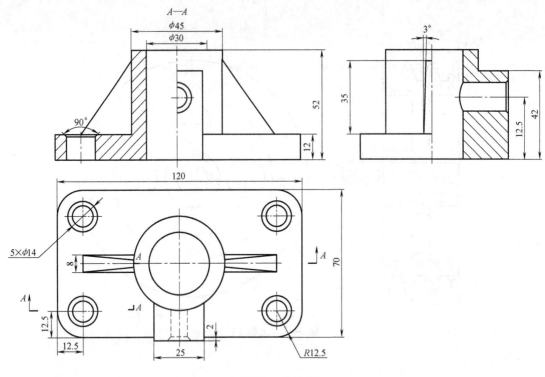

图 3-69 上机 13

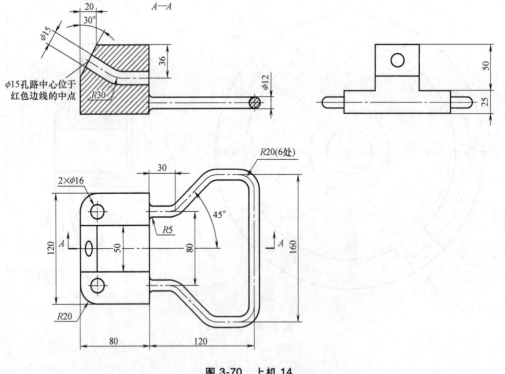

图 3-70 上机 14

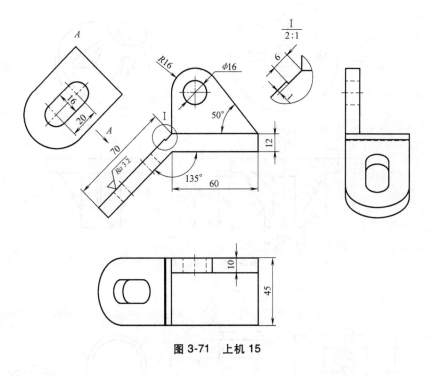

图 3-71 上机 15

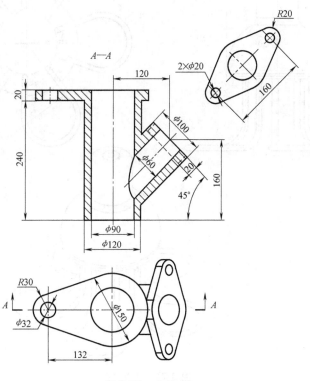

图 3-72 上机 16

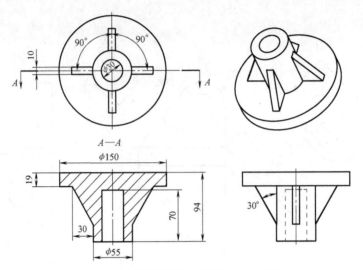

图 3-73　上机 17

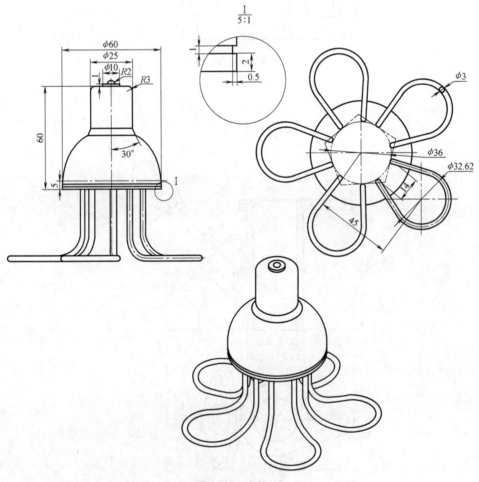

图 3-74　上机 18

# 第4章

# 曲面特征的建立

前面讨论了实体造型的方法，对于绝大多数机械零件，使用这些方法即可非常方便地建立模型。但对于复杂形状的模型，如机器人手臂、手机外壳、鼠标、玩具等工业产品，很难通过实体直接实现其造型，为解决此类实体造型问题，Pro/Engineer 提供了强大而灵活的曲面功能。曲面特征主要是用来创建复杂零件的，曲面之所以称之为面就是因为没有厚度。曲面与前面章节中实体特征中的薄壁特征不同，薄壁特征有一个厚度值。虽然薄壁特征厚度比较薄，但是本质上与曲面不同。

将实体特征表面分解为多个曲面，从设计单个曲面开始，逐步将曲面组合为一个封闭的曲面组，然后再添加材料形成实体。本章介绍利用最基本的方法直接创建曲面特征，以及在工程设计中根据需要对其进行合并、修改、延伸等各种曲面操作。通过对曲面进行适当的操作，就能将曲面特征融入实体特征而获得满意的设计效果。

## 【学习目标】

**（1）知识目标**

① 了解常用曲面建模方法的基本特点。

② 掌握常用空间曲线的基本定义。

③ 理解曲率、曲率半径等的基本定义。

**（2）能力目标**

① 熟练掌握常用曲面建模方法。

② 掌握复制、修剪、合并、延伸等曲面编辑的方法和技巧。

③ 能运用曲面工具生成特定的曲面。

## 4.1 曲面基础知识

### 4.1.1 曲面建模

表面建模（Surface Modeling）是通过对物体各个表面进行描述的一种三维建模方法。表面模型的数据结构包括顶点表、棱边表、面表结构和连接指针。表面模型具有面、边的拓扑关系，可以进行消隐处理、剖面图的生成、求交计算、刀具轨迹的生成、有限元网格划分等。但表面模型仍缺少体的信息及体面间的拓扑关系，无法进行物性计算和分析。

表面建模分为平面建模和曲面建模。平面建模是将形体表面划分成一系列多边形网格，每一个网格构成一个小的平面，用一系列的小平面逼近形体的实际表面。曲面建模是把需要建模的曲面划分为一系列曲面片，用连接条件拼接来生成整个曲面。曲面建模是 CAD 领域最活跃、应用最广泛的几何建模技术之一。

从数据结构可以看出，表面模型起初只能用于多面体结构形体，对于一些曲面形体必须先进行离散化，将之转换为由若干小平面构成的多面体再进行造型处理。随着曲线曲面理论的发展和完善，曲面建模成功应用到 CAD/CAM 系统。常见的曲面构造方法有：

1）平面：可用三点定义一个平面。

2）拉伸面：将一条平面曲线沿一方向滑动扫成的曲面。

3）直纹面：一条直线的两个端点在两条空间曲线的对应等参数点上移动形成的曲面。

4）回转面：平面曲线绕某一轴线旋转所产生的曲面。

5）扫描面：有三种构造方法。①用一条剖面线沿一条基准线平行移动而构成曲面；②用两条剖面线和一条基准线，使一条剖面线沿着基准线光滑过渡到另一条剖面线所形成的曲面；③用一条剖面线沿两条给定的边界曲线移动，剖面线的首、末点始终在两条边界曲线对应的等参数点上，剖面形状保持相似变化。

6）圆角面：即圆角过渡面，可以是等半径，亦可变半径。

7）等距：将原始曲面每一点沿法线方向移动一个固定的距离而生成的曲面。在数控加工中，球头铣刀中心的运动轨迹就是加工曲面的等距面。

曲面可以看作一条动线（直线或曲线）在空间连续运动所形成的轨迹，形成曲面的动线称为母线。母线在曲面中的任一位置称为曲面的素线，用来控制母线运动的面、线和点称为导面、导线和导点。

换一种表述方式，可以认为曲面是直线或曲线在一定约束条件下的运动轨迹。这根运动的直线或曲线，称为曲面的母线；曲面上任一位置的母线称为素线。母线运动时所受的约束，称为运动的约束条件。在约束条件中，控制母线运动的直线或曲线称为导线；控制母线运动的平面称为导平面。

当动线按照一定的规律运动时，形成的曲面称为规则曲面；当动线不规则运动时，形成的曲面称为不规则曲面。形成曲面的母线可以是直线，也可以是曲线。如果曲面是由直线运动形成的，则称为直线面（如圆柱面、圆锥面等）；由曲线运动形成的曲面，则称为曲线面（如球面、环面等）。直线面的连续两直素线彼此平行或相交（即它们位于同一平面上），这种能无变形地展开成一平面的曲面，属于可展曲面。如连续两直素线彼此交叉（即它们不位于同一平面上）的曲面，则属于不可展曲面。

曲面的表示法和平面的表示法相似，最基本的要求是应作出决定该曲面各几何元素的投影，如母线、导线、导面等。此外，为了清楚地表达一曲面，一般需画出曲面的外形线，以确定曲面的范围。

根据不同的分类标准，曲面有不同的分类方法。

（1）根据母线运动方式分类

1）回转面：由母线绕一轴线旋转而形成的曲面。

2）非回转面：由母线根据其他约束条件运动而形成的曲面。

（2）根据母线的形状分类

1）直纹曲面：凡是可以由直母线运动而成的曲面，如圆柱面、圆锥面、椭圆柱面、椭圆锥面、双曲抛物面、锥状面和柱状面等。

2）双曲曲面：只能由曲母线运动而成的曲面，如球面、环面等。

同一个曲面可能由几种不同形式的运动形成。如圆柱面，即可以看作直线绕着与之平行的轴线做旋转运动而成，也可以看作一个圆沿轴向平移而形成。

（3）根据曲面能否展成平面分类

1）可展曲面：能展开成平面的曲面，如柱面、锥面。

2）不可展曲面：不能展开成平面的曲面，如椭圆面、椭圆抛物面、曲线回转面。一般只有直纹曲面才有可展曲面与不可展曲面之分，双曲曲面都是不可展曲面。

Pro/Engineer 是参数化的建模软件，其曲面建模也具有参数化的功能。参数化曲面是指在拓扑矩形的边界网格上利用混合函数在纵向和横向两对边界曲线间利用光滑过渡的曲线构造出的曲面。曲面建模中常见的参数曲面有：孔斯（Coons）曲面、Bezier 曲面、B 样条（B-spline）曲面和非均匀有理 B 样条（NURBS）曲面。

一个实体可以用不同的曲面造型方法来构成相同的曲面，哪一种方法产生的模型更好，一般用以下两个标准来衡量：更能准确体现设计者的设计思想、设计原则；产生的模型能够准确、快速、方便地产生数控刀具轨迹，更好地为 CAM、CAE 服务。

## 4.1.2　曲线与曲面的连续

曲面根据使用零件和位置不同，要求也不相同，其中曲面连续是一项重要的指标。连续主要包括 G0-位置连续、G1-切线连续、G2-曲率连续、G3-曲率变化率连续、G4-曲率变化率的变化率连续。

（1）G0-位置连续　这类曲面只是端点重合，而连接处的切线方向和曲率均不一致。这种连续性的表面看起来会有一个很尖锐的接缝，属于连续性中级别最低的一种。

（2）G1-切线连续　这类曲面不仅在连接处端点重合，而且切线方向一致。这种连续性的表面不会有尖锐的连接接缝，但是由于两种表面在连接处曲率突变，所以在视觉效果上仍然会有很明显的差异。会有一种表面中断的感觉。

通常用倒角工具生成的过渡面都属于这种连续级别。因为这些工具通常使用圆周与两个表面切点间的一部分作为倒角面的轮廓线，圆的曲率是固定的，所以结果会产生一个 G1 连续的表面。如果想生成更高质量的过渡面，还是要自己动手。

（3）G2-曲率连续　顾名思义，它们不但符合上述两种连续性的特征，而且在接点处的曲率也是相同的。这种连续性的曲面没有尖锐接缝，也没有曲率的突变，视觉效果光滑流畅，没有突然中断的感觉（可以用斑马线测试）。这通常是制作光滑表面的最低要求，也是制作 A 级面的最低标准。

（4）G3-曲率变化率连续　这种连续级别不仅具有上述连续级别的特征之外，在接点处曲率的变化率也是连续的，这使得曲率的变化更加平滑。曲率的变化率可以用一个一次方程表示为一条直线。这种连续级别的表面有比 G2 更流畅的视觉效果。但是由于需要用到高阶曲线或需要更多的曲线片断，所以通常只用于汽车设计。

（5）G4-曲率变化率的变化率连续　"变化率的变化率"似乎听起来比较深奥，实际上可以这样理解，它使曲率的变化率开始缓慢，然后加快，然后再慢慢地结束。这使得G4连续级别能够提供更加平滑的连续效果。但是这种连续级别比G3计算起来更复杂，所以几乎不会在小家电一类的产品设计中出现。实际上，就算出现了，我们也未必看得出来。

### 4.1.3　曲面建模的思路

使用 Pro/Engineer 软件曲面建模的思路与实体建模的思路不同，具体如图 4-1 所示。

图 4-1　Pro/Engineer 曲面建模思路

注意：对于复杂形状的模型，如手机外壳、鼠标、玩具等，很难通过实体直接实现其造型，为解决此类实体造型问题，Pro/Engineer 提供了强大而灵活的曲面建模功能。将实体特征表面分解为多个曲面，从设计单个曲面开始，逐步将曲面组合为一个封闭的曲面组，然后再添加材料形成实体。

## 4.2　曲面建模案例一

### 4.2.1　问题引入

某企业的塑料连接件如图 4-2 所示，需要完成塑料连接件的三维模型。

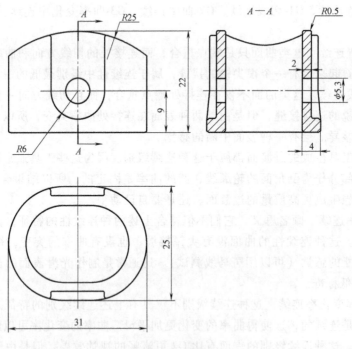

图 4-2　案例一

### 4.2.2　案例分析

这是一个前后有凹槽和孔的管状件，零件前后对称、左右对称，与第3章案例一相比顶部需要有曲面形状，因此简单的拉伸造型特征无法完成此零件，需要借助曲面完成。

### 4.2.3　案例实施

1）单击【文件】—【新建】—【零件】—【实体】—取消勾选【使用缺省模板】—【确定】，选择"mmns-part-solid"，再单击【确定】，如图4-3所示。

2）绘制草绘1，如图4-4所示。

3）绘制草绘2，如图4-5所示。

4）选中模型树中草绘1和2，单击【编辑】—相交，即可绘制出它们的交截线，如图4-6所示。

图4-3　新建草绘

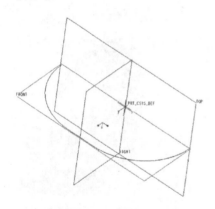

图4-4　草绘1

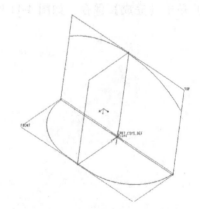

图4-5　草绘2

5）选中草绘1和2，单击鼠标右键取消隐藏，如图4-7所示。

6）单击【插入】—【边界混合】，选择草绘2与交截1作为第一方向的链，如图4-8所示。

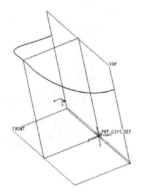

图4-6　交截线

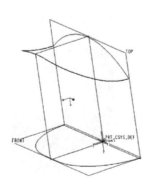

图4-7　取消隐藏

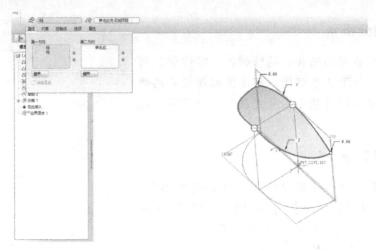

图 4-8　边界混合 1

7）单击【完成】保存，如图 4-9 所示。

8）单击插入—边界混合，选择草绘 1 与交截 1 作为第一方向的链，如图 4-10 所示。

9）单击【完成】保存，如图 4-11 所示。

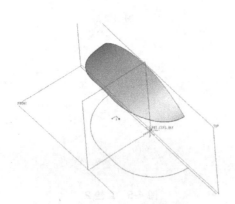

图 4-9　完成后的边界混合 1

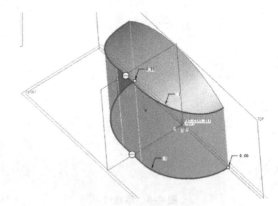

图 4-10　边界混合 2

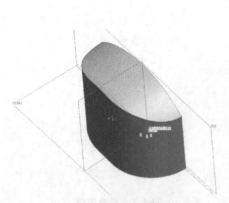

图 4-11　完成后的边界混合 2

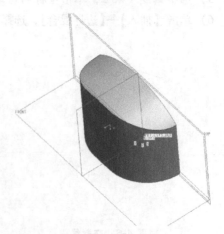

图 4-12　镜像曲面

10）选中模型树中边界混合 1 和 2，单击镜像，选择 TOP 面，如图 4-12 所示。

11）单击【完成】保存，如图 4-13 所示。

12）选中模型树中边界混合 1 和 2，单击编辑—合并，如图 4-14 所示。

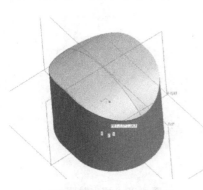

图 4-13　曲面完成效果

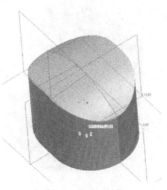

图 4-14　合并曲面

13）单击【完成】保存，如图 4-15 所示。

14）选中模型树中边界混合 3 和 4，单击编辑—合并，如图 4-16 所示。

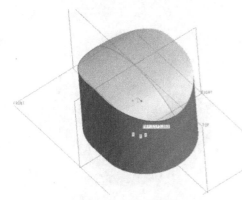

图 4-15　合并完成

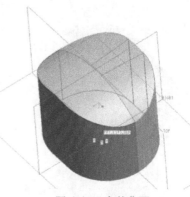

图 4-16　合并曲面

15）单击完成保存，如图 4-17 所示。

16）选中模型树中合并 1 和 2，单击编辑—合并，如图 4-18 所示。

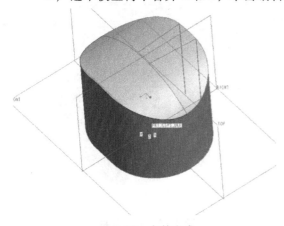

图 4-17　合并完成

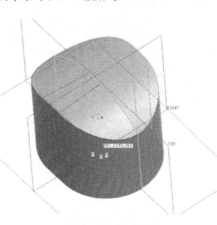

图 4-18　合并曲面

17）单击【完成】保存，如图 4-19 所示。

18）单击编辑—填充—参照—定义内部草绘，选择底面进行草绘，如图 4-20 所示。

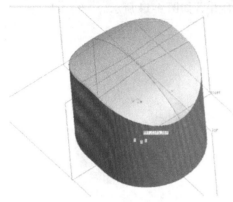

图 4-19　合并完成

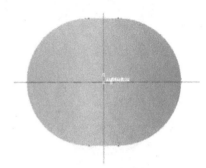

图 4-20　填充截面

19）完成，如图 4-21 所示。

20）应用并保存，如图 4-22 所示。

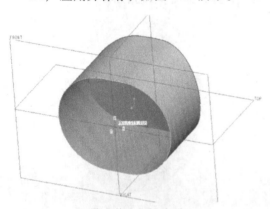

图 4-21　填充界面

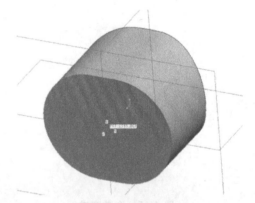

图 4-22　填充完成

21）选中模型树中合并 3 和填充 1，单击编辑—合并，如图 4-23 所示。

22）单击【完成】保存，如图 4-24 所示。

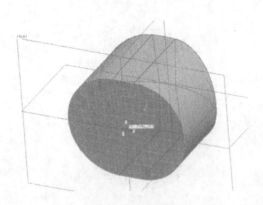

图 4-23　合并曲面

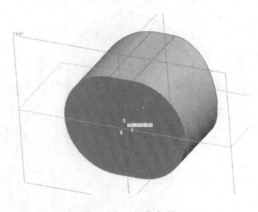

图 4-24　完成合并

23）单击编辑—实体化，如图4-25所示。

24）单击【完成】保存，如图4-26所示。

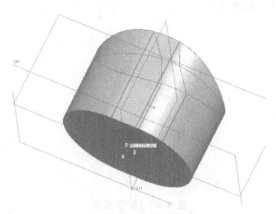

图4-25 实体化界面

图4-26 完成实体化

25）利用拉伸切除命令绘制内部通孔，如图4-27所示。

26）创建基准平面，如图4-28所示。

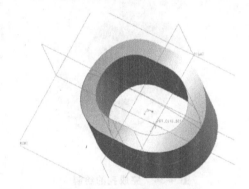

图4-27 绘制完成的异形孔

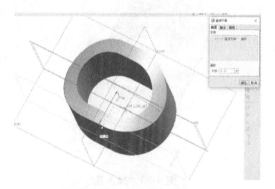

图4-28 创建基准界面

27）以创建的基准平面为草绘平面，绘制拉伸切除截面，如图4-29所示。

28）单击【完成】保存，如图4-30所示。

29）选中拉伸2，单击镜像，选择TOP面，如图4-31所示。

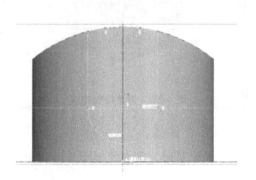

图4-29 拉伸截面的绘制

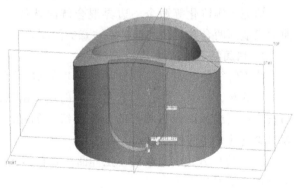

图4-30 拉伸完成

30）单击【完成】保存，如图 4-32 所示。

31）单击插入—孔，选择 U 形槽底面作为放置曲面，拉伸至后方 U 形槽底面，偏移参照选择 RIGHT 面和 FRONT 面，偏移量为 0 和 9，如图 4-33 所示。

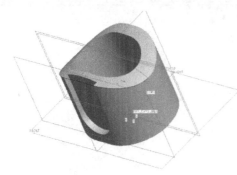

图 4-31　镜像界面

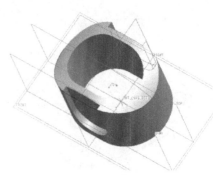

图 4-32　镜像完成

32）单击【完成】保存，如图 4-34 所示。

图 4-33　插入孔

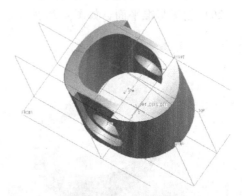

图 4-34　完成孔的绘制

33）绘制相应倒角，如图 4-35 所示。

### 4.2.4　知识分析

此零件的曲面建模过程中，应用了边界混合、合并、填充、实体化等命令。边界混合链的选择，合并曲面只能两两合并，这些都是要注意的问题。

#### 1. 曲面特征的创建

曲面特征的创建与实体特征的创建类似，可使用拉伸、旋转、扫描、混合、填充方法创建。由二维剖面长出曲面或抓取现有零件的二维曲线来创建。下面就讨论这几种曲面创建方式。

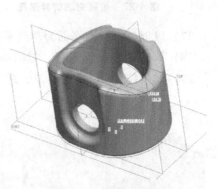

图 4-35　倒角绘制完成

（1）拉伸方式创建曲面　拉伸曲面是在完成剖面的草图绘制后，垂直此剖面长出曲面，其操作步骤如下：

① 选取一条草绘基准曲线用于拉伸。

② 单击"基础特征"（Base Features）工具栏上的 ⬠ 按钮。

③ 单击对话栏上的 ⬠ 按钮。

④ 系统使用"盲"（Blind）深度选项创建缺省曲面拉伸。旋转模型以便在 3D 视图中查看它。

⑤ 如果将闭合截面用于拉伸特征，则可封闭拉伸曲面的端点。单击对话栏上的"选项"（Options）上滑面板，然后选取"封闭端"（Capped Ends）。

⑥ 单击仪表板上的 ✔ 按钮，完成拉伸曲面的创建。

例如，在草绘工作环境绘制如图 4-36 所示的草图，单击拉伸工具的图标 ⬠ ，选择【拉伸为曲面】图标 ⬠ ，设置拉伸深度为 20，完成的拉伸曲面如图 4-37 所示。

注意：如果选择【编辑定义】，重新定义曲面的几何数据，选中【封闭端】复选框如图 4-38 所示，将曲面的前后端封闭，完成的曲面如图 4-39 所示。

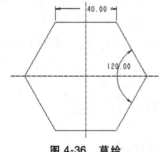

图 4-36 草绘

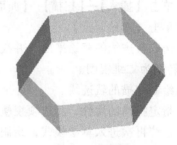

图 4-37 拉伸

图 4-38 深度

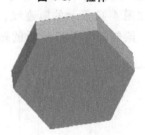

图 4-39 结果

（2）旋转创建曲面特征　旋转曲面是将二维剖面绕一条中心线旋转，做出一个曲面，其操作步骤如下：

① 单击主窗口右侧草绘工具图标 ⬠ 。

② 选取一个草绘平面并指定其方向，或接受缺省方向；单击【草绘】，进入"草绘器"；接受标注截面尺寸的缺省参照或选取不同参照。完成后，单击【参照】对话框中的【关闭】。

③ 创建完截面和中心线后，单击 ✔ 退出"草绘器"。

④ 单击"基础特征"（Base Features）工具栏上的 ⬠ 按钮，单击对话栏上的 ⬠ 按钮；输入曲面旋转角度。

⑤ 单击仪表板上的 ✔ 按钮，完成旋转曲面的创建。

单击【草绘】按钮进入草绘工作环境，绘制如图 4-40 所示的草图，单击仪表板【旋转为曲面】图标 ⬠ ，完成的旋转曲面如图 4-41 所示。

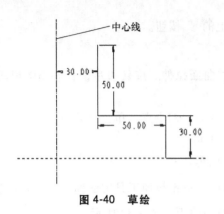

图 4-40 草绘

图 4-41 旋转

（3）用扫描方式创建曲面 扫描曲面是将二维剖面沿一条轨迹线扫描出一个曲面，其操作步骤如下：

① 单击【插入】—【扫描】—【曲面】。

② 单击【草绘轨迹】。

③ 选取轨迹线的草绘平面，并决定绘制轨迹线时的视图方向，然后确定参照方向，以将零件转换为二维视图。

④ 绘制扫描的轨迹线。

⑤ 指定扫描的属性，其选项视轨迹线是否封闭而不同。

⑥ 系统再次进入草绘模式，绘制扫描剖面。

⑦ 单击【曲面】对话框中的【确定】，完成扫描曲面的创建。

绘制如图 4-42 所示的轨迹线，单击【完成】以接受默认的属性【无内部因素】，进入草绘模式，绘制如图 4-43 所示的扫描截面，完成的扫描曲面如图 4-44 所示。

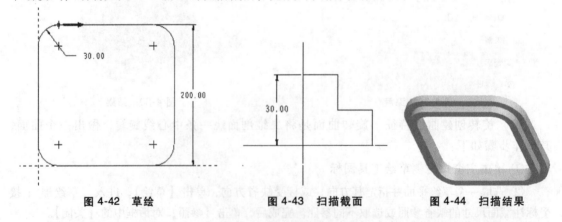

图 4-42 草绘

图 4-43 扫描截面

图 4-44 扫描结果

（4）用混合方式创建曲面 混合曲面是由数个截面混合形成一个曲面，其操作步骤如下：

① 单击【插入】—【混合】—【曲面】。

② 确认混合的选项：【平行】【规则截面】以及【草绘截面】。

③ 确认混合的属性为【直的】或【光滑】。

④ 选取截面的草绘平面，决定曲面的创建方向；选取另一平面作为草绘的方向参照，将零件转为二维视图。

⑤ 系统进入草绘模式，绘制第一个截面。

⑥ 单击鼠标右键，在弹出的快捷菜单中选择【切换剖面】，第一个截面变成暗线，绘制第二个截面，若仍有其他截面则采用同样的方法绘制。

⑦ 输入截面与截面之间的深度。

⑧ 单击【曲面】对话框中的【确定】按钮，完成混合曲面的创建。

选取 FRONT 为截面的草绘平面，单击【正向】使曲面创建方向朝里，然后单击【缺省】以使用默认的草绘方向参照来设置零件在草绘时的方向，绘制的第一个截面如图 4-45 所示。单击右键，在弹出的快捷菜单中选择【切换剖面】，绘制如图 4-46 所示的第二截面，单击【完成】接受默认的选项【盲孔】。输入曲面深度 200，完成的混合曲面如图 4-47 所示。

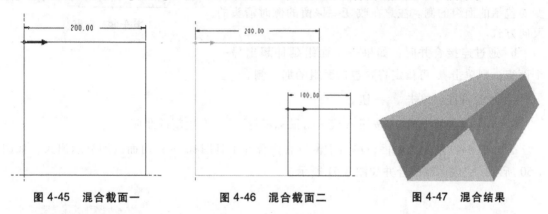

图 4-45　混合截面一　　　图 4-46　混合截面二　　　图 4-47　混合结果

（5）用填充方式创建曲面　填充曲面指对封闭的曲线进行填充而生成的曲面特征，其操作步骤如下：

① 单击主窗口右侧草绘工具图标 📐。

② 选取草绘平面，并确认草绘方向参照，单击鼠标滚轮后，绘制封闭的草图，然后单击 ✔ 按钮。

③ 单击【编辑】—【填充】，即产生平面型的填充曲面。

**2. 曲面特征的编辑**

当零件上有曲面时，可以用以下几种方式对曲面进行编辑：①复制实体或曲面上的面；②曲面的偏移；③曲面的合并；④曲面的裁剪；⑤曲面的延伸；⑥曲面的镜像；⑦曲面的移动或旋转。下面就常用的曲面复制、曲面合并、曲面延伸进行讨论。

（1）复制实体或曲面上的面　对已选的曲面或实体表面以复制的方式生成新的曲面，其操作步骤如下：

① 选取要复制的面。

② 单击【编辑】下的【复制】按钮。

③ 单击【编辑】下的【粘贴】按钮。

④ 单击鼠标滚轮即产生新的曲面。

按以上步骤生成的曲面如图 4-48 所示。

（2）合并曲面特征　曲面的合并是将两个曲面合并，产生一个曲面组，其操作步骤如下：

① 选取两个面组，然后单击"编辑特征"工具栏上的 ⏣ 按钮，选取的第一个面组作为缺省主面组。

② 选取合并方法，先单击"选项"上滑面板，然后选择"相交"或"连接"。

注意：要连接，一个面组的单侧边必须位于另一个面组上。

③ 两个面组相交处的箭头指向将包括在合并面组中的面组的侧。下列操作可改变要包括在结果特征中的面组的侧：

a. 通过相交合并时：对于每个面组，单击 ⚠ 可改变要包括的面组的侧。注意在改变要保留的侧时箭头的反向方式。

b. 通过连接合并时：如果一个面组延伸超出另一个面组，则单击 ⚠ 可指定将要包括面组的那一侧。

④ 校验特征，单击 ∞ 按钮。

⑤ 单击仪表板上的 ✓ 按钮（或单击鼠标滚轮），即产生新的曲面。

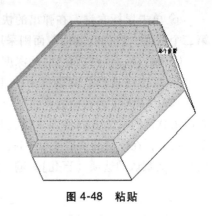

图 4-48　粘贴

合并图 4-49 所示的曲面，单击主窗口右侧合并工具图标 ⬭，曲面组即显示出来，如图 4-50 所示，完成曲面的合并如图 4-51 所示。

图 4-49　打开

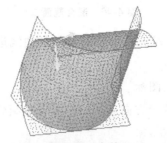

图 4-50　合并

图 4-51　合并结果

（3）曲面的延伸　将曲面沿着淡紫色的边界线做曲面的延伸，其操作步骤如下：

① 由曲面选取欲延伸的边线。

② 单击【编辑】—【延伸】。

③ 决定延伸的类型。

④ 在画面上修改延伸的距离或选取延伸所至的平面。

⑤ 单击仪表板上的 ✓ 按钮（或单击鼠标滚轮），即产生新的曲面，如图 4-52 所示。

（4）曲面的修剪　可使用"修剪"工具来剪切或分割面组或曲线。使用"修剪"工具从面组或曲线中移除材料，以创建特定形状或分割材料。可通过以下方式修剪面组：

① 在与其他面组或基准平面相交处进行修剪。

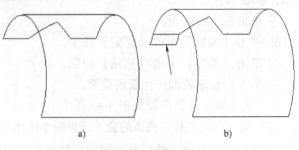

a)　　　　　　　　　　b)

图 4-52　延伸示例

a）初始文件　b）延伸结果

② 使用面组上的基准曲线修剪。

要修剪面组或曲线，先选取要修剪的面组或曲线，激活"修剪"工具，然后指定修剪对象。可在创建或重定义期间指定和更改修剪对象。在修剪过程中，可指定被修剪曲面或曲线中要保留的部分。

**3. 曲面特征的实体化**

实体化特征使用预定的曲面特征或面组几何并将其转换为实体几何。在设计中，可使用"实体化"特征添加、移除或替换实体材料。设计时，面组几何可提供更大的灵活性，而"实体化"特征允许对几何进行转换以满足设计需求。设计"实体化"特征要求执行以下操作：

① 选取一个曲面特征或面组作为参照。

② 确定使用参照几何的方法：添加实体材料、移除实体材料或修补曲面。

③ 定义几何的材料方向。

## 4.2.5 错误问题导正

将边界混合 1 和 2 合并后以中心平面为基准镜像，发现单独选择合并 1 镜像失败（或者说无法镜像），如图 4-53 所示，可以先将边界混合 1 和 2 镜像，再两两合并，如图 4-54 所示。

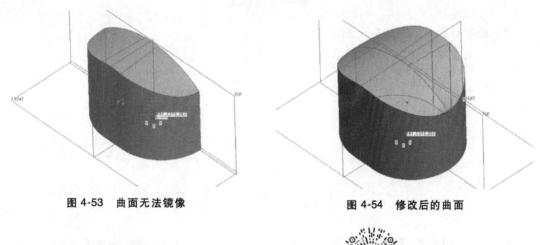

图 4-53  曲面无法镜像            图 4-54  修改后的曲面

# 4.3 曲面建模案例二

## 4.3.1 问题引入

某企业生产的烟灰缸如图 4-55 所示，壁厚为 3mm，请建立该三维模型。

## 4.3.2 案例分析

此零件为壳体，上部有带斜度的腔槽，以及 3 个半圆形的均布的槽，壁厚为 3mm。

## 4.3.3 案例实施

1) 单击【文件】—【新建】—【零件】—【实体】—【取消缺省】—【确定】，选择"mmns-part-solid"，再单击【确定】，如图 4-56 所示。

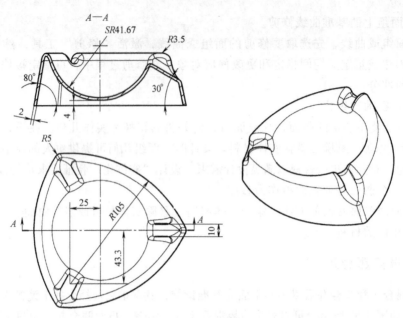

图 4-55　烟灰缸

2）绘制草绘 1，如图 4-57 所示。

图 4-56　新建草绘

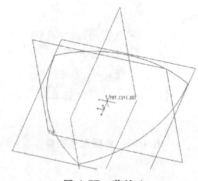

图 4-57　草绘 1

3）创建基准平面，如图 4-58 所示。

4）完成基准面的创建并创建基准轴，如图 4-59 所示。

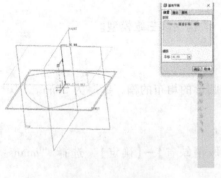

图 4-58　平面创建

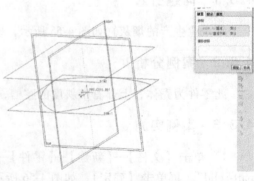

图 4-59　基准轴创建

5）完成基准轴的创建并以 RIGHT 平面为草绘平面，绘制草绘 2，如图 4-60 所示。

6）完成草绘 2，并以草绘 2 为阵列目标，围绕中心轴阵列，阵列数 3,360° 均分，

，如图 4-61 所示。

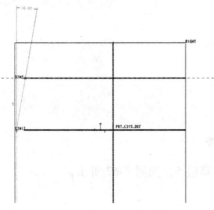

图 4-60　草绘 2

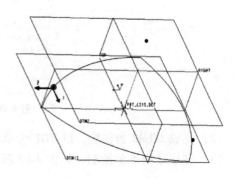

图 4-61　阵列草绘 2

7）完成阵列，如图 4-62 所示。

8）以创建的 DTM1 平面为草绘平面，绘制草绘 3，如图 4-63 所示。

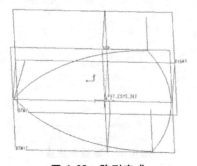

图 4-62　阵列完成

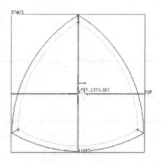

图 4-63　草绘 3

9）完成草绘 3，如图 4-64 所示。

10）以 DTM1 为草绘平面，绘制草绘 4，如图 4-65 所示。

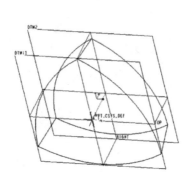

图 4-64　草绘 3 完成

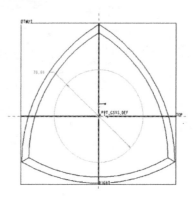

图 4-65　草绘 4

11）完成绘制并创建平面 DTM2，如图 4-66 所示。

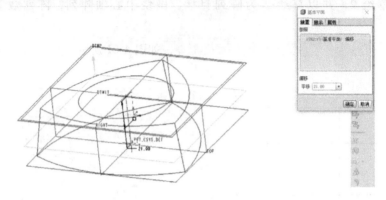

图 4-66　DTM2 平面

12）完成 DTM2 的创建，以 TOP 为草绘平面绘制草绘 5，如图 4-67 所示。

13）完成草绘 5 的绘制，如图 4-68 所示。

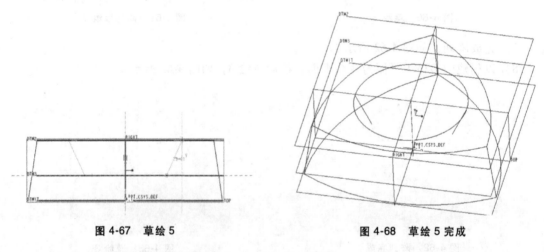

图 4-67　草绘 5　　　　　　　　　　　图 4-68　草绘 5 完成

14）以 DTM2 为草绘平面绘制草绘 6，如图 4-69 所示。

15）完成草绘 6 的绘制，如图 4-70 所示。

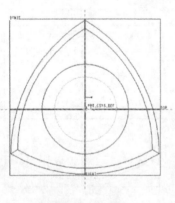 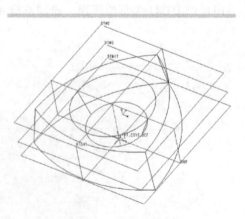

图 4-69　草绘 6　　　　　　　　　　　图 4-70　草绘 6 完成

16）插入边界混合，以草绘 1 和 3 作为第一方向链，阵列后的 3 个草绘 2 作为第二方向的链，如图 4-71 所示。

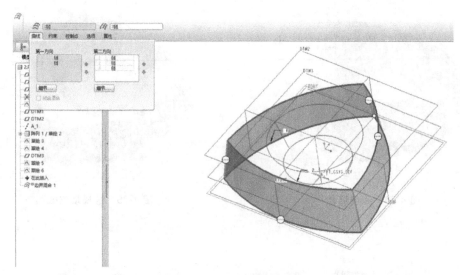

图 4-71 边界混合链的选择

17）完成混合，如图 4-72 所示。

18）插入边界混合，以草绘 4 和 6 作为第一方向链，草绘 5 作为第二方向的链，如图 4-73 所示。

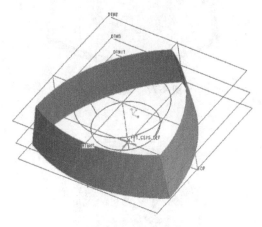

图 4-72 混合完成

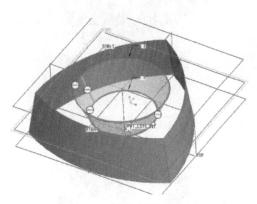

图 4-73 边界混合链的选择

19）完成混合，如图 4-74 所示。

20）单击【编辑】—【填充】，选择草绘 6，如图 4-75 所示。

21）完成填充，如图 4-76 所示。

22）单击【编辑】—【填充】，单击鼠标右键定义内部草绘，选择 DTM2 作为草绘平面，绘制草绘，如图 4-77 所示。

23）完成绘制并应用保存，如图 4-78 所示。

24）单击【编辑】—【填充】，选择草绘 1，如图 4-79 所示。

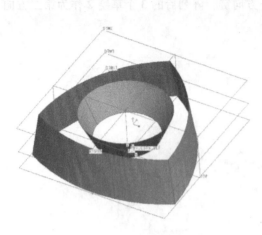

图 4-74　完成混合

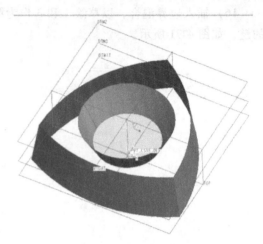

图 4-75　选择填充截面

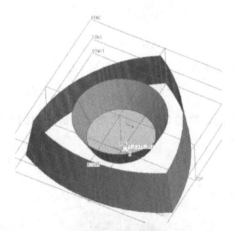

图 4-76　填充完成

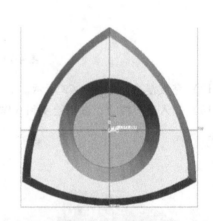

图 4-77　填充草绘

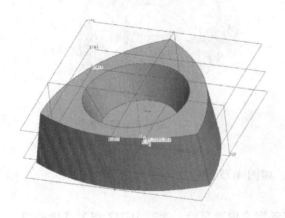

图 4-78　填充完成

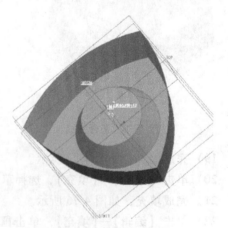

图 4-79　选择填充草绘

25）完成填充，如图 4-80 所示。

26）选中边界混合 1 和填充 3，单击【编辑】—【合并】，如图 4-81 所示。

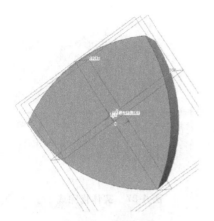

图 4-80　填充完成

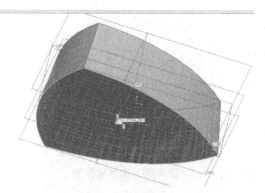

图 4-81　曲面合并

27）完成合并，选中边界混合 2 和填充 1，单击编辑—合并，如图 4-82 所示。

28）完成合并，选中合并 1 和填充 2，单击编辑—合并，如图 4-83 所示。

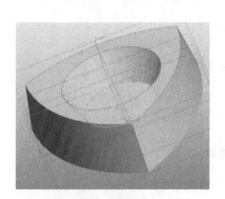

图 4-82　曲面合并

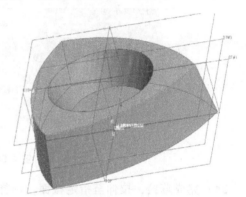

图 4-83　曲面合并

29）完成合并，选中合并 2 和合并 3，单击编辑—合并，如图 4-84 所示。

30）完成合并，如图 4-85 所示。

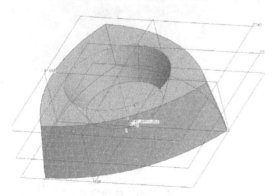

图 4-84　曲面合并

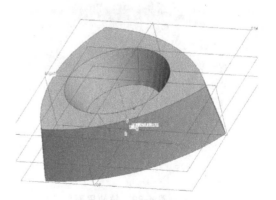

图 4-85　合并完成

31）单击【编辑】—【实体化】，如图 4-86 所示。

32）完成实体化，如图 4-87 所示。

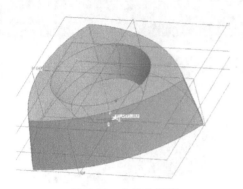

图 4-86　实体化界面

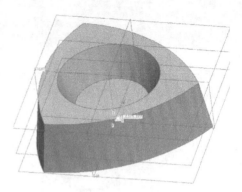

图 4-87　实体化完成

33）在 TOP 面绘制拉伸切除截面，如图 4-88 所示。

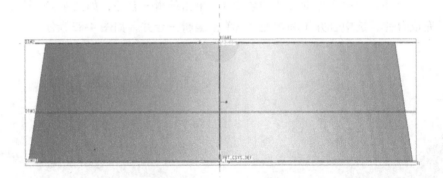

图 4-88　拉伸截面

34）完成草绘，拉伸至指定截面，选择侧面，如图 4-89 所示。

35）完成拉伸，如图 4-90 所示。

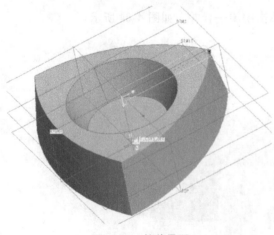

图 4-89　拉伸界面

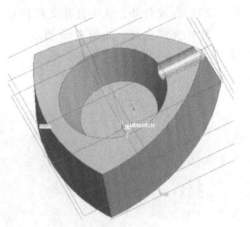

图 4-90　拉伸完成

36）围绕中心轴阵列拉伸 1，阵列数 3，360°均布，如图 4-91 所示。

37）完成阵列，如图 4-92 所示。

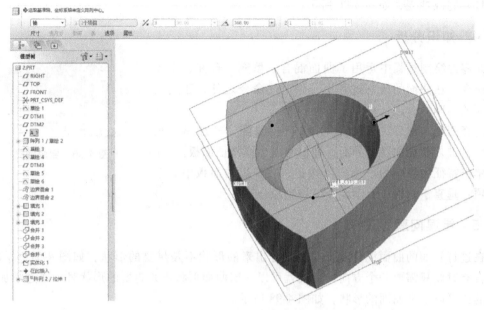

图 4-91　阵列界面

38）绘制倒角，如图 4-93 所示。

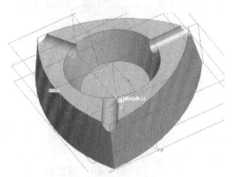

图 4-92　阵列完成

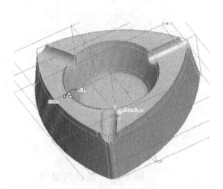

图 4-93　倒角的集选择

39）完成倒角的绘制，如图 4-94 所示。

40）单击插入—壳，厚度为 3mm，下表面为移除曲面，如图 4-95 所示。

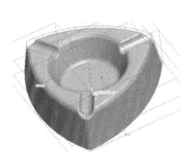

图 4-94　倒角绘制完成

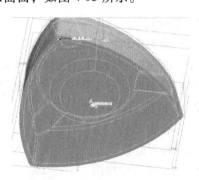

图 4-95　选择抽壳去除曲面

41）完成抽壳，如图 4-96 所示。

## 4.3.4　知识分析

此零件绘制过程中运用了曲面混合、填充、合并、实体化等命令，在曲面的绘制过程中，除上述命令之外，还用到了曲面的加厚命令。

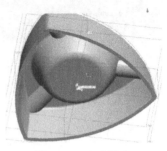

**图 4-96　完成抽壳**

选择面组，然后在下拉菜单中单击"编辑"—"加厚"菜单命令，进入曲面加厚的界面，弹出曲面加厚特征面板。

单击特征面板中的"选项"按钮，在弹出的面板中有三个选项：垂直于曲面、自动拟合、控制拟合。

## 4.3.5　错误问题导正

在进行侧面的曲面混合时，发现混合出来的形状不是想要的形状，如图 4-97 所示。边界混合有时候只需要一个方向的曲线就可以，当曲面形状不是想要的形状时，通过添加第二方向的链可以定义曲面的形状，如图 4-98 所示。

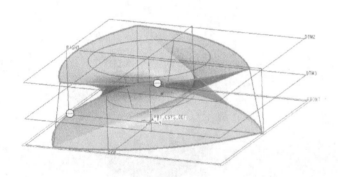

**图 4-97　错误的混合**

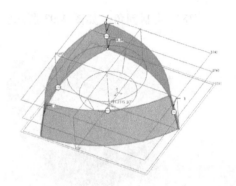

**图 4-98　修改链**

# 思考与练习

**1. 思考题**

（1）曲面建模的意义是什么？

（2）曲面合并和曲面剪切在操作应用中的异同有哪些？

（3）曲面建模与实体建模的区别是什么？

**2. 上机题**

（1）自由建模

采用曲面造型的方法构建图 4-99～图 4-101。

（2）按照尺寸作图

按照图 4-102、图 4-103 所示尺寸作图。

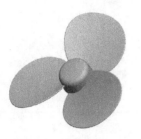

图 4-99　上机练习一

图 4-100　上机练习二

图 4-101　上机练习三

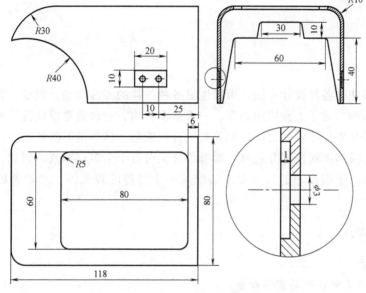

图 4-102　上机练习四

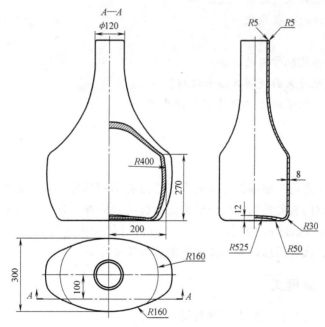

图 4-103　上机练习五

# 第5章

# 产品装配

前面介绍了零件的各种设计方法，用以生成各种各样的零件模型，但是一般来说，单个零件的实用意义很小。对于工业应用而言，一个运动机构、一台装置或设备等才有意义，而它们往往都是由多个零件按照一定的装配关系组合而成的，例如塑料模具是一种生产塑料制品的装备，它由上模和下模两部分组成，而每部分又由若干个零件构成。因此，将已经完成的各个独立的零件，根据用户的设计要求装配成一个完整的装配体，才能满足工程设计的需要。

## 【学习目标】

（1）知识目标
① 了解装配环境中装配的常用命令。
② 掌握常用装配约束的基本定义。
③ 理解装配设计的一般原理。
（2）能力目标
① 学会使用组件装配常用的命令。
② 掌握常用装配约束的使用方法和技巧。
③ 能进行模具的装配以及"爆炸图"的生成。

## 5.1 基础知识

在零件造型完成之后，根据设计示意图，必须将不同的零件用一定的方法组织在一起，形成与实际产品一致的装配结构，以供后续的配合尺寸检查和分析评估等，这种方法就称为"装配模型"。在 Pro/Engineer 的装配模式下，可以对装配体进行修改、分析和分解。下面就装配的一般模式、操作环境以及具体的案例进行简要介绍。

### 5.1.1 装配的一般模式

一般来讲，数字化装配主要有两种装配模式：
（1）自底而上装配 自底而上装配时，首先创建好组成装配体的各个元件，在装配模式下将已有的零件或子装配体按照相互的配合关系直接放在一起，组成一个新的装配体，也就是装配元件的过程。

（2）自顶而下装配　自顶而下的装配设计与自底而上的设计方法正好相反。设计时，首先从整体上勾画出产品的结构关系或创建装配体的二维零件布局关系图，然后再根据这些关系或布局逐一设计出产品的零件模型。

这里需要注意的是，前者常用于产品装配关系较为明确或零件造型较为规范的场合，后者多用于真正的产品设计，即先要确定产品的外形轮廓，然后逐步对产品进行设计上的细化，直至细化到单体零件。

## 5.1.2　装配的基本操作环境

零件装配是在装配模式下完成的，可通过以下方法进入装配环境。操作步骤如下：

1）在功能区选择【文件】|【新建】命令，或者单击快速访问工具栏中的【新建】按钮，弹出【新建】对话框。

2）选择【新建】对话框中【类型】选项组中的【组件】单选按钮。

3）在【名称】文本框中输入装配文件的名称，并取消选中【使用缺省模板】复选框，单击【确定】按钮，如图5-1所示。

4）此时弹出【新文件选项】对话框，选中"mmns_asm design"模板（公制模板），如图5-2所示。

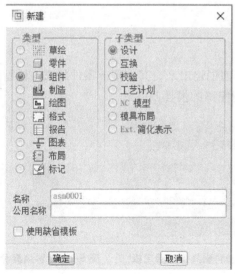
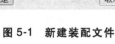

图5-1　新建装配文件

图5-2　选择公制模板

5）单击【确定】按钮，即可进入装配环境，如图5-3所示。

## 5.1.3　装配建模的思路

在使用Pro/Engineer软件装配模具零件时，一般采用的是自底而上的装配模式，其思路如图5-4所示。

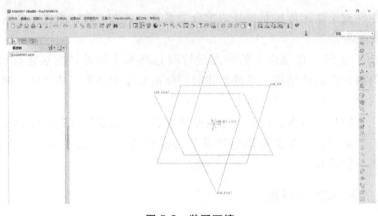

图 5-3　装配环境

图 5-4　Pro/Engineer 自底而上的装配思路

## 5.2　装配建模的案例

自底向上装配的原理比较简单，重点是约束的选择和使用。下面以一套塑料模具为实例来详细讲解这种装配方法和操作。

### 5.2.1　问题引入

根据前述方法，可以将一套模具零件的三维模型创建出来，其中部分零件的三维模型如图 5-5~图 5-7 所示。现在需要将其装配，进而得到完整的模具产品。

图 5-5　塑料模具型腔

图 5-6　塑料模具型腔固定板

图 5-7　塑料模具导套

### 5.2.2　案例分析

塑料模具装配过程：首先分别创建模具的上下两部分组件，然后在组件模式下上半部分的零件依次安装模具的固定板、型芯等。

### 5.2.3　案例实施

（1）设置工作目录及新建组件文件

① 将装配所需零件复制到 D 盘 suliaomuju 文件夹内（路径自选）。选择【文件】|【设置工作目录】命令，将工作目录设置为【D：\suliaomuju】。

② 创建新的组件文件。选择【文件】|【新建】命令，打开【新建】对话框，在【名称】文本框中输入"suliaomuju"，取消选中"使用缺省模板"复选框，单击【确定】按钮，进入【新文件选项】对话框。在【新文件选项】对话框中选择【mmns asm design】选项，单击【确定】按钮，进入组件工作模式，如图 5-8 所示。

（2）装配模具上半部分的第一个元件

① 单击 ![按钮] 按钮，在【打开】对话框中选择【xingqiang. prt】文件，单击【打开】按钮，型腔元件出现在图形区域。

② 在【元件放置】操控板上单击【放置】选项卡，从【约束类型】下拉列表框中选择【缺省】选项，单击 ![按钮] 按钮完成第一个元件的装配，如图 5-9 所示。

图 5-8　新建组件装配文件

（3）装配模具上半部分的第二个元件

① 单击 ![按钮] 按钮，在【打开】对话框中选择【xingqianggudingban. prt】文件，单击【打开】按钮，型腔固定板元件出现在绘图区域。

② 在【元件放置】操控板上单击【放置】选项卡，在【约束类型】下拉列表框中选择【配对】选项，然后选择型腔一侧面和其对应的一侧型腔固定板内侧面作为【配对】约束的参照，如图 5-10 所示。

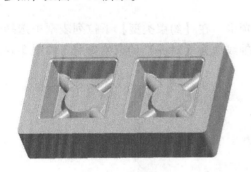

图 5-9　型腔导入

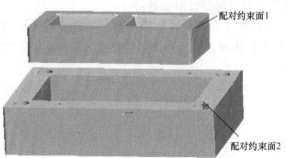

图 5-10　【配对】约束设置（一）

③ 单击【新建约束】选项，在【约束类型】下拉列表框中选择【配对】选项。选择型腔相邻侧面和其对应的相邻侧型腔固定板内侧面作为【配对】约束的参照选择，如图 5-11 所示的两个平面作为参照面。

④ 单击【新建约束】选项，在【约束类型】下拉列表框中选择【配对】选项。选择型腔底面和其对应的型腔固定板内底面作为【配对】约束的参照，选择如图 5-12 所示的两个平面作为参照面。此时，两个零件建立起完全约束，如图 5-13 所示。而后单击操控板上的 ![按钮] 按钮，完成装配。

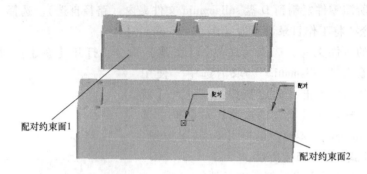

图 5-11 【配对】约束设置（二）

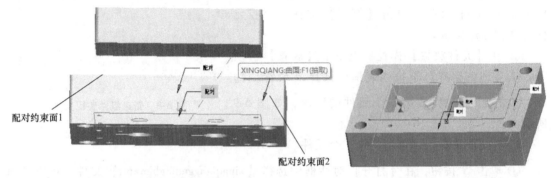

图 5-12 【配对】约束设置（三）　　　　　　　　图 5-13 装配结果

（4）装配模具上半部分的第三个元件

① 单击 按钮，在【打开】对话框中选择【daotao.prt】文件，单击【打开】按钮，导套元件出现在绘图区域。

② 在【元件放置】操控板上单击【放置】选项卡，在【约束类型】下拉列表框中选择【对齐】选项，然后选择导套轴线和其对应的孔的轴线作为【对齐】约束的参照，如图 5-14 所示。

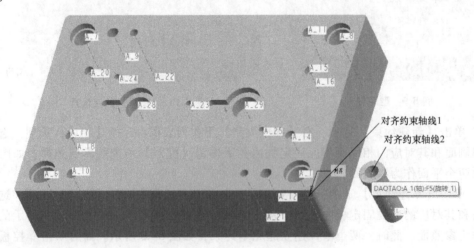

图 5-14 【对齐】约束设置

③ 单击【新建约束】选项，在【约束类型】下拉列表框中选择【配对】选项。选择导套底面和其对应的型腔固定板的底面作为【配对】约束的参照，选择如图 5-15 所示的两个平面作为参照面。此时，两个零件建立起完全约束，如图 5-16 所示。而后单击操控板上的 ✅ 按钮，完成装配。

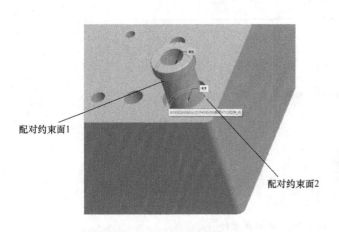

配对约束面1

配对约束面2

图 5-15 【配对】约束设置（四）

图 5-16 装配结果

④ 其他的三个导套可以按同样方法逐个完成装配，也可以用【重复】命令完成。在"模型树"中选取导套零件，然后左击键，在弹出的快捷菜单中选择【重复】命令，打开【重复原件】对话框，如图 5-17 所示。

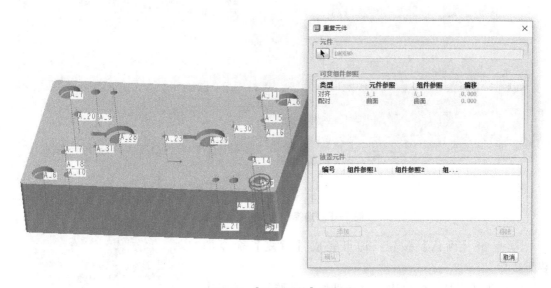

图 5-17 【重复原件】对话框

⑤ 在【重复原件】对话框中，按住 <Ctrl> 键选择【可变组件参照】选项组中的【对齐】约束，然后单击【添加】按钮，如图 5-18 所示。

⑥ 为新元件指定匹配的对齐轴线，这里依次选择其他几个导套孔的轴线，选择后自动复制新元件到指定位置，如图 5-19 所示。

图 5-18　添加新元件

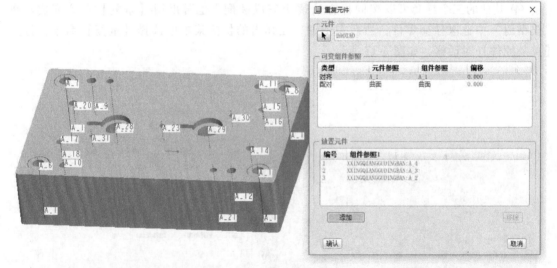

图 5-19　选择新元件的匹配轴线

⑦ 单击【确认】按钮，即可完成【重复】命令的装配。

注：在【重复】命令中的【可变组件参照】选项组中有两个可选项，一个是对齐约束，另一个是配对约束。配对约束无法保证第二个导套的具体位置，因此只能选择对齐约束作为新元件的参考。

其余的装配零件和过程都与上述过程相似。装配结果如图 5-20 所示。

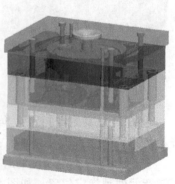

图 5-20　装配结果

### 5.2.4　知识分析

在此塑料模具装配建模过程中，运用到了装配约束、重复等命令。这些都是基础命令，需要熟练掌握。

#### 1. 装配约束

约束装配用于指定新载入的元件相对于装配体指定元件的放置方式，从而确定新载入的元件在装配体中的相对位置。在元件装配过程中，控制元件之间的相对位置时，通常需要设置多个约束条件。

载入元件后，单击【元件放置】操控板中的【放置】按钮，打开【放置】选项卡，其中包含配对、对齐、插入等 10 种类型的放置约束，如图 5-21 所示。

关于装配约束，注意以下几点：

① 一般来说，建立一个装配约束时，应选取元件参照和组件参照。元件参照和组件参照是指元件和装配体中用于约束定位和定向的点、线、面。例如，通过对齐（Align）约束将轴放入装配体的一个孔中，轴的中心线就是元件参照，而孔的中心线就是组件参照。

② 系统一次只添加一个约束。例如，不能用一个【对齐】约束将一个零件上两个不同的孔与装配体中的另一个零件上的两个不同的孔对齐，必须分别定义两个不同的对齐约束。

图 5-21　装配约束类型

③ 要使一个元件在装配体中完整地指定放置和定向（即完整约束），往往需要定义数个装配约束。

④ 在 Pro/Engineer 中装配元件时，可以将多于所需的约束添加到元件上。即使从数学的角度来说，元件的位置已经完全约束，还可能需要指定附加约束以确保装配条件达到设计意图。建议将附加约束限制在 10 个以内，系统最多允许指定 50 个约束。

（1）配对约束　配对约束是将两个曲面或基准平面贴合，且法线方向相反。另外，还可以对配对约束进行偏距、定向和重合的定义。配对约束的三种偏移方式含义如下：

① 重合：两个平面重合，法线方向相反。这里的平面是指空间中的大平面，即物体体面所在的空间平面。如图 5-22 所示。

② 定向：两个平面的法线方向相反，互相平行，而不考虑两者之间的距离，仅保证平行即可，如图 5-23 所示。

③ 偏距：两个平面的法线方向相反，互相平行，通过输入间距值来控制平面之间距离，如图 5-24 所示。

（2）对齐约束　对齐约束是两个平面共面重合，两条轴线同轴或各点重合。对齐约束选择面、线、点和回转面作为参照，而且两个参照的类型必须相同。对齐约束的参考面也有

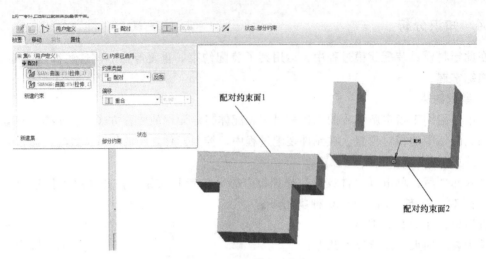

图 5-22　配对约束的重合

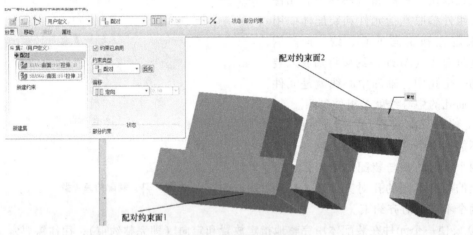

图 5-23　配对约束的定向

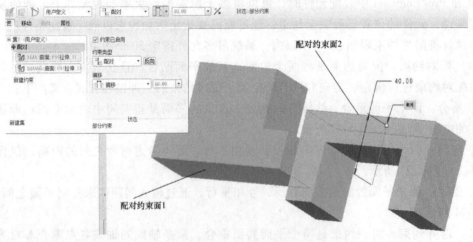

图 5-24　配对约束的偏距

三种偏移方式，即重合、定向和偏距，其含义与配对约束相同。如图 5-25 ~ 图 5-27 所示为三种对齐约束的偏移方式。

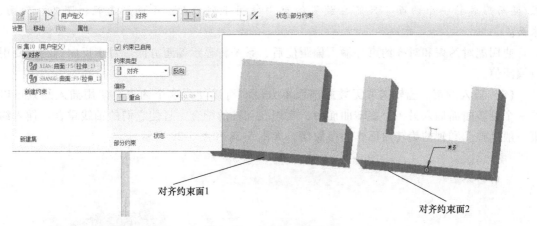

图 5-25　对齐约束的重合

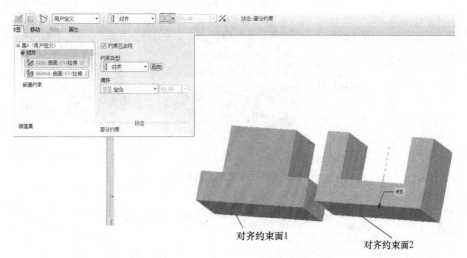

图 5-26　对齐约束的定向

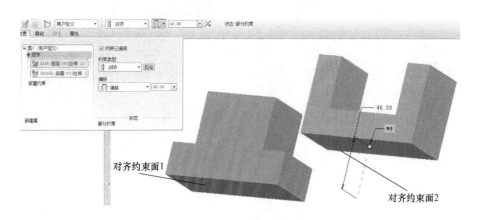

图 5-27　对齐约束的偏距

注意：使用配对约束和对齐约束时，两个参照必须为同一类型（例如，平面对平面、旋转对旋转、点对点、轴线对轴线）。旋转曲面指的是通过旋转一个截面，或者拉伸一个圆弧/圆而形成的一个曲面。只能在放置约束中使用下列曲面：平面、圆柱、圆锥、环面、球面。

使用配对约束和对齐约束并输入偏距值后，系统将显示偏距方向。对于反向偏距，要用负偏距值。

（3）插入约束　当轴选取无效或选取不方便时可以使用这个约束。使用插入约束可以将一个旋转曲面插入另一个旋转曲面中，实现孔和轴的配合，且使它们的轴线重合。插入约束一般选择孔和轴的旋转曲面作为参照面，如图 5-28 和图 5-29 所示。

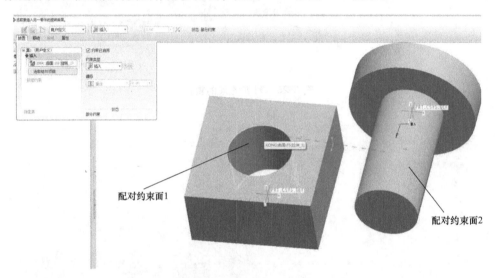

图 5-28　插入约束选择面

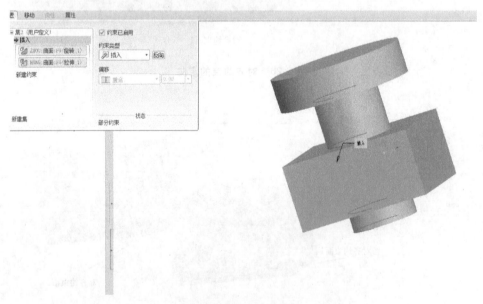

图 5-29　插入约束完成

（4）坐标系约束 用坐标系约束可将两个元件的坐标系对齐，或者将元件的坐标系与装配件的坐标系对齐，即一个坐标系中的 X 轴、Y 轴、Z 轴与另一个坐标系中的 X 轴、Y 轴、Z 轴分别对齐，如图 5-30、图 5-31 所示。

坐标系约束是比较常用的一种方法，特别是在数控加工中，装配模型时大都是选择此种约束类型，即加工坐标系与零件坐标系重合/对齐。

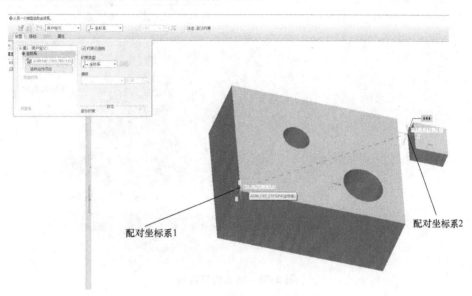

图 5-30 坐标系约束选择坐标

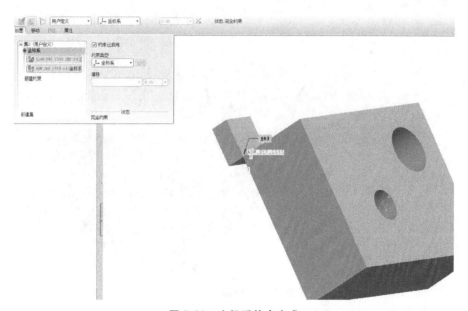

图 5-31 坐标系约束完成

（5）相切约束 相切约束控制两个曲面在切点的接触。该约束的功能与配对约束的功能相似，但该约束只配对曲面，而不对齐曲面。该约束的一个应用实例为轴承的滚珠与轴承内外套之间的接触点。相切约束需要选择两个面作为约束参照，如图 5-32、图 5-33 所示。

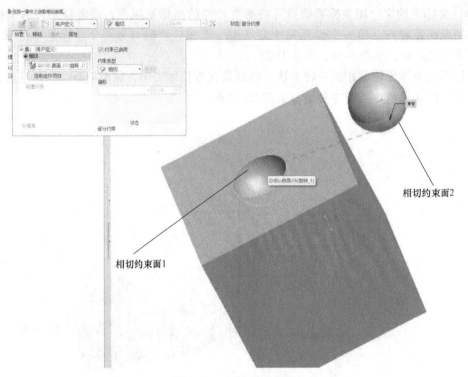

图 5-32　相切约束选面

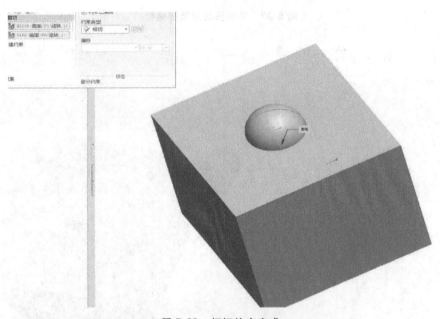

图 5-33　相切约束完成

（6）直线上的点约束　用直线上的点约束可以控制边、轴或集准曲线与点之间的接触，如图 5-34、图 5-35 所示。

（7）曲面上的点约束　用曲面上的点约束控制曲面与点间的接触。点可以是基准点或顶点，面可以是基准面、零件的表面。曲面上的点约束如图 5-36 和图 5-37 所示。

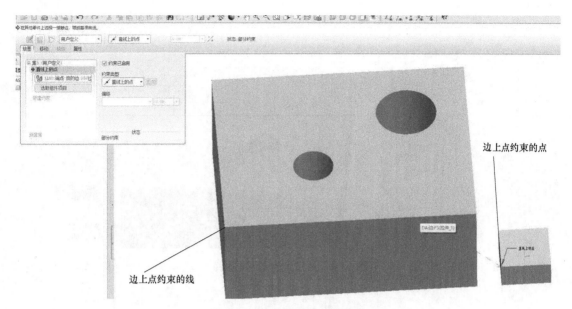

边上点约束的点

边上点约束的线

图 5-34　直线上的点约束选择

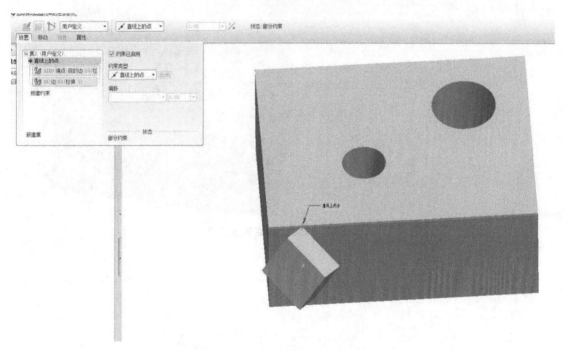

图 5-35　直线上的点约束完成

（8）曲面上的边约束　使用曲面上的边约束可控制曲面与平面边界之间的接触。面可以是基准面、零件的表面，边为零件或者组件的边线。曲面上的边约束如图 5-38 和图 5-39 所示。

（9）其他约束　固定约束是将元件固定在当前位置。组件模型中的第一个元件常使用这种约束方式。缺省约束是将系统创建的元件的默认坐标系与系统创建的组件的默认坐标系对齐。

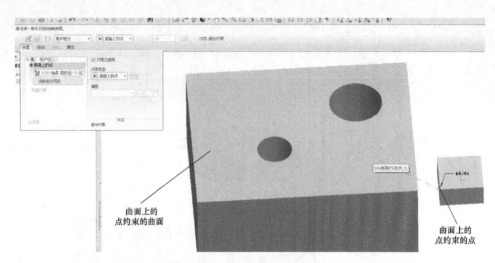

曲面上的
点约束的曲面

曲面上的
点约束的点

**图 5-36　曲面上的点约束选择**

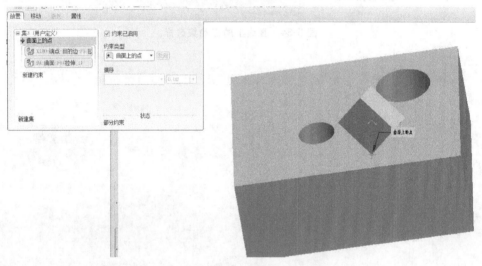

**图 5-37　曲面上的点约束完成**

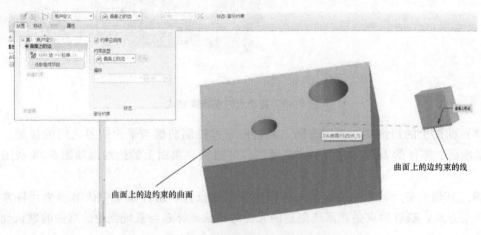

曲面上的边约束的曲面

曲面上的边约束的线

**图 5-38　曲面上的边约束选择**

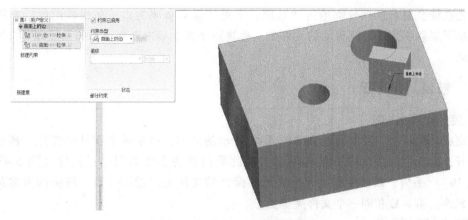

图 5-39　曲面上的边约束完成

## 2. 重复命令

选取零件—编辑—重复—打开图 5-40 所示对话框—选取欲重复的约束—添加—给定复制位置—确认。

## 3. 爆炸图

在装配模型生成以后，为了更清楚地表达该模型的结构，常常需要将生成的装配模型分解开，这就是"分解图"，也称"爆炸图"。在 Pro/Engineer 中，与分解视图相关的命令位置，如图 5-41 所示。

图 5-40　【重复元件】对话框

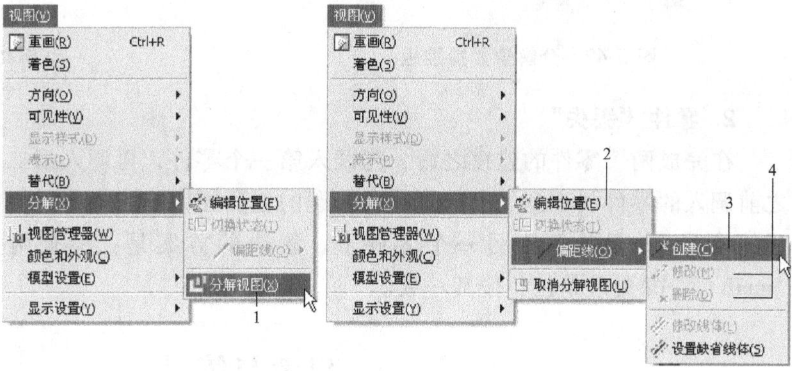

图 5-41　与分解视图相关的命令位置

分解图（爆炸图）的建立步骤如下：

① 先运行分解视图，如图 5-41 中 1 所示。

② 编辑位置，如图 5-41 中 2 所示。

③ 增加偏距线，如图 5-41 中 3 所示。

④ 修改偏距线，如图 5-41 中 4 所示。

下面主要介绍编辑位置的用法，打开一个装配件后，单击图 5-41 中 2 位置，弹出如图 5-42 所示的【分解位置】操控板。

首先系统会要求选择分解的运动参照，常见的运动参照为边、面或视图面，如图 5-42 所示，接下来就要选择分解移动的元件了，在视图平面上单击需要移动的元件即可将该元件随意移动。

### 5.2.5 错误问题导正

#### 1. 装配体再生失败

在完成装配体后，经常会遇到如图 5-43 所示的问题，目录树中零件呈红色，甚至装配体打不开，出现"再生失败"的提示。出现此类问题的主要原因是：元件（图 5-43 中的"DAOZHU"）丢失，或者装配体和丢失元件保存的文件夹位置不一致。解决的方案是寻找丢失的元件，将其放在同一个文件夹下面。

图 5-42　分解位置操控板

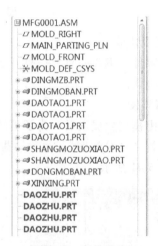

图 5-43　元件丢失

#### 2. 零件"丢失"

在完成两个零件的建模之后，先调入第一个零件，再调入第二个零件装配时，突然发现之前调入的零件找不到了，产生这种问题的主要原因是，两个零件的单位不一致，导致尺寸相差较大，结果找不到另一个零件了。解决的方案是：检查两个零件的单位是否都是"mmNs"，并更改单位，使其一致。

# 思考与练习

#### 1. 思考题

（1）什么是起始元件，它起什么作用？删除它会导致什么后果？

（2）试述装配的基本步骤。

（3）什么叫"分解图"，其操作步骤是什么样的？

#### 2. 上机题

装配如图 5-44 所示装配体。

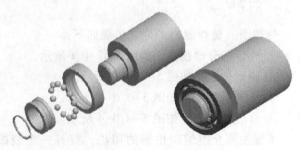

图 5-44　装配练习

# → 第 6 章 ←

# 塑料模具设计

随着塑料工业的飞速发展和通用与工程塑料在强度等方面的不断提高，塑料制品的应用范围也在不断扩大，塑料产品的用量也正在上升。前面几章主要介绍了塑料产品的数字化建模与装配过程。模具是现代工业生产的重要工艺装备，随着以 Pro/Engineer 为代表的 CAD/CAM 软件的飞速发展，模具计算机辅助设计与制造越来越广泛地应用到广大企业。

利用 Pro/Engineer 软件的零件建模、组件装配模块进行模具设计的方法称为组件设计法，在理论上适用于所有产品，特别是造型复杂的产品，但是实际操作比较烦琐。Pro/Engineer 提供了另外几种方法，如分型面法和体积块法等。其中分型面法利用专门的模具设计工具（如工件创建工具、模具元件创建工具、开模工具等）进行，可以大大提高模具设计的效率，因此在模具设计工作中最为常用。本章以分型面法为主要内容，采用实例操作说明用 Pro/Engineer 软件进行模具设计的一般操作流程，重点介绍分型面的基本创建方法。通过本章的学习，设计人员可根据零件图及工艺要求，使用 CAD 模块对零件实体造型，然后利用模具设计模块对其进行模具设计。

## 【学习目标】

（1）知识目标
① 掌握模具设计中常用专业术语的基本定义。
② 掌握分型面分割的原理。
（2）能力目标
① 学会利用 Pro/Engineer 进行模具设计操作流程。
② 掌握常用的分型面创建方法和技巧。
③ 能利用 Pro/Engineer 进行侧抽芯等模具结构的设计。

## 6.1　注塑模基础知识

### 6.1.1　注塑模工作原理和结构组成

注塑成型是应用极为广泛的一种塑料成型方式，用于注塑成型的注塑模的结构与塑料品种、制品的结构形状、尺寸精度、生产批量以及注射工艺条件和注射机的种类等许多因素有关，尽管其结构多种多样，但在工作原理和基本结构组成方面都有一些普遍的规律和共同点。注塑模可以分为定模和动模两大部分。定模部分安装固定在注射机的固定模板（定模固定板）上，在注射成型过程中始终保持静止不动，动模部分则安装固定在注射机的移动模板（动模固定板）上，在注射成型过程中可随注射机上的合模系统运动。开始注射成型时，合模系统带动动模朝着定模方向移动，并在分型面处与定模对合（或称闭合），其对合的精确度由合模导向机构保证。动模和定模对合之后，固定在定模板上的凹模与固定在动模板上的凸模之间构成与制品形状和尺寸一致的闭合型腔，型腔在注射成型过程中可被合模系统提供的合模力锁紧，以避免它在塑料熔体的压力作用下胀开。注射机从喷嘴中注射出的塑料熔体经由开设在定模中央的主流道进入模具，再经由分流道和浇口进入型腔，待熔体充满型腔并经过保压、补缩和冷却定型之后，合模系统便带动动模后撤复位，从而使动模和定模两部分从分型面处开启。

当动模后撤到一定位置时，安装在其内部的顶出脱模机构，将在合模系统中的推顶装置作用下与动模其他部分产生相对运动，于是制品和浇口及流道中的凝料将被推顶装置从凸模上以及从动模一侧的分流中顶出脱落，就此完成注射成型过程。

模具的主要功能结构由成型零部件（凸、凹模）、合模导向机构、浇注系统（主、分流道及浇口等）、顶出脱模机构、温度调节系统（冷却水通道等）以及支承零部件（定、动模座，定、动模板，支承板等）组成，但在许多情况下，注塑模还必须设置排气结构和侧向分型或侧向抽芯机构。

（1）成型零部件　这些零部件主要决定制品的几何形状和尺寸，如凸模决定制品的内侧形状，而凹模决定制品的外侧形状。

（2）合模导向机构　这种机构主要用来保证动模和定模两大部分或模具中其他零部件（如凸模和凹模）之间的准确对合，以保证制品形状和尺寸的精确度，并避免模具中各种零部件发生碰撞和干涉。

（3）浇注系统　该系统是将注射机注射出的塑料熔体引向闭合型腔的通道，对熔体充模时的流动特性以及注射成型质量等具有重要影响。浇注系统通常包括主流道、分流道、浇口、冷料穴及拉料杆。其中，冷料穴的作用是收集塑料熔体的前锋冷料，避免它们进入型腔后影响成型质量或制品性能；拉料杆的作用，除了用其顶部端面构成冷料穴的部分几何形状之外，还负责在开模时把主流道中凝料从主流道中拉出。

（4）顶出脱模机构　该机构是将塑料制品脱出型腔的装置，其结构形式很多，最常用的顶出零件有顶杆、顶管、脱模板（推板）等。

（5）侧向分型与侧向抽芯机构　当塑料制品带有侧凹或侧孔时，在开模顶出制品之前，必须先把成型侧凹或侧孔的瓣合模块或侧向型芯从制品中脱出，侧向分型或侧向抽芯机构就是为了实现这类功能而设置的一套侧向运动装置。

（6）排气结构　注塑模中设置排气结构，是为了在塑料熔体充模过程中排除型腔中的空气和塑料本身挥发出的各种气体，以避免它们造成成型缺陷。排气结构既可以是排气槽，也可以是型腔附近的一些配合间隙。

（7）温度调节系统　在注塑模中设置这种系统的目的是满足注射成型工艺对模具温度的要求，以保证塑料熔体的充模和制品的固化定型。如果成型工艺需要对模具进行冷却，一般可在型腔周围开设由冷却水通道组成的冷却水循环回路。如果成型工艺需要对模具加热，则型腔周围必须开设热水或热油、蒸汽等一类加热介质的循环回路，或者是在型腔周围设置电加热元件。

（8）支承零部件　这类零部件在注塑模中主要用来安装固定或支承成型零部件等上述七种功能结构，将支承零部件组装在一起，可以构成模具的基本骨架。根据注塑模中各零部件与塑料的接触情况，注塑模中所有的零部件也可以分为成型零部件和结构零部件两大类型。其中，成型零部件系指与塑料接触，并构成型腔的各种模具零部件；结构零部件则包括其余的模具零部件，它们具有支承、导向、排气、顶出制品、侧向抽芯、侧向分型、温度调节及引导塑料熔体向型腔流动等功能作用或功能运动。在结构零部件中，上述的合模导向机构与支承零部件合称为基本结构零部件，因为二者组装起来之后，可以构成注塑模架。任何注塑模都可借用这种模架为基础，再添加成型零部件和其他必要的功能结构零部件来形成。

## 6.1.2　模具设计的基本流程

Pro/E 软件提供了许多模具设计模块和工具，用户在设计模具时，可以根据产品的具体形状、样式和复杂程度，选用不同的设计方法，除组件设计法外，还有分型面法和体积块法等。

（1）分型面法　分型面法是指在 Pro/E 的模具设计模块（Pro/Moldesign）下利用各种专用工具进行模具设计，由于整个模具设计过程的重点在于分型面的创建，只要创建出分型面，其他工作（如分割工件、抽取模具元件、开模等）就会变得比较简单，因此称为分型面法。

注意：简单通俗地讲，分型面就是"一把刀"，它和塑料件一起把模坯切成两部分，或单独把元件切成两部分，所以必须完整、封闭。

（2）体积块法　体积块法是指直接创建出一系列模具体积块（即封闭的三维空间曲面），并利用这些体积块分割其他体积块，再经过抽取模具元件、铸模和开模仿真等操作完成模具产品的设计。该方法多用于分型面难以构建或其他较为复杂的情况，虽然操作过程有些烦琐，但在某些特殊情况下比较有效。体积块法也是在模具设计模块（Pro/Moldesign）下进行的，主要利用零件建模知识和一些体积块操作完成设计。它和分型面法统称为"模具模块法"。

（3）分型面法的操作流程　本章重点介绍分型面法，利用 Pro/Engineer 模具设计模块实现塑料模具设计的基本流程，如图 6-1 所示。

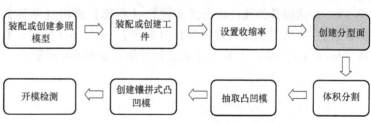

图 6-1　Pro/Engineer 模具设计基本流程

# 6.2　3D 开模案例一

## 6.2.1　问题引入

某企业欲生产如图 6-2 所示的塑料件，材料为 ABS，需要设计其塑料注射模具。

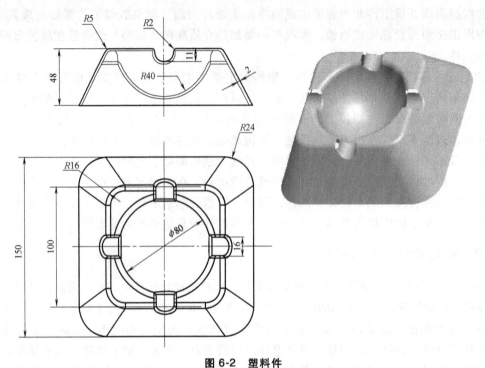

图 6-2  塑料件

## 6.2.2  案例分析

这是一个由两个圆柱体组成的工件，内部有盲孔，内外均无斜度，无侧向孔，结构较为简单，分型面用阴影曲面即可创建，保证两个圆柱体在同一个型腔内，保证精度，避免合模引起的误差。

## 6.2.3  案例实施

1）设置工作目录：单击【文件】—【设置工作目录】，选择需要的文件夹作为工作目录。

2）新建模具型腔：单击【文件】—【新建】弹出【新建】对话框，选择【制造】—【模具型腔】—取消【使用缺省模板】—【确定】，如图 6-3 所示，在【新文件选项】对话框中选择"mmns-mfg-mold"，单击【确定】按钮，如图 6-4 所示。

图 6-3  【新建】对话框

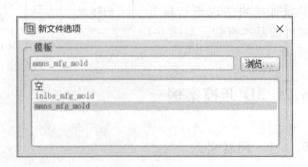

图 6-4  选择单位

3）进入主界面，如图 6-5 所示。

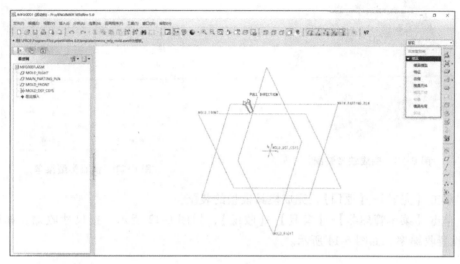

图 6-5　主界面

4）单击【菜单管理器】—【模具模型】—【装配】，如图 6-6 所示，模具模型类型选择【参照模型】，如图 6-7 所示。

图 6-6　模具模型

图 6-7　【模具模型类型】菜单

5）选择需要参照的模型，单击【打开】，如图 6-8 所示。

6）单击【自动】—【缺省】，如图 6-9 所示。完成缺省，如图 6-10 所示。

7）应用并保存，按参照合并，如图 6-11 所示。

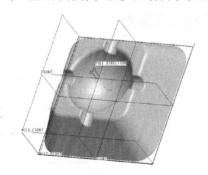

图 6-8　模型

图 6-9　装配选项

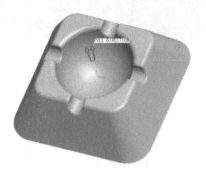

图 6-10　完成缺省装配

图 6-11　参照类型菜单

8）单击【完成】—【返回】，完成模具模型的装配。

9）单击【菜单管理器】—【模具】—【收缩】，如图 6-12 所示，按尺寸收缩，如图 6-13 所示，设置收缩率，如图 6-14 所示。

图 6-12　管理菜单

图 6-13　收缩选项菜单

图 6-14　收缩率的设置

10）单击【菜单管理器】—【模具模型】，如图 6-15 所示，选择【创建】，如图 6-16 所示，模具模型类型选择【工件】，如图 6-17 所示，工件类型选择手动，如图 6-18 所示，元件类型选择零件，子类型选择实体，单击【确定】按钮，如图 6-19 所示，创建方法选择

图 6-15　管理器菜单

图 6-16　模具模型菜单

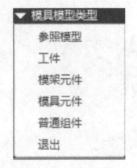

图 6-17　模具模型类型菜单

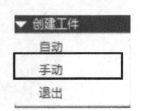

图 6-18　工件类型菜单

【定位缺省基准】—【三平面法】，单击【确定】按钮，如图 6-20 所示，选择三个基准平面。选择【伸出项】，如图 6-21 所示，实体选项选择【拉伸】—【实体】，如图 6-22 所示，单击【完成】按钮。

图 6-19　元件创建菜单

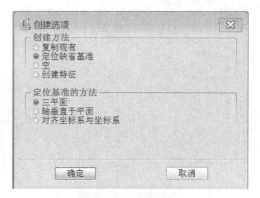

图 6-20　创建选项

图 6-21　元件类型

图 6-22　实体选项

11）单击鼠标右键定义内部草绘，草绘平面选择"mold front"，选取"mold right"作为参照，绘制截面，如图 6-23 所示。

12）拉伸选项选择双面拉伸，修改拉伸长度为 250，完成工件的创建，如图 6-24 所示。

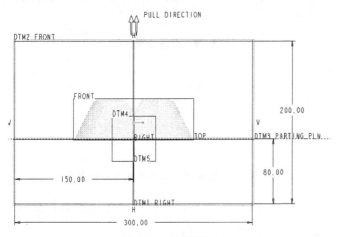

图 6-23　绘制截面

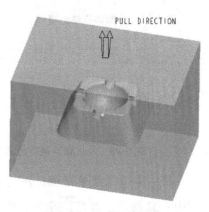

图 6-24　完成工件创建

13）单击下拉菜单【插入】—【模具几何】—【分型面】，进入分型面创建模式；单击下拉菜单【编辑】—【填充】，如图 6-25 所示，进入阴影曲面的编辑，如图 6-26 所示。

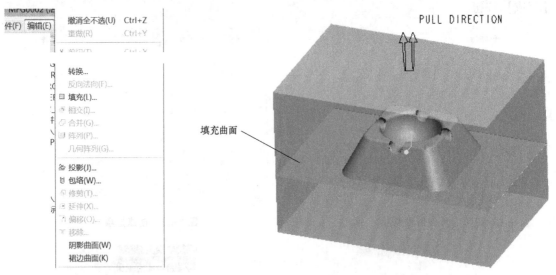

图 6-25　阴影曲面　　　　　　　　　　　　　　图 6-26　预览阴影曲面

14）选择模型树中的阴影曲面，单击【编辑】—【分割】，分割体积块选项选择两个体积块、所有工件，如图 6-27 所示，选择【分割曲面】，完成分割，如图 6-28 所示，输入体积块 1 的名称并单击【确定】按钮，如图 6-29 所示，输入体积块 2 的名称并单击【确定】按钮，如图 6-30 所示。

图 6-27　分割体积块选项

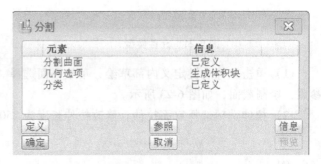

图 6-28　选择分割曲面

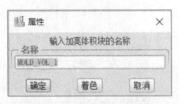

图 6-29　输入体积块 1 的名称

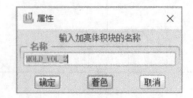

图 6-30　输入体积块 2 的名称

15）单击【菜单管理器】—【模具元件】，如图 6-31 所示，选择其中的【抽取】选项，如图 6-32 所示，选择█全选，单击【确定】按钮，如图 6-33 所示。

  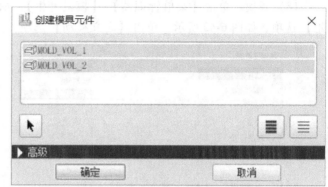

图 6-31　管理菜单　图 6-32　模具元件菜单　　　　　　　图 6-33　抽取界面

16）单击【遮蔽】，如图 6-34 所示，选择【分型面】—【遮蔽】，如图 6-35 所示，选择【体积块】—【遮蔽】，如图 6-36 所示。

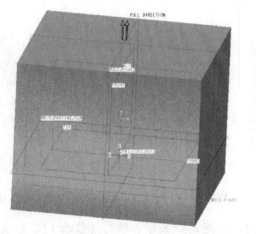

图 6-34　遮蔽

17）制模：单击【菜单管理器】—【制模】，如图 6-37 所示，选择其中的【创建】选项，如图 6-38 所示，输入零件名称和公用名称。

图 6-35　遮蔽分型面　　　图 6-36　遮蔽体积块　　　图 6-37　管理菜单　　　图 6-38　铸模菜单

18）开模：单击【菜单管理器】—【模具开模】，如图 6-39 所示，选择其中的【定义间距】选项，如图 6-40 所示，单击【定义移动】选项，如图 6-41 所示。

图 6-39　管理菜单

图 6-40　模具开模菜单

图 6-41　定义间距菜单

19）选中下模，如图 6-42 所示，单击【确定】，如图 6-43 所示，选中棱作为移动方向，输入移动距离，如图 6-44 所示。

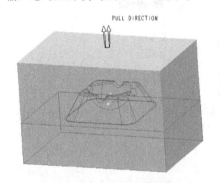
图 6-42　选择元件图

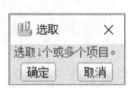
图 6-43　确定窗口图

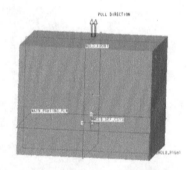
图 6-44　输入移动距离

20）检测干涉：单击【干涉】，如图 6-45 所示，单击【移动 1】，如图 6-46 所示，选择"PRT0002"的元件，没有发现干涉，如图 6-47 所示。

图 6-45　定义间距菜单

图 6-46　选择移动 1

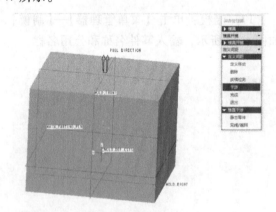
图 6-47　干涉检测完成

21）完成开模：单击【完成】，如图 6-48 所示，开模状态如图 6-49 所示，闭模状态如图 6-50 所示。

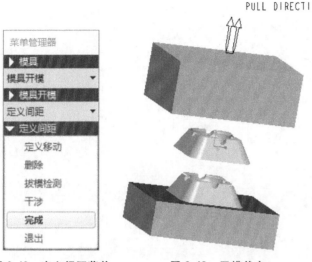

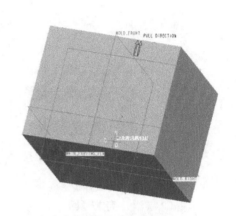

PULL DIRECTI

| 图 6-48 定义间距菜单 | 图 6-49 开模状态 | 图 6-50 闭模状态 |

22）保存文件即可。

## 6.2.4 知识分析

本例中零件较为简单，但涉及很多塑料零件开模的基础命令，比如模具模型的创建、工件的设置、分型面工具等，这些命令需要熟练掌握才能进行开模，下面一一进行介绍。

（1）参考模型 参考模型是作设计模型装入模具模型时，系统自动生成的零件。参考模型替代设计模型，成为模具装配件的元件。参考模型用于设计分型面、模具几何体，定义裁剪特征等操作。用户可以向参考模型中添加附加特征，而不会影响设计模型。这些附加特征包括收缩率、拔模斜度、流道特征等。参考模型在设计模型和模具元件之间建立了参数化关系，设计模型的修改会导致相关元件进行相应的更新。

（2）设置收缩 收缩率是指冷却收缩性，是塑料的固有特性。在进行模具设计时必须考虑塑料制件的收缩性，即在设计模具模型的同时设定收缩率，抵消由于塑料收缩而产生的尺寸和形状误差。塑料制件从热模具中取出并冷却至室温后，其尺寸会发生缩减，为了补偿这种变化，要在参考模型上增加一个收缩量（收缩量＝收缩率×尺寸）。

Pro/Engineer 提供了两种设置收缩的方式（在实际设计中视具体情况选取其一）。

① 按尺寸收缩。单击特征工具栏中的 按钮或单击菜单管理器中【模具】—【收缩】—【按尺寸】，在弹出的【按尺寸收缩】对话框中的【比率】选项下面输入塑料制件的收缩率（如 0.006），单击 按钮，完成收缩设置，如图 6-51 所示。单击【收缩信息】选项，系统弹出【信息窗口】，可查看模型的收缩情况报告，从报告中可了解本次收缩所采用的公式和收缩因子（即收缩率），以及本次收缩成功与否（此次收缩成功）。单击 关闭 按钮，单击菜单管理器中的【完成】—【返回】，退出收缩功能设置，如图 6-52 所示。

② 按比例收缩。单击特征工具栏中 按钮或单击菜单管理器中【模具】—【收缩】—【按比例】，弹出【按比例收缩】对话框，系统提示选坐标系，选取坐标系 "MOLD_DEF_CSYS"。在【收缩率】文本框中输入塑件的收缩率（如 0.006），单击 按钮，完成收缩

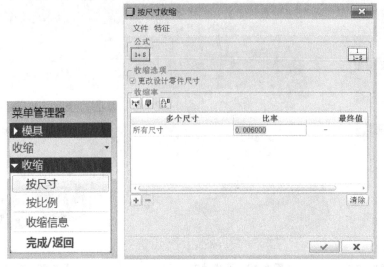

图 6-51　【按尺寸收缩】对话框设置

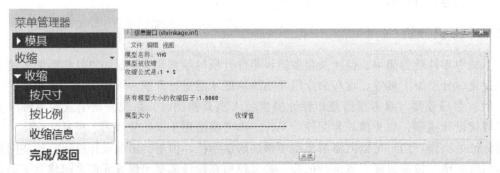

图 6-52　收缩信息窗口

设置，如图 6-53 所示。单击【收缩信息】，系统弹出【信息窗口】，可查看模型的收缩情况
报告。单击【关闭】按钮，单击【收缩】菜单中【完成】—【返回】，完成收缩功能设置，
如图 6-54 所示。

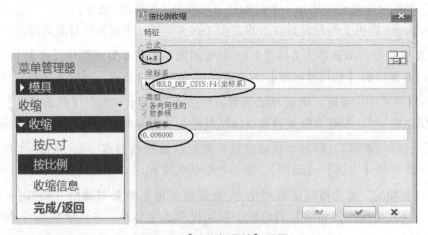

图 6-53　【按比例收缩】设置

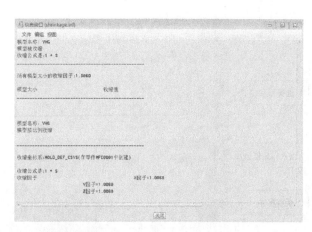

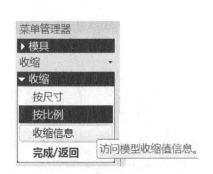

图 6-54　收缩信息窗口

提示：在难以选取模具模型坐标系 "MOLD_DEF_CSYS" 时，可先隐藏参考模型的坐标系（基准面、基准轴）。单击系统工具栏中的 按钮，打开层，选取参考模型 "YGH.PRT" 中想要关闭的层（可多选），按住鼠标右键选取【隐藏】。

（3）创建工件　工件是模具元件几何体和铸件几何体的总和，也就是常说的毛坯。用户提前设计了工件，则需将其装入模具模型。也可以在模具模式下直接设计工件。工件是一个能够完全包容参考模型的组件，通过分型曲面等特征可以将其分割成型腔或型芯等成型零件。

单击特征工具栏中 按钮或单击菜单管理器中【模具】—【模具模型】—【创建】—【工件】—【自动】，如图 6-55 所示。系统弹出【自动工件】对话框（图 6-56），并提示选取铸模原点坐标系，选取模具坐标系 "MOLD_DEF_CSYS"，如图 6-57 所示。

图 6-55　创建【工件】依次菜单

在【自动工件】对话框中，选取工件的形状（如标准矩形），设置统一偏距（如 30），调节整体尺寸，其中，【+Z 型腔】指工件中分型以上部分的厚度，【-Z 型芯】指工件中分

选择形状

输入偏距值

调整尺寸

图 6-56 【自动工件】对话框

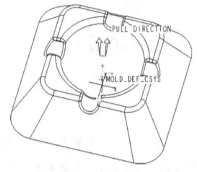

图 6-57 选取模具坐标系

型以下部分的厚度。单击 预览 按钮，查看图形窗口中工件的形状，如果无误，单击 确定 按钮。

单击菜单管理器中【完成】—【返回】按钮，图 6-58 所示为创建完成的工件。

提示：工件的创建方法有两种，一种自动，一种手动，手动创建方法将在后面模具设计实例中介绍，这里采用的是自动创建的方法，而案例一采用的是手动创建方法。

（4）分型面 分型面是用来分割工件或者已存在的模具体积块的，它由一个或多个曲面特征组成。在 Pro/Engineer 的模具设计流程中，最重要也是最关键的一步就是分型面的创建。确定了正确的分型面，才能打开模具，同时也就确定了模具的结构形式。模具的分型面是打开模具取出塑件的面。分型面可以是平面，也可以是曲面；可以与开模方向平行，也可以与之垂直。

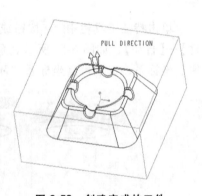

图 6-58 创建完成的工件

分型面有多种创建方法，这里先阐述阴影曲面的创建方法。

提示：

① 分型面可以由单一的曲面构成，也可以由多个曲面合并而成（面组）；本例的分型面由两个曲面合并而成。

② 一套模具可能只有一个分型面，也可能有多个分型面，视模具的复杂程度而定；本例为一个分型面。

（5）分割体积块 有了工件和分型面，便可以利用分型曲面将工件拆分为数个模具体积块（本例分割成两块）。

单击特征工具栏中 按钮，系统弹出菜单管理器，单击菜单管理器中的【两个体积块】—【所有工件】—【完成】，当信息栏提示【为分割工件选取分型面】时选取前面创建的分型面即可。

（6）抽取模具元件　将模具体积块转换成模具元件。

单击特征工具栏中 按钮或单击菜单管理器中【模具元件】—【抽取】。系统弹出【创建模型元件】对话框。在对话框中单击 按钮，选中图框内所有体积块，单击 确定 按钮完成模具元件的抽取。此时模型树如图 6-59 所示。

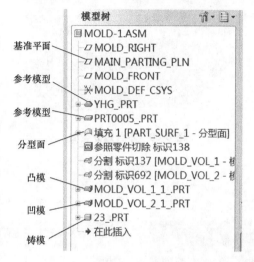

图 6-59　模型树

（7）铸模　铸模就是将模具型腔充满，形成一个独立的模具元件（浇注件）。

单击菜单管理器中【铸模】—【创建】。在屏幕下方的文本编辑框中输入铸件名称（如：23）。单击文本编辑框中 按钮即可生成铸模零件。

若要查看铸模零件的形状，用鼠标右键单击模型树中的"23. PRT"，在弹出的菜单中选取【打开】命令。单击主菜单中【窗口】—【关闭】命令关闭铸模零件窗口，或单击主菜单中【窗口】—【MOLD-1. MFG】命令，都可切换到模具工程界面。

（8）仿真开模　通过【开模】可以看清模具内部结构，并检查开模时的干涉情况。

（9）模具检测　为了便于从塑件中抽出型芯或从型腔中脱出塑件，通常要在塑件沿脱模方向的内外表面上设置拔模斜度。

单击菜单管理器中【模具进料孔】—【定义间距】—【拔模检测】—【双侧】—【全颜色】—【完成】命令，在【拔模方向】菜单中单击【指定】—【平面】。

提示：也可通过选取主菜单中【分析】—【模具分析】选项进行模具检测。

选取垂直于拔模方向的平面，选定箭头方向，单击【Okay（正向）】，在【输入拔模检测角】文本框中输入拔模检测角。单击【输入拔模检测角】文本框右侧的 按钮，选取要检测的零件或曲面（如 Molding. prt），检测结果以彩色显示，不同的颜色表示不同的拔模斜度。

## 6.2.5　错误问题导正

（1）分型面错误　用曲面填充法生成分型面如图 6-60 所示，此分型面选择不合理，会造成大小圆柱的同轴度误差，注塑时会在分型面位置产生横向飞边。修改时应将其放入同一型腔内，如图 6-61 所示。

（2）放置方向错误　在调入参考模型时，有时读者会由于对模具或 Pro/E 不熟悉，得到图 6-62 所示的不正确模型后仍然继续往下做，实际上这种错误会导致后面的模具设计变得很复杂。因为这时模具开模的方向竖直向上，塑料件的孔方向与其垂直，需要侧抽芯。而该塑料件是简单的塑料件，根本无须侧抽，所以在调入时一定要通过图 6-63 所示的操作面板进行设置。

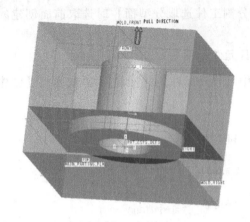

图 6-60　不合理分型面

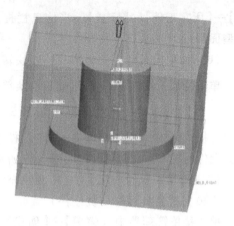

图 6-61　修改后的分型面

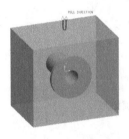

图 6-62　不合理调入

图 6-63　修改的方法

# 6.3　3D 开模案例二

## 6.3.1　问题引入

某企业欲生产图 6-64 所示的塑料件，需要设计其塑料注射模具。

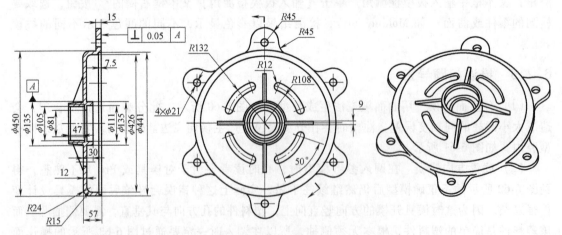

图 6-64　塑料件

### 6.3.2　案例分析

这是一个回转体的端盖，有筋、有孔（数量较多），这个案例的难点在于如何把孔补上，这就需要用裙边曲面来生成分型面，本例利用建模特征和填充工具进行分型面的构建，产生模具镶块。

### 6.3.3　案例实施

1）设置工作目录：单击【文件】—【设置工作目录】，选择需要的文件夹作为工作目录。

2）新建模具型腔：单击【文件】—【新建】，选择【制造】—【模具型腔】，取消【缺省】，单击【确定】，选择"mmns-mfg-mold"，再单击【确定】。

3）进入主界面，单击【菜单管理器】—【模具模型】—【装配】，弹出【模具模型类型】菜单，选择【参照模型】。

4）打开需要参照的模型，如图6-65所示，单击【自动】—【缺省】，完成约束。

5）应用并保存，选择【按参照合并】复选框，如图6-66所示，单击【完成/返回】，完成模具模型的装配。

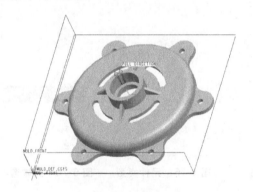

图6-65　模型

图6-66　参照类型菜单

6）如图6-67所示，单击【菜单管理器】—【模具】—【收缩】—【按尺寸】，弹出【按尺寸收缩】对话框，如图6-68所示，设置收缩率。

图6-67　管理菜单

图6-68　收缩选项菜单

7）单击【菜单管理器】—【模具】—【模具模型】，如图6-69所示，选择【创建】，如图6-70所示，模具模型类型选择【工件】，如图6-71所示。工件类型选择【手动】，如图6-72

所示，元件类型选择【零件】，子类型选择【实体】，如图 6-73 所示，创建方法选择【创建特征】，如图 6-74 所示，元件类型选择【伸出项】，如图 6-75 所示，实体选项选择【拉伸】与【实体】，如图 6-76 所示。

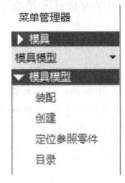
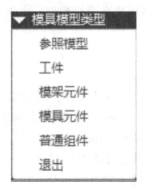
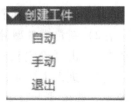

图 6-69　管理器菜单　　图 6-70　模具模型菜单　图 6-71　模具模型类型菜单　图 6-72　工件类型菜单

图 6-73　元件创建菜单　　　图 6-74　创建选项　　　图 6-75　元件类型　　图 6-76　实体选项

8）单击鼠标右键定义内部草绘，草绘平面选择"mold front"，选取参照，绘制截面，如图 6-77 所示。

9）拉伸选项选择 ⊟，修改拉伸长度为 500，完成工件的创建，如图 6-78 所示。

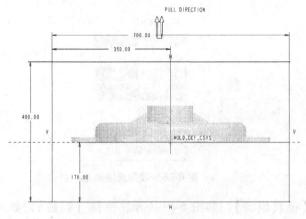
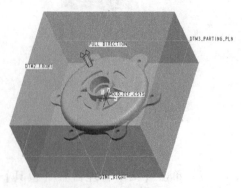

图 6-77　草绘毛坯　　　　　　　图 6-78　完成工件创建

10）创建侧向影像曲线：单击【插入】—【侧面影像曲线】或单击右侧工具栏中的侧面影像曲线按钮 ，弹出如图 6-79 所示的对话框，单击【预览】按钮，效果如图 6-80 所示。单击【环选取】—【定义】，单击环选取菜单中的链如图 6-81 所示，通过修改状态中的上部或者下部，选出需要的曲线，如图 6-82 所示，选取完成后，单击【确定】按钮完成创建，如图 6-83 所示。

图 6-79 插入侧向影像曲线

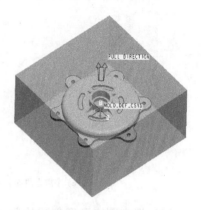

图 6-80 曲线预览

图 6-81 【侧面影像曲线】对话框

图 6-82 【环选取】对话框

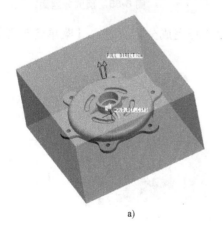

a)          b)

图 6-83 曲线预览

a）整体图 b）侧面影像曲线图

11）单击【插入】—【模具几何】—【分型面】，进入分型面创建界面。单击菜单【编辑】—【裙边曲面】或单击右侧工具栏按钮 ，进入裙边曲面的编辑界面，如图6-84所示。

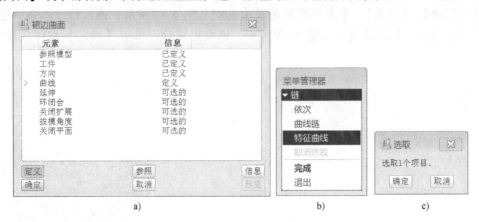

**图 6-84　裙边曲面编辑**

a）【裙边曲面】对话框　b）侧面影像曲线图　c）选择对话框图

12）选中图中已经创建的侧向影像曲线，单击菜单管理器中的【完成】，如图6-85所示，单击【预览】—【确定】，完成分型面的创建，如图6-86所示。

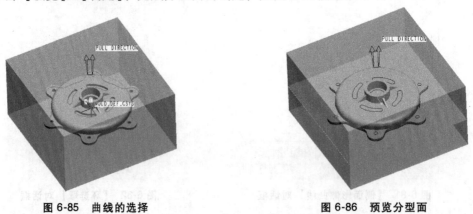

**图 6-85　曲线的选择**　　　　　　　　　　　**图 6-86　预览分型面**

13）单击【编辑】—【分割】，按照案例1的流程完成分割。单击【菜单管理器】—【模具元件】，完成抽取，结果如图6-87所示。

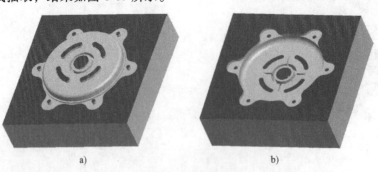

**图 6-87　抽取结果**

a）凸模　b）凹模

14）创建基准平面，如图 6-88 所示。

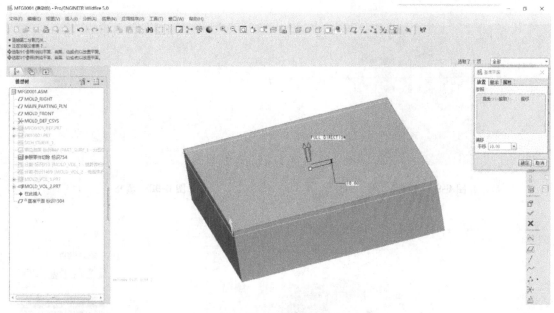

图 6-88　创建基准平面

15）隐藏凹模之外的所有特征，用拉伸的方法创建分型面，草绘截面如图 6-89 所示，拉伸至指定平面，如图 6-90 所示，绘制完成。

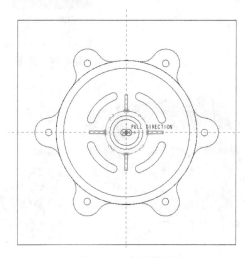

图 6-89　草绘截面

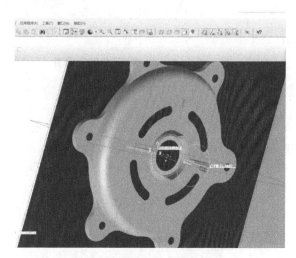

图 6-90　拉伸分型面

16）用拉伸的方法创建分型面，拉伸至指定平面，如图 6-91 所示，绘制完成。

17）用填充的方法创建分型面，单击【编辑】—【填充】，完成分型面，如图 6-92 所示。

18）将拉伸 1 与填充 1 合并，再与拉伸 2 进行合并，结果如图 6-93 所示。

19）单击【编辑】—【分割】，选择【分割体积块】选项中的【两个体积块】—【选择元件】，单击【完成】，如图 6-94 所示，体积块 3 和 4 的名称如图 6-95 所示。

20）单击【菜单管理器】—【模具元件】，完成抽取，体积块如图 6-96 所示。

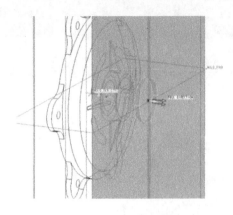

图 6-91　拉伸

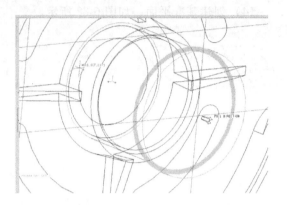

图 6-92　填充

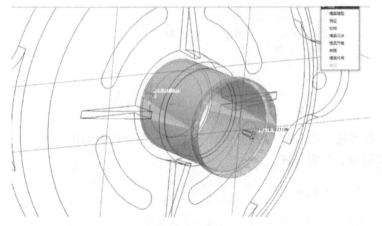

图 6-93　合并

图 6-94　分割

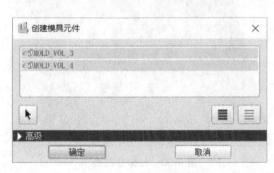

图 6-95　体积块抽取

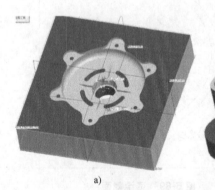

图 6-96　体积块

a) mold_3　b) mold_4

21）用拉伸、填充的方法创建分型面，并通过曲面合并的方法获得如图 6-97 所示的分型面。

22）单击【编辑】—【分割】，在【分割体积块】选项中选择【两个体积块】—【元件】，选择阵列后的分割曲面，完成分割。输入体积块 5 和体积块 6 的名称，获得图 6-98 所示的效果。

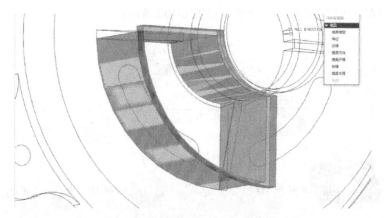

**图 6-97 用来做组合式凹模的分型面**

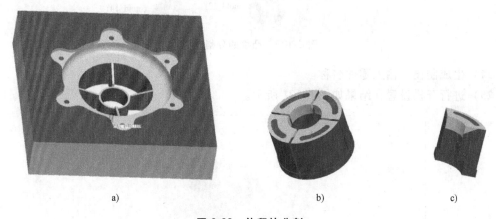

**图 6-98 体积块分割**

a) mold_5  b) mold_6  c) 单个镶块

注意：在分割的时候为了提高效率，一般将分型面做完之后进行阵列，能够快速成型出
mold_5 和 mold_6。实际上 mold_6 是由 4 个单个镶块（图 6-98c）组成的。

至此，凹模分割完毕，可以实现单独加工，分割的过程如图 6-99 所示。

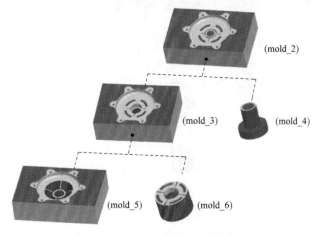

(mold_2)

(mold_3)  (mold_4)

(mold_5)  (mold_6)

**图 6-99 凹模的分割过程**

23）按照同样的方法可将凸模分割，如图 6-100 所示。

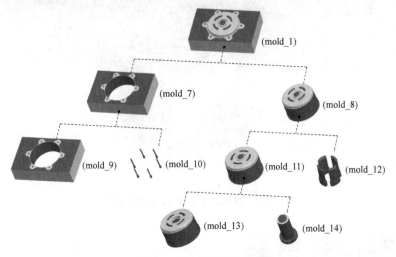

图 6-100　凸模的分割过程

24）生成制模，输入零件名称。

25）进行开模设置，结果如图 6-101 所示。

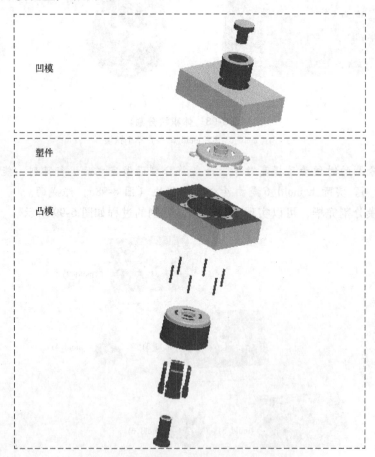

图 6-101　用【开模】工具将模具拆开的结果

## 6.3.4　知识分析

（1）侧面影像曲线　侧面影像曲线是沿着特定的方向对模具模型进行投影而得到的参考模型的轮廓曲线。一般来讲，所有的侧面影像曲线都是由一个或数个封闭的内部环路及外部环路所构成，如图6-102所示。侧面影像曲线的主要作用是建立参考模型的分型线，用来辅助建立分型面。从拉伸方向观察时，此曲线包括所有可见的内部和外部参考零件的边线。

单击菜单【插入】—【侧面影像曲线】或单击 ⬭ 按钮即可弹出【侧面影像曲线】对话框如图6-103所示。其中【曲面参照】主要是选择要投影的零件；【方向】是投影的方向，平面、曲线/边/轴、坐标系作为方向的参考；【投影画面】是用来指定处理参考零件中底切区域的体积块或元件；【间隙闭合】是用来处理初始侧面影像曲线的间隙，一般来讲，没有间隙，如图6-104所示；【环选取】是用来手工选取环或链，或者二者都选，以解决底切和非拔模区中的模糊问题。特别要注意：开放的或封闭的两条曲线不能同时使用。对于图6-105中的轮廓曲线，可以通过选项卡选择【包括】或【排除】按钮来选择曲线链或排除曲线链，如图6-106所示。通过设置选项卡【链】中的【上部】或【下部】设置链的选择，如图6-107所示。例如案例2中的零件其外轮廓线的上部和下部如图6-108所示，在模具设计中要根据实际需要进行选择。

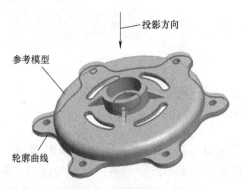

图6-102　侧面影像曲线

图6-103　【侧面影像曲线】对话框

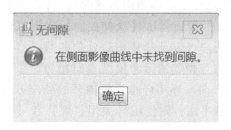

图6-104　侧面影像曲线的间隙检测

图6-105　"环选取"的【环】选项卡

（2）裙边曲面法　裙边法设计分型面是一种沿着参考模型的轮廓线来建立分型面的方法。完成侧面影像曲线的创建后，通过指定开模方向，系统会自动将外部环路延伸至坯料表面及填充内部环路来产生分型面，如图6-108所示。

图 6-106 【环选取】的【链】选项卡

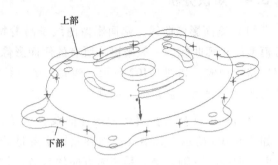

图 6-107 链选取

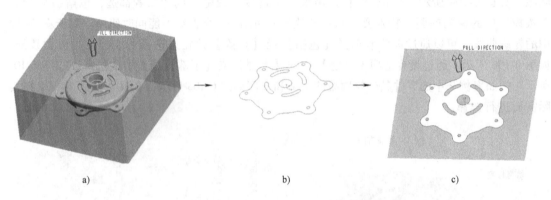

a)            b)            c)

**图 6-108　采用裙边曲面法设计分型面**
a）模具模型　b）侧面影像曲线　c）裙边曲面

单击菜单【编辑】—【裙边曲面】或单击 ![button] 按钮，进入裙边曲面的编辑对话框，如图 6-109 所示。其中【参照模型】用来设置参考模型，如果系统中只有一个参考模型，系统会默认选取，此时对话框中【参考模型】显示为"已定义"，如果模型中有多个参考模型，用户就必须手动选取某个参考模型；【工件】的选取也是如此。【方向】可以选择平面、曲线、边、轴、坐标系来指定投影方向，但一般系统默认的方向为"PULL DIRECTION"的相反方向。【曲线】是用来通过按钮【定义】来选择已经创建的侧面影像曲线。【延伸】是指主分型面的延伸方向，其定义窗口通过单击【定义】按钮弹出【延伸控制】对话框进行设置，在图 6-110 所示的【延伸曲线】选项卡中，用户可以选择要裙边延伸的曲线；在【相切条件】选项卡中，用户可以指定裙边的延伸方向与相邻的参考模型表面相切；在【延伸条件】选项卡中，用户可以改变裙边表面的延伸方向。环闭合是设置内环的处理方法。而如果要定义关闭延伸并使曲面延伸截止到一个分型平面，则使用【关闭扩展】和【关闭平面】，并使用【拔模角度】定义关闭角度。

（3）组合式凹模或凸模　注塑模具闭合时，成型零件构成了成型塑料制品的型腔，成型零件主要包括凹模、凸模、型芯、镶拼件、各种成型杆与成型环。凹模是用来成型制品外表面的模具零件，凸模（或型芯）用来成型塑件内部形状。成型零件受高温高压塑料熔体的冲击，在冷却固化中形成了塑件的形体、尺寸和表面，它的结构设计，需要考虑金属零件

图 6-109 【裙边曲面】对话框

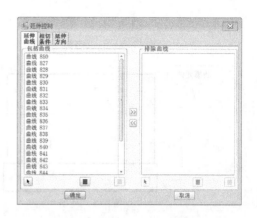

图 6-110 【延伸控制】对话框

加工性和制造成本等多种因素。用整块模板直接加工而成的模具称为整体式凹模或凸模，适用于形状简单的塑件（图 6-111a），但多数采用组合式（或镶拼式）结构，如图 6-111b 所示，其优点如下：

① 当零件有易损需经常更换或难以整体加工的部位时，可将该部位与主体件分离制造，然后再镶嵌在主体件凹模上。

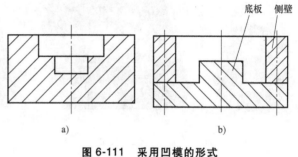

图 6-111　采用凹模的形式
a）整体式凹模　b）组合式凹模

② 可以节约优质塑料模具钢，对于大型模具效果更明显。

③ 为了便于机械加工、研磨、抛光和热处理，可将形状复杂的凹模底部设计成镶拼式。

④ 对难以加工的凹模侧壁进行分割，将复杂的型腔内表面转化为拼块的外表面，以方便加工和保证精度。

⑤ 镶件可以用高碳钢或高碳合金钢淬火，淬火后变形较小，可以用专用磨床研磨复杂状面和曲面，凹凸模中使用镶件的局部型腔有较高精度和经久的耐磨性并可以置换。

⑥ 有利于排气系统和冷却系统的通道设计和加工。

在 Pro/E 中创建组合式的思路如图 6-112 所示。首先构建分型面，单击 🖼 按钮，弹出分割对话框，选择【选择元件】，选择已经生成的元件，单击【完成】。

## 6.3.5　错误问题导正

（1）分型面位置错误　在分型面的位置选择时，一定要注意，成型塑料件外形的型腔，要放在定模一边。部分用户在利用【阴影曲面】时，产生如图 6-113 所示的不正确的分型面，该分型面会导致型腔一部分在定模，一部分在动模，无法保证塑料件的同轴度精确，同时增加了加工难度，所以分型面的位置设置不合理，在【阴影曲面】对话框中更换其投影方向，或采用裙边曲面法可以将其调整成如图 6-114 所示的分型面，就可以解决上述问题。

（2）镶块切割错误　在选择分型面的位置时，要让切割后的后续镶块设计更加合理。

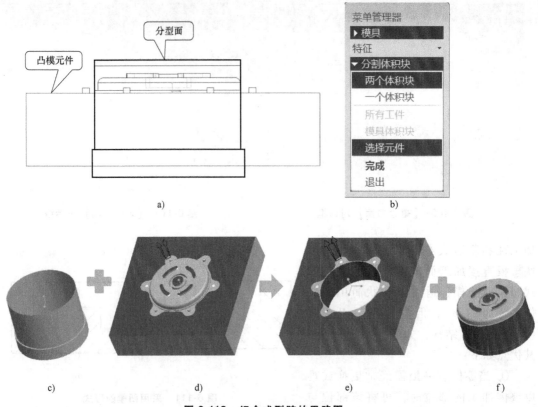

a)

b)

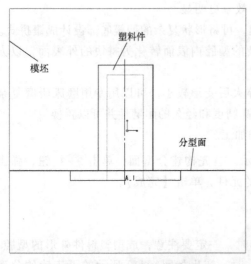

c)　　　　　　　　d)　　　　　　　　e)　　　　　　　　f)

**图 6-112　组合式型腔的思路图**

a）Pro/E 建模　b）对话框　c）分型面　d）凸模　e）凸模固定板　f）凸模

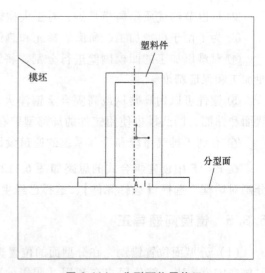

**图 6-113　分型面位置错误**　　　　　　　　　　**图 6-114　分型面位置修正**

图 6-115 所示的分型面会导致凸模的端部只有一小部分，该部分在磨损之后就毁坏了整个凸模，不够经济。修改成图 6-116 所示的形式就可以解决上述问题。

凹槽部分难加工，需要设计成组合式，如图 6-117 所示。

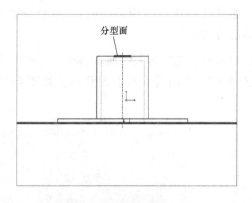

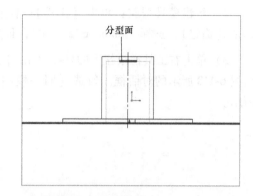

图 6-115　镶块设计后凸模不合理　　　　图 6-116　镶块设计后凸模合理

图 6-117　组合式型芯

# 6.4　3D 开模案例三

## 6.4.1　问题引入

某企业欲生产第 3 章建模案例一中的塑料件，材料为 ABS，需要设计其塑料注射模具。

## 6.4.2　案例分析

该塑料件结构较为复杂，两侧有沉孔和侧孔，需要侧抽芯。为提高注射效率，本案例采用一模两腔，同时模坯采用自动生成方式。

## 6.4.3　案例实施

1）设置工作目录，选择需要的文件夹作为工作目录。

2）新建模具型腔：单击【文件】—【新建】，选择【制造】—【模具型腔】，取消缺省后单击【确定】，选择"mmns-mfg-mold"，最后再单击【确定】。

3）单击右工具栏按钮中的 ✍，弹出【打开】对话框，选择零件"mold_anli_3.prt"，弹出图 6-118 所示的对话框。勾选【同一模型】单选按钮，弹出【布局】对话框，如图 6-119 所示。

图 6-118 【创建参照模型】对话框

图 6-119 【布局】对话框

4）单击【参照模型起点与定向】选项卡中的 ▸，弹出图 6-120 所示的零件模型及【菜单管理器】对话框、【选取】菜单。

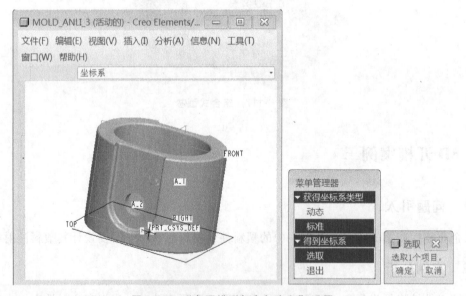

图 6-120 "参照模型起点与定向"设置

5）选择图 6-120 中的【菜单管理器】—【动态】，弹出对话框，如图 6-121 所示，对比图 6-122 中的三个坐标轴与模具布局场景中的坐标系，可以看出，将模型坐标系绕 X 轴旋转 90°就可以和模具布局场景中的坐标系保持一致。

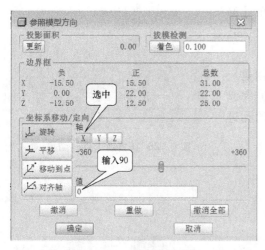

图 6-121　参照模型方向

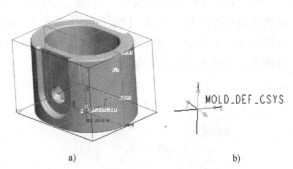

图 6-122　参照模型方向
a）模型坐标系　b）模具布局坐标系

6）勾选图 6-123 中的【布局】选项组中的【矩形】单选按钮，在 X 轴方向布局 2 个，Y 轴方向布局 1 个，间距分别为 50 和 0，布局结果如图 6-124 所示，单击【确定】完成一模两腔布局。

7）单击【菜单管理器】—【模具】—【收缩】，选择模型和坐标系，选择【按比例收缩】，设置收缩率。

8）单击右工具栏按钮 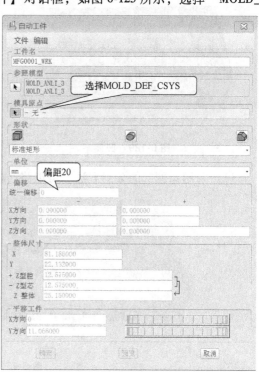，弹出【自动工件】对话框，如图 6-125 所示，选择 "MOLD_

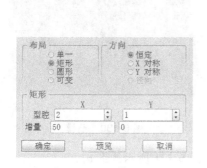

图 6-123　布局设置

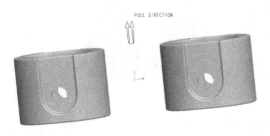

图 6-124　布局结果

图 6-125　【自动工件】对话框

DEF_CSYS"为模具原点,【形状】选择矩形,在【偏移】选项卡中选择【统一偏移】,输入偏移值为 20mm。工件的创建结果如图 6-126 所示。

图 6-126 【自动工件】结果

9）使用【侧面影像曲线】工具创建曲线,创建经过曲线的基准平面,单击【编辑】—【填充】,填充完成后如图 6-127 所示,用同样的方法对侧面和底面的孔进行填充,最终完成的分型面如图 6-128 所示。

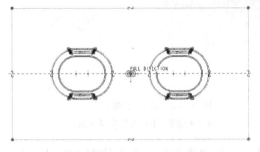

图 6-127 【填充】曲面创建

图 6-128 分型面创建结果

10）单击【编辑】—【分割】,选择【两个体积块】—【所有工件】,选择创建的分割曲面,完成分割,分别输入体积块 1 和 2 的名称。单击抽取按钮，全选确定,结果如图 6-129 和图 6-130 所示。

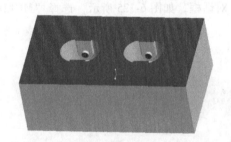

图 6-129 凹模

图 6-130 凸模

11）采用案例二的分割方法,可以将凸模分割成图 6-131 所示的形式。

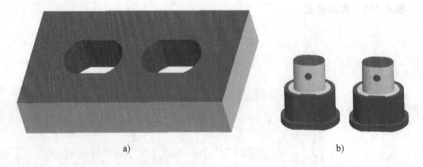

a)                                          b)

图 6-131 凸模分割

a）凸模固定板  b）凸模

12）由于侧壁有孔，需要侧抽芯，创建基准平面如图 6-132 所示。

13）用拉伸的方法创建分型面，草绘截面如图 6-133 所示，拉伸至指定平面，绘制完成，如图 6-134 所示，采用镜像的方法可以获得 4 个侧抽芯的分型面，如图 6-135 所示。

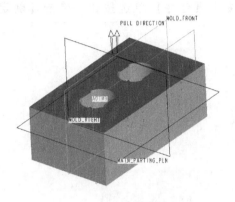

图 6-132　创建基准平面

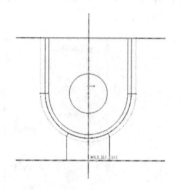

图 6-133　绘制草图

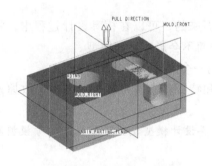

图 6-134　单个侧抽芯分型面

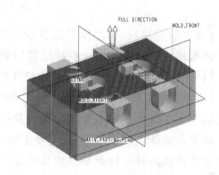

图 6-135　四个侧抽芯分型面

14）通过【开模】命令完成开模设置，开模结果如图 6-136 所示。

## 6.4.4　知识分析

### 1. 模具型腔布局

模具型腔布局是指加载产品模型创建模具模型。根据产品数量的不同，模具布局一般可分为单型腔和多型腔。根据加载产品的来源和格式不同，一般又分为两种情况：标准格式导入和 Pro/E 格式导入。

为了保证后续开模和 EMX 自动化模具设计的需要，由标准格式（IGES、STEP 等）导入模具模块的需要构建坐标系，但是对坐标系有特殊的要求：

① 坐标中心位于模型的几何中心；

② XY 平面最好处于主分型面；

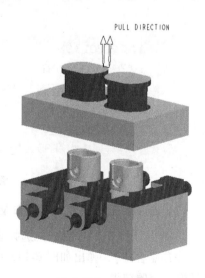

图 6-136　开模结果

③ $Y$ 轴指向模具的 TOP 方向，$Z$ 轴指向凹模方向。

Pro/E 格式导入的模型，根据型腔数量的不同而有所不同，这里主要是模具模型的布局。

(1) 手动装配布局　单击瀑布菜单【模具模型】—【装配】—【参照模型】—【打开】—【缺省】，弹出图 6-137 所示的对话框。选择【按参照合并】单选按钮，单击【确定】按钮。

图 6-137　创建参照模型

【按参照合并】：参考模型是从设计模型中复制而来的，可以在模具设计过程中，将收缩、拔模角、倒角及其他一些特征应用到参考模型中而不会影响设计模型。

【同一模型】：表示参考模型和设计模型将指向同一个文件，彼此相互关联。

【继承】：参考模型继承设计零件中的所有几何和特征信息，可以指定在不更改原始零件的情况下在继承零件上修改的几何及特征数据。

注意：选择【按参照合并】或【同一模型】，只要设计模型发生了变化，参考模型及其所有相关的模具特征均会发生相应的变化。

如果需要一模多腔，可以选择已经装配的"参照模型"，单击鼠标右键，选择【阵列】，通过设置阵列的模式进行型腔的布局，如图 6-138 所示的一模四腔布局。

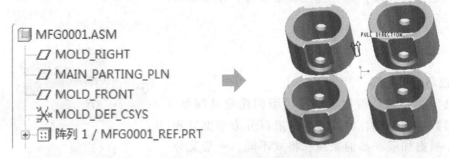

图 6-138　一模四腔布局

(2) 自动装配布局　单击瀑布菜单【模具模型】—【定位参照零件】或单击右工具栏按钮，弹出【打开】对话框，选择零件，单击【打开】。在【创建参照模型】对话框，选择【按参照合并】，弹出如图 6-139 所示的【布局】对话框，单击预览可以看到参考模型在模具模型中的结果。

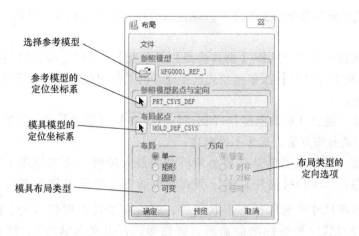

图 6-139　【布局】对话框

单击参考模型的定位坐标系按钮，并同时打开一个 Pro/Engineer 窗口显示参考模型。选择【标准】命令，选择坐标系后，就可以直接定位；选择【动态】命令，则弹出图 6-140所示的【参照模型方向】对话框，根据预览结果进行调整，与模具坐标系的三个坐标轴（尤其是 Z 轴，拔模方向）进行对比，分析其是否满足模具型腔的布局要求，然后选择对应的轴进行旋转、平移或移动，最后输入合适的数值。

选择合适的型腔布局方式，包括矩形、圆形或可变，输入间距或角度，完成整个型腔布局。

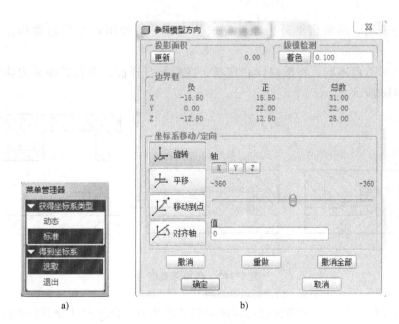

图 6-140　布局设置

a）坐标系　b）【参照模型方向】对话框

## 2. 模具工件的创建

模具工件不仅包裹塑件模型，还包容着浇注系统、冷却系统等，等于所有模具型腔和型芯的体积之和。使用分型面分割工件之后，就可以得到型腔等体积块。模具工件的创建有以下三种方法：

（1）装配　在模具菜单中选择【模具模型】—【装配】，再在【模具模型类型】中选择【工件】命令，再利用【打开】按钮将预先已经建好的工件加载进来。然后通过位置约束进行定位，完成装配。

（2）手工创建　通过【模具模型】—【创建】—【工件】—【手动】多级瀑布式菜单进行创建，案例中均采用的是该方法，这里不再赘述。

（3）自动创建　该方法主要是按照参考模型的最大轮廓尺寸来创建工件。自动创建工件的功能主要包括：①相对模具基体分型面和拖动方向确定工件的方向；②创建定制尺寸的工件或从标准尺寸中选取标准形状工件。单击右工具栏按钮 ▱ ，弹出【自动工件】对话框，选择形状（包括标准的盒形、圆柱形、自定义形状等）。尺寸定义有两种方式：

a. 统一偏距：将参考模型的外包形状尺寸向外扩展一个指定的尺寸，各方向扩展尺寸都相同。

b. 整体尺寸：通过设置 $X$、$Y$ 方向的整体尺寸，并设置 $Z+$ 方向和 $Z-$ 方向的尺寸。

**3. 侧抽芯**

侧向成形元件是指成形塑件侧向呈凹凸（包括侧孔）形状的零件，包括侧向型芯和侧向成形块等。侧向型芯常常装在滑块上，这种滑块机构的运动常常有以下几种形式：

① 模具打开或关闭的同时，滑块也同步完成侧向型芯的抽出和复位的动作，如图 6-141a 所示。

② 模具打开后，滑块借助外力驱动完成侧向型芯的抽出和复位的动作，如图 6-141b 所示。

③ 与前两种有所不同，将滑块设在定模，在模具打开前，借助其他动力将侧向型芯抽出，如图 6-141c 所示。

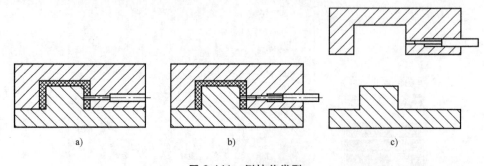

a) 　　　　　　　　b) 　　　　　　　　c)

图 6-141　侧抽芯类型

在模具设计过程中，一定要合理选择侧向型芯的类型，合理设计分型面和拆模。

## 6.4.5　错误问题导正

选择环时，若选择外面一个环，如图 6-142 所示，随后开模时会造成干涉，如图 6-143 所示。

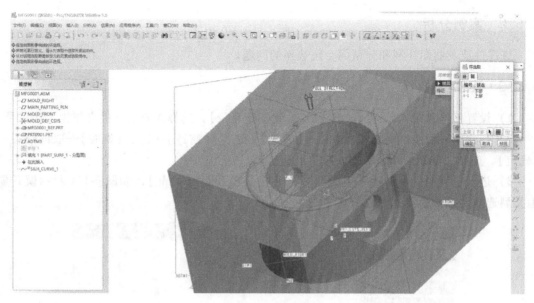

图 6-142　环选取

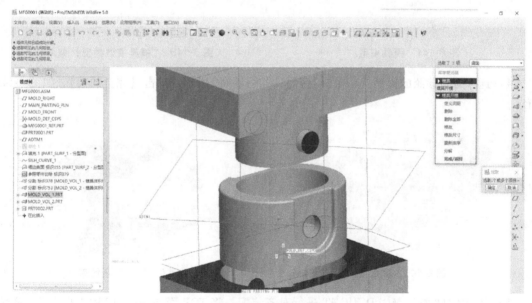

图 6-143　开模结果

# 6.5　3D 开模案例四

## 6.5.1　问题引入

某企业欲生产第 4 章上机练习四所示的塑料件，材料为 ABS，需要设计其塑料注射模具。

### 6.5.2　案例分析

该零件涉及曲面补洞和分型面合理选择的问题。

### 6.5.3　案例实施

1）设置工作目录：单击【文件】—【设置工作目录】，选择需要的文件夹作为工作目录。

2）新建模具型腔：单击【文件】—【新建】，选择【制造】—【模具型腔】—取消缺省—【确定】，选择"mmns-mfg-mold"，单击【确定】。

3）进入主界面，单击【菜单管理器】—【模具模型】—【装配】，如图 6-144 所示模具模型类型选择【参照模型】，如图 6-145 所示。

图 6-144　模具模型

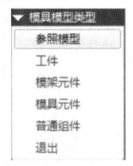

图 6-145　【模具模型类型】菜单

4）选择需要参照的模型，单击【打开】，如图 6-146 所示，单击【完全约束】，如图 6-147 所示。

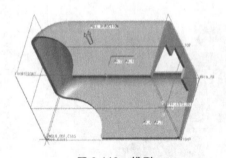

图 6-146　模型

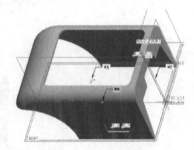

图 6-147　完全约束

5）将 RIGHT 面与 MOLD RIGHT 进行对齐装配，将 TOP 面与 MOLD FRONT 进行对齐装配，将 FRONT 面与 MAIN-PARTING-PLN 面进行对齐装配，应用并保存，选择【按参照合并】单选按钮，如图 6-148 所示。

6）单击【完成/返回】，完成模具模型的装配，如图 6-149 所示。

7）单击【菜单管理器】—【模具】—【收缩】—【按尺寸】，如图 6-150 所示，然后设置收缩率。

8）单击【菜单管理器】—【模具模型】，如图 6-151 所示，选择【创建】，如图 6-152 所示，模具模型类型选择【工件】，如图 6-153 所示，工件类型选择【手动】，如图 6-154 所示，元件类型选择【零件】，子类型选择【实体】，如图 6-155 所示，创建方法选择【创建

图 6-148　参照类型菜单

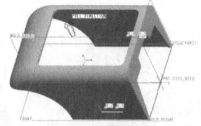

图 6-149　完成模型装配

图 6-150　收缩选项菜单

图 6-151　管理器菜单

图 6-152　【模具模型】菜单

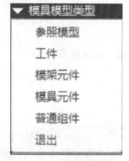

图 6-153　【模具模型
类型】菜单

图 6-154　工件类型菜单

特征】，如图 6-156 所示，选择【伸出项】，如图 6-157 所示，实体选项选择【拉伸】—【实体】，如图 6-158 所示。

图 6-155　元件创建菜单

图 6-156　创建选项

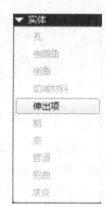

图 6-157　元件类型

图 6-158　实体选项

9）单击右键定义内部草绘，草绘平面选择"mold front"，选取参照。

10）绘制截面，如图 6-159 所示。

11）拉伸选项选择【双向拉伸】，修改拉伸长度为 100，完成工件的创建，如图 6-160 所示。

12）创建侧向影像曲线：单击【插入】—【侧向影像曲线】，单击【环选取】—【定义】，除编号 1、2 外，其余全部排除，单击【链】选项，链 1-1 改为下部，预览如图 6-161 所示，完成侧向影像曲线的创建，如图 6-162 所示。

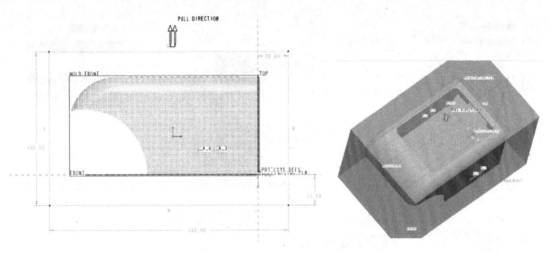

图 6-159　绘制截面　　　　　　　　　图 6-160　完成工件创建

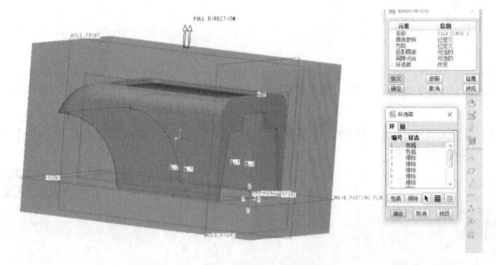

图 6-161　侧向影像曲线设置

13）创建侧向影像曲线：单击【插入】—【侧向影像曲线】，单击【方向】—【定义】，选择 MOLD-FRONTMIAN，单击【确定】，单击【环选取】—【定义】，除编号 2、4 外其余全部排除，完成侧向影像曲线的创建，如图 6-163 所示。

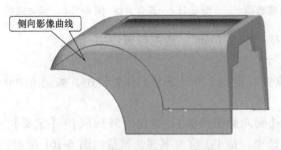
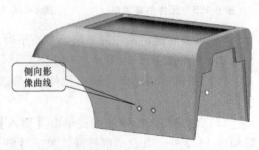

图 6-162　侧向影像曲线生成结果　　　　　　图 6-163　侧壁上的侧向影像生成结果

14）创建侧向影像曲线：单击【插入】—【侧向影响曲线】，单击【方向-定义】，选择MOLD-FRONTMIAN，单击【确定】，单击【环选取】—【定义】，除编号 3、5 外其余全部排除，单击【链】，全部改为下部，完成另一侧的侧向影像曲线的创建。

15）单击【插入】—【模具几何】—【分型面】，单击【编辑】—【裙边曲面】，进入裙边曲面的编辑界面。

16）选中创建的侧向影像曲线 1，单击菜单管理器中的【完成】，完成分型面的创建，如图 6-164 所示。

17）单击【编辑】—【分割】，选择【两个体积块】—【所有工件】，选择分割曲面，完成分割，然后输入名称。

18）单击【菜单管理器】—【模具元件】，选择【抽取】，单击 ▤ 按钮全选，开模结果如图 6-165 所示。

19）单击【插入】—【模具几何】—【分型面】，拆分结果如图 6-166 所示。

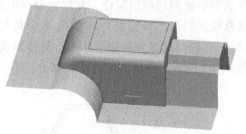

图 6-164 分型面创建结果

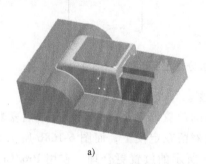

a)

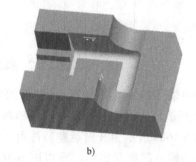

b)

图 6-165 开模结果

a）凸模 b）凹模

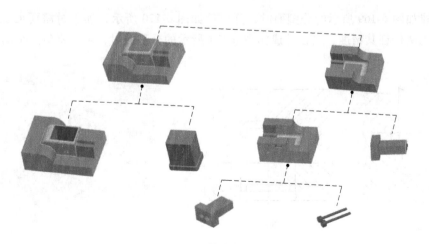

图 6-166 模具拆分结果

### 6.5.4　知识分析

（1）斜分型面　一般来讲，主要分型面与开模方向垂直时，分型面可直接拉伸而成。对于这种分型面用 Pro/Engineer 软件自动分模时常会在转角位有一些微小的起伏，对修模有一定的影响，应注意用平面替换，以利于磨床磨出。

对于复杂的塑料件，有时主要分型面与开模方向不垂直，考虑不影响塑件的外观质量以及成型后能顺利取出塑件，分型面沿斜面延伸一段后在分型面两端做平位，以利于加工定位及修模。斜面比较陡时可在模内 4 个角位做原身管位定位（也可考虑用圆型分型面管位块），合模时起定位和防滑作用。延伸段长度大模时为 20~30mm，小模时为 10mm 即可。如图 6-167 所示，斜分型面的型腔部分比平直分型面的型腔更容易加工。

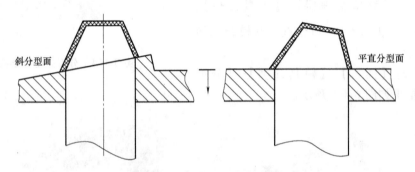

图 6-167　模具拆分过程示意图

本案例中采用斜分型面，保证塑料件的成型。

（2）典型塑料件放置　一般来讲，塑料件的放置原则是尽量保证开模后塑料件留在动模一侧，图 6-168a 所示为开模后塑料件由于收缩留在定模上，而图 6-168b 所示为开模后塑料件会跟随动模一起离开定模，所以图 6-168b 所示的放置更合理，在用 Pro/Engineer 软件进行开模时一定要注意。

### 6.5.5　错误问题导正

当创建如图 6-169 所示的分型面时，开模后如图 6-170 所示，加工时需要加工非常窄的台阶面，无法保证其精度，当设计成如图 6-171 所示的分型面时，可以避免这个问题。

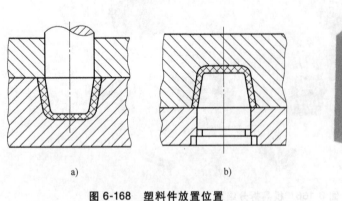

a)　　　　　　　　　　　b)

图 6-168　塑料件放置位置

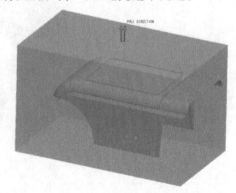

图 6-169　分型面的创建

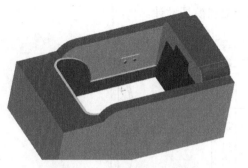

图 6-170　分模过程中的台阶

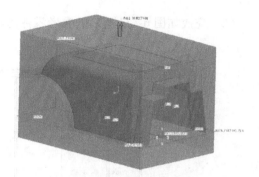

图 6-171　正确的分模面

# 思考与练习

## 1. 思考题

（1）简述 Pro/Engineer 模具设计的一般操作流程。

（2）在装配参考模型时要注意什么？

（3）在 Pro/Engineer 模具设计中分型面的概念是什么？

（4）简述分割体积块的基本操作流程。

## 2. 练习题

（1）完成如图 6-172 所示的参考零件的模具设计。

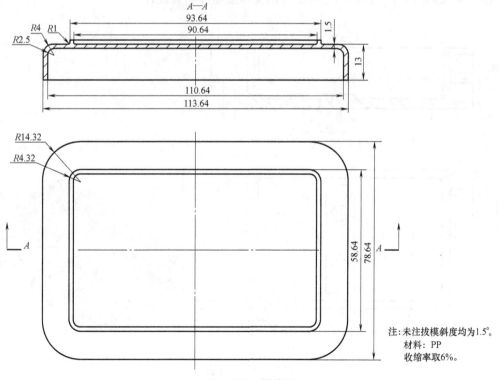

注：未注拔模斜度均为1.5°。
　　材料：PP
　　收缩率取6‰。

图 6-172　零件图

（2）完成如图 6-173 所示的参考零件的实体造型和模具设计。

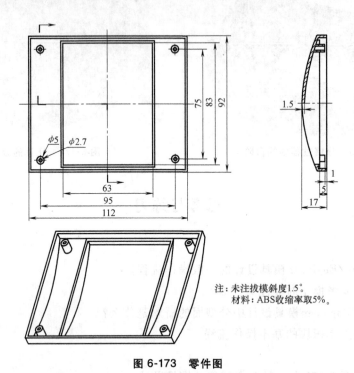

注：未注拔模斜度1.5°。
材料：ABS收缩率取5%。

图 6-173　零件图

（3）完成如图 6-174 所示的参考零件的实体造型和模具设计。

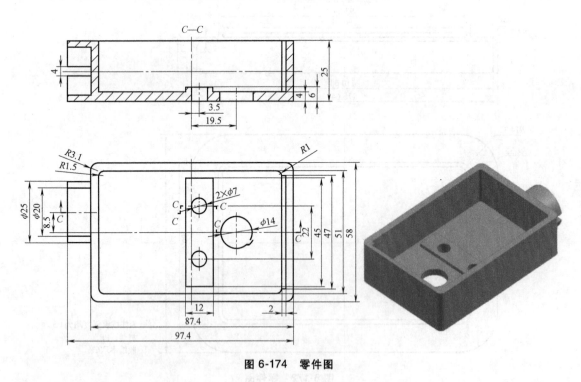

图 6-174　零件图

（4）完成如图 6-175 所示的参考零件的实体造型和模具设计。

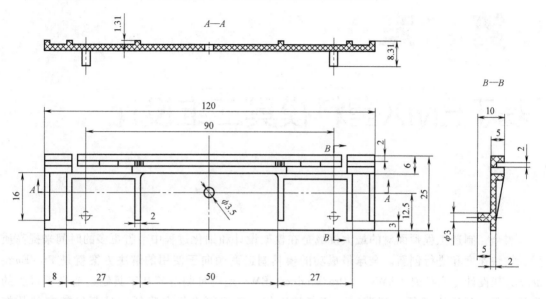

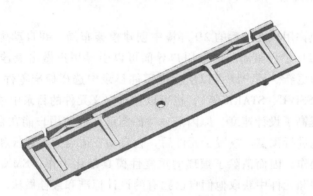

图 6-175 零件图

# 第7章

# 基于EMX塑料模具三维设计

当今，制造工程师面对的最大挑战是在模架设计和细化过程中节省更多的时间来提高质量、加快速度和进行创新。全球最成功的模具制造商倾向于使用的解决方案就是 Pro/Engineer 模架设计专家扩展（EMX）。Pro/Engineer EMX 是模具制造商和工具制造商必不可少的附加工具，利用它无须执行费时、烦琐的工作，也无须进行会降低产品开发效率的数据转换。

Pro/Engineer EMX 允许用户在熟悉的 2D 环境中创建模架布局，并自动生成 3D 模型从而利用 3D 设计的优点。2D 过程驱动的图形用户界面可以引导用户做出最佳的设计，而且在模架设计过程中能自动更新。用户既可以从标准零件目录中选择标准零件（DME、HASCO、FUTABA、PROGRESSIVE、STARK 等），也可以在自定义元件的目录中进行选择。

Pro/Engineer EMX 提高了设计速度，原因是独特的图形界面使用户能在自动放置 3D 元件或组件之前快速实时地进行预览。放置了元件后，会自动在适当的邻近板和元件中创建间隙切口、钻孔和螺孔等操作，因而消除了烦琐的重复性模具细化工作。EMX 还使模具制造公司能够直接在模具组件和元件中获取他们自己独有的设计标准和最佳做法。

## 【学习目标】

（1）知识目标
① 掌握模架设计中常用专业术语的基本定义。
② 掌握元件的结构特点。
（2）能力目标
① 学会利用 Pro/Engineer 的 EMX 插件进行模架设计。
② 掌握常用模架的调用方法和技巧。
③ 能利用 Pro/Engineer 进行常用元件的调用。

## 7.1 EMX 设计流程

EMX 的设计流程和 Pro/Engineer 分模一样，要按正确的顺序进行。首先，要新建一个项目，接着将拆分后的模仁进行装配，然后对零件进行分类，最后加载模架。后续的步骤因为每个工作人员的设计方案和使用习惯而有所不同，但是差别不大，详细的设计流程如图7-1 所示。

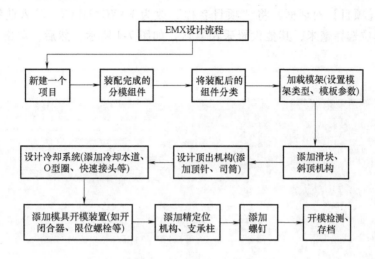

图 7-1　EMX 设计流程图

## 7.2　基于 EMX 的三维模具设计

### 7.2.1　利用 EMX 添加模架

在添加模架之前需要针对模板尺寸添加相关的零部件。

（1）确定模架尺寸　首先确定模架的类型和尺寸，然后新建 EMX 项目，对模具组件进行分类，接着设置模仁。

根据对塑件的综合分析，确定该模具是单分型面的模具，由 GB/T 12555—2006《塑料注射模模架》可选择 CI 型的模架。

图 7-2 所示为模具型腔尺寸，动模型腔尺寸为 210×130×25，定模型腔尺寸为 210×130×35。

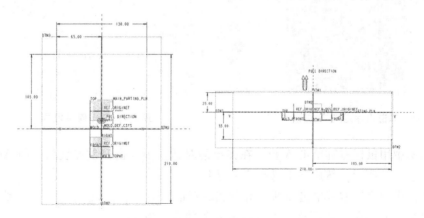

图 7-2　型腔尺寸

根据模仁尺寸计算模架长、宽、高，综合考虑本设计选用 $W×L=350×300$ 的模架。

（2）定义模架新项目　在菜单栏中单击【EMX 6.0】项目【新建】命令，如图 7-3 所示，系统弹出【项目】对话框，将"项目名称"改为 FANGAIJIAN，输入前缀为 SJ，输入后缀为 DK，单位选择毫米，其他设置采用默认，如图 7-4 所示。然后，单击√完成模架的创建。

图 7-3　执行新建命令

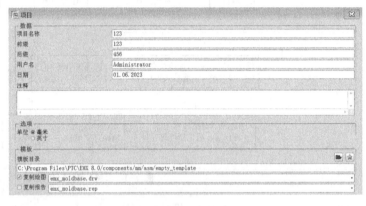

图 7-4　【项目】对话框

（3）添加新模架　在菜单栏中单击【EMX6.0】—【模架】—【组件定义】，如图 7-5 所示，在组件对话框中单击左下角从文件中载入组件定义，弹出载入 EMX 组件对话框。在载入组件对话框中选择供货商和模架型号，如图 7-6 所示，然后单击【确定】按钮。

图 7-5　单击组件定义

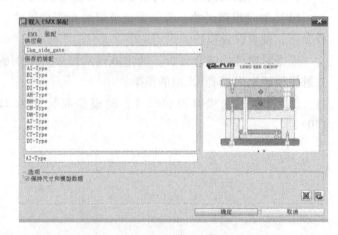

图 7-6　选择模架型号

在对话框中用鼠标右键单击 A 板，在弹出的对话框中双击修改厚度值，将 A 板厚度修改为 60，如图 7-7 所示，然后单击【确定】按钮。

在对话框中用鼠标右键单击 B 板，在弹出的对话框中将 B 板设置为 70，如图 7-8 所示，然后单击【确定】按钮。以同样的方式设置 C 板的高度为 90。

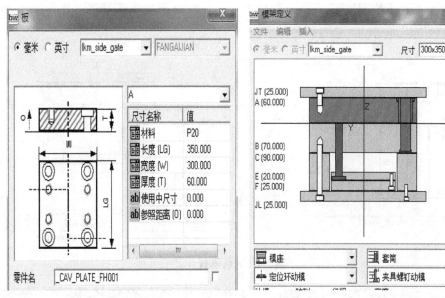

图 7-7　设置 A 板参数

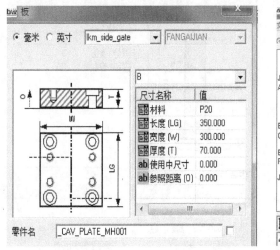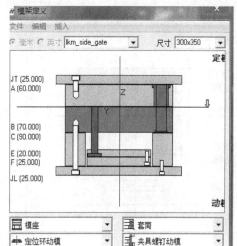

图 7-8　B 板参数

在模具定义框中用鼠标右键单击 F 板，在弹出的对话框中将厚度设置为 25，如图 7-9 所示。接着用同样的方式设置 E 板的参数，将 E 板厚度改为 20。

在对话框中用鼠标右键单击回针零件，设置回针直径为 20，长度为 100，并勾选【所有模型上阵列】和【按面组/参考模型修剪】复选框，如图 7-10 所示，然后单击【确定】按钮。接着选择 A 板顶面作为回针修剪的曲面。

在对话框中用鼠标右键单击弹簧，将弹簧内径设置为 25，将偏移距离设置为 65，如图7-11 所示，单击【确定】按钮。

用鼠标右键单击导柱零件，在弹出的对话框中设置导柱直径为 30，长度 130，如图 7-12所示，然后单击【确定】按钮。

用同样的方式设置 JT 板厚度为 25，设置 JL 板为 25。

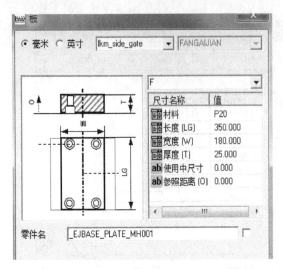

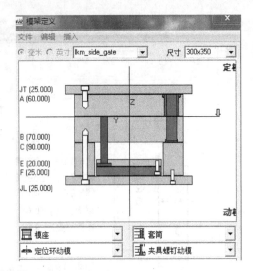

图 7-9　F 板参数

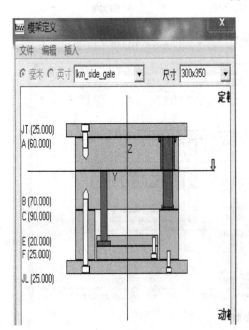

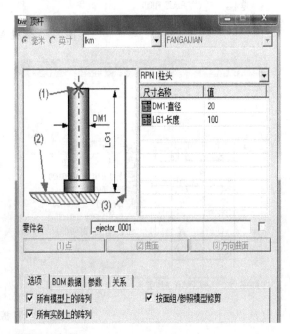

图 7-10　设置回针参数

　　在模架定义对话框的右上角的列表中选择模架尺寸为 300×350，如图 7-13 所示，在系统弹出的对话框中，单击【确定】按钮就可以完成模架各尺寸的设置。

## 7.2.2　切剪型腔及添加螺钉

　　在完成模架的添加后，要对 A、B 板中的定、动模型腔进行切剪，然后添加型腔的固定螺钉。

　　（1）切除型腔的安装位置　在菜单栏中单击【EMX6.0】—【模架】—【组件定义】命令，在弹出的对话框中单击【打开型腔】对话框，设置相关参数，如图 7-14 所示。

　　（2）添加型腔螺钉　在模型树中用鼠标右键单击 A 板，在快捷菜单中单击【打开】命令，在 PART 环境下利用创建点的方法创建如图 7-15 所示的 4 个点。

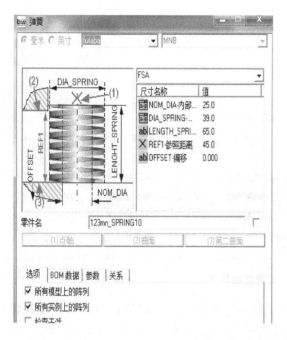

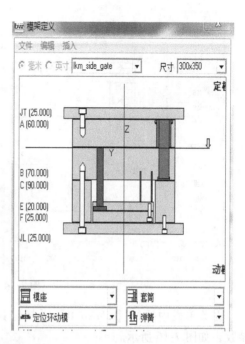

图 7-11 设置弹簧参数

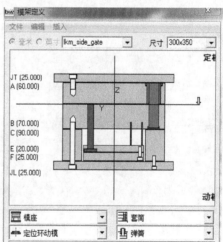

图 7-12 设置导柱参数

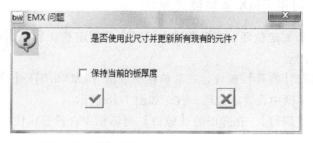

图 7-13 模架定义

Pro/Engineer模具设计

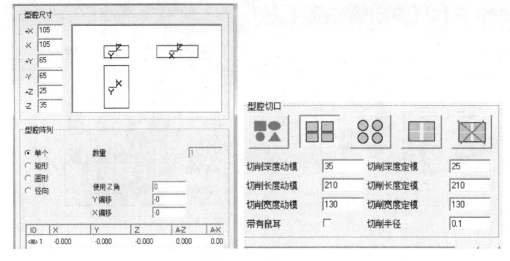

图 7-14　设置型腔尺寸

在菜单栏中执行【EMX6.0】—【螺钉】—【定义】命令，在【螺钉】对话框中设置螺钉参数，如图 7-16 所示。

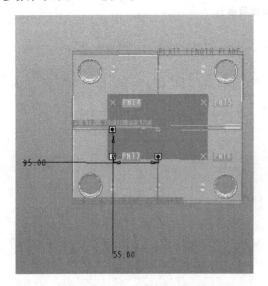

图 7-15　螺钉基准点的制造

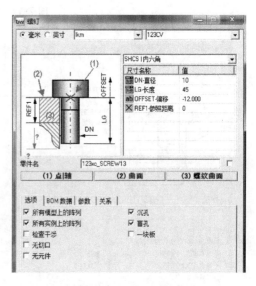

图 7-16　螺钉参数

## 7.2.3　利用 EMX 添加浇注系统

（1）添加定位环　在模型树中打开定模固定板，利用创建点的方法在零件上创建如图 7-17 所示的点。

切换到【模具】窗口，在菜单栏中单击【EMX6.0】—【设备】—【定义】—【定位环】，在弹出的对话框中设置定位环参数，如图 7-18 所示。

单击【螺钉】，在弹出的【螺钉】对话框中，设置定位环上固定螺钉的参数，如图 7-19 所示。

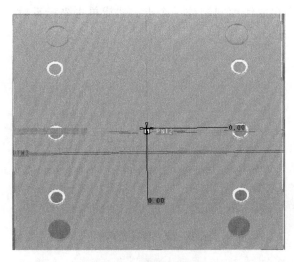

图 7-17 基础点的创建

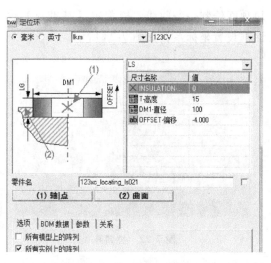

图 7-18 定位环参数

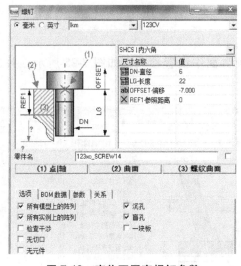

图 7-19 定位环固定螺钉参数

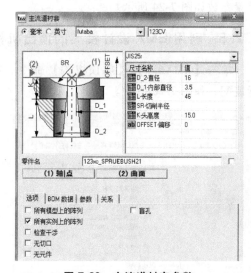

图 7-20 主流道衬套参数

（2）添加主流道衬套 在菜单栏中单击【EMX6.0】—【设备】—【定义】—【主流道衬套】，在弹出的对话框中主流道衬套的参数设置，如图7-20所示。

（3）设置分流道 利用【拉深】命令在定模上切剪出分流道，如图7-21所示。

（4）在模板上切剪出拉料孔 在 EMX 窗口中分别激活 E、B 板，在各个板上利用拉深命令绘制出拉料孔，拉料孔直径为6，如图7-22所示。

## 7.2.4 利用 EMX 添加滑块机构

（1）创建坐标系 单击【草绘平面】按钮，在滑

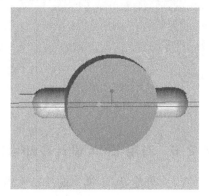

图 7-21 分流道的设置

块顶面绘制一条曲线，接着用【基准点】命令在曲线中间制作一个点，然后单击坐标系对话框设置坐标系，如图 7-23 所示。

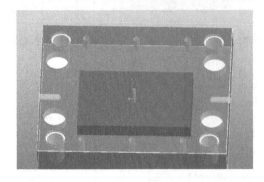

图 7-22　拉料孔

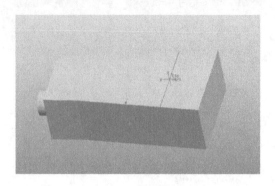

图 7-23　创建坐标系

（2）添加滑块机构　在 EMX 组件窗口中，单击【EMX6.0】—【滑块】—【定义】命令，设置参数如图 7-24 所示。

## 7.2.5　利用 EMX 设计模具的顶出机构

单击【EMX6.0】—【斜顶机构】命令，在斜顶界面中设置参数，如图 7-25 所示，并进行装配，如图 7-26 所示。

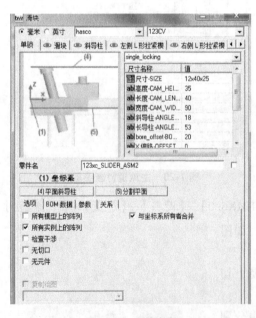

图 7-24　滑块参数

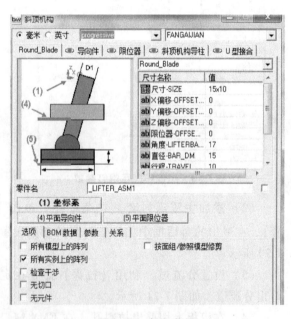

图 7-25　斜顶参数

## 7.2.6　利用 EMX 设计冷却水道

（1）创建动/定模上的冷却水道　打开开模，在菜单中执行【插入】—【等高线】命令，设置水道直径为 8，绘制如图 7-27 所示的冷却水道。

（2）添加止水栓　在 EMX 工作界面上，单击【EMX6.0】—【冷却】—【定义】命令，在【冷却元件】对话框中设置参数，如图 7-28 所示。

图 7-26　装配结构

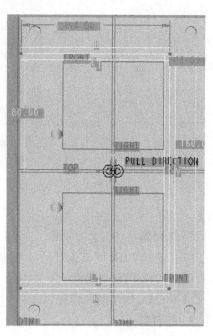

图 7-27　冷却水道

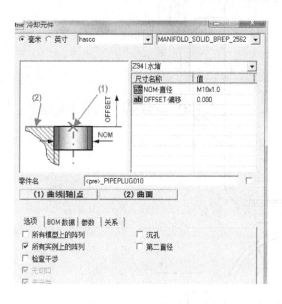

图 7-28　止水栓参数

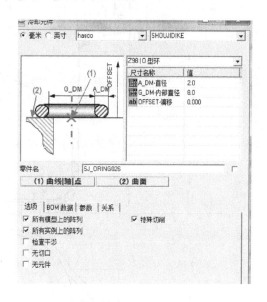

图 7-29　O 型环的设计

（3）添加 O 型环　在菜单栏中单击【EMX6.0】—【冷却】—【定义】命令，在【冷却元件】对话框中，选择 O 型环的型号并设置参数，如图 7-29 所示。

利用 EMX 模型的快速生成成功绘制出图 7-30 所示的总装配图。

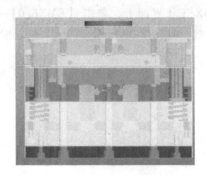

图 7-30　模具主视图

# 思考与练习

**1．思考题**

（1）简述 EMX 模具设计的一般操作流程。

（2）EMX 的优势是什么？

（3）EMX 如何载入模仁？

**2．练习题**

完成如图 7-31 所示的参考零件的模具设计。

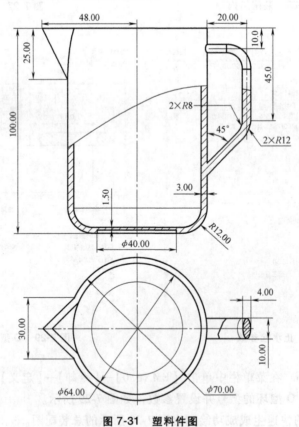

图 7-31　塑料件图

# 第8章

# 基于PDX级进模三维设计

利用 PDX 进行级进模的三维建模，首先是冲裁零件的三维绘制，通过零件的三维图编辑出条料的钢带；接着在钢带上布置冲压参照件，这是为了在创建凸凹模时提供基准点；然后根据编辑好的钢带创建出级进模模架，在模架上创建各个元件的基准点；最后通过模架上的各元件基准点创建螺钉、销钉和模柄等元件。

## 【学习目标】

(1) 掌握 PDX 进行模具设计的流程。
(2) 掌握冲压模架的调用方法。
(3) 掌握冲压模具标准件的创建方法。

## 8.1　新建冲压工件零件

### 8.1.1　创建零件

通过 PDX 设计级进模需要先创建零件。打开 Pro/Engineer，用鼠标单击 Pro/Engineer 下拉菜单栏中的【文件】—【新建】选项，弹出【新建】对话框。单击类型区域中的【零件】—【钣金件】选项。在【名称】栏中输入 "dianpian"，单击取消【使用缺省模板】。弹出【新文件选项】对话框，单击【模板】区域里的 "mmns_part_sheetmetal" 选项，单击【确定】按钮进入设计界面。

单击 Pro/Engineer 钣金件特征工具栏中的【平整】按钮，在工作区单击鼠标右键，在弹出的对话框中选中【定义内部草绘】选项。单击导航器中 "FRONT" 基准平面作为草绘平面的基准，"草绘方向" 按默认方向为准，单击【草绘】按钮进入第一壁草绘界面。

单击草绘工具栏中【矩形】按钮，在工作区绘制图 8-1 所示的图形。

单击草绘工具栏中的 ✔ 按钮，绘制草图成功。在图标板厚度栏中输入 1mm，单击图标板中的 ✔ 按钮，完成特征创建，如图 8-2 所示。

单击下拉菜单栏中的【插入】—【钣金件壁】—【平整】命令。单击矩形上表面的长边，输入 4mm 的弯曲长度，弯曲特征如图 8-3 所示。

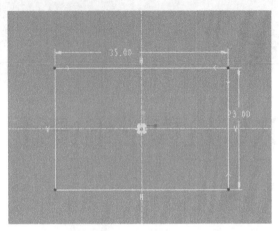

图 8-1　草绘图形

图 8-2　特征创建

图 8-3　弯曲特征

图 8-4　展平图

　　单击钣金件特征工具栏中的【展平】—【常规】选项，选取图形上表面作为展平平面基准，在【展平】对话框中选择【展平全部】选项，单击【完成】。在弹出的【规则类型】对话框中单击【确定】按钮，完成的展平图如图 8-4 所示。这是为了创建折弯特征，同时为了图形的后续修改提供便利。

　　单击特征工具栏中的【拉伸】按钮，在工作区单击鼠标右键，在弹出的对话框中选择【定义内部草绘】选项。单击图形上表面作为草绘平面的基准，"草绘方向"按默认方向为准，单击【草绘】按钮进入拉伸草绘界面，完成图 8-5 所示的草绘图形。所画图形是制件外轮廓多余的部分，需要去除掉。

　　在草绘工具栏中单击 ✓ 按钮，在图标板中单击【拉伸至与所有曲面相交】按钮 ，接着单击【移除材料】按钮 ，然后单击 ✓ 按钮，完成如图 8-6 所示的零件外轮廓三维图形。单击特征工具栏中拉伸按钮 ，在工作区单击鼠标右键，在弹出的对话框中选择【定

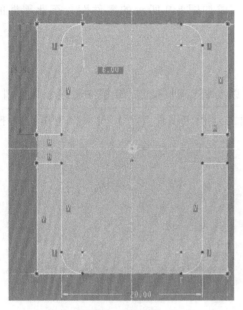

图8-5　草绘图

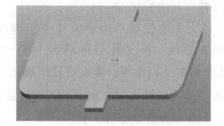

图8-6　零件外轮廓

义内部草绘】选项。单击图形上表面作为草绘平面的基准，"草绘方向"按默认方向为准，单击【草绘】按钮进入拉伸草绘界面，完成如图 8-7 所示的草绘图形。

在草绘工具栏中单击 ✓ 按钮，在图标板中单击【拉伸至与所有曲面相交】按钮 ╪，接着单击【移除材料】按钮 ◢，然后单击 ✓ 按钮，完成如图 8-8 所示的图形。

单击钣金件特征工具栏中的【折弯回去】按钮 ，选取图形上表面为折弯

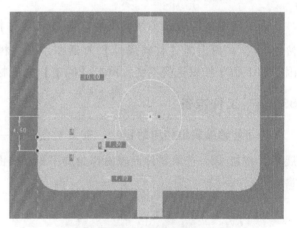

图8-7　草绘图形

平面基准，单击【折弯回去选取】对话框中的【折弯回去全部】选项，单击【完成】。然

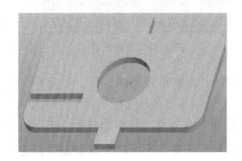

图8-8　零件基本形状

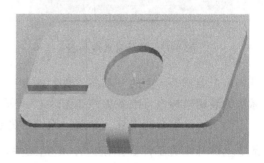

图8-9　零件图

后单击【折弯回去】对话框中的【确定】按钮，完成如图 8-9 所示的零件图，至此零件的三维创建就完成了。

## 8.1.2 零件与钣金件转换

因为 PDX 软件主要是针对钣金件设计的，所以要将已创建的三维零件转换成钣金件。单击工具条 3 中的【通过合并】按钮 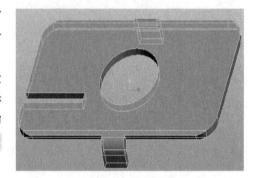，在弹出的【指定工件参考】对话框中单击 ☑ 按钮。然后在弹出的【指定合并装配】对话框中单击 ☑ 按钮，选取零件坐标系作为装配坐标系，合并零件如图 8-10 所示。

单击下拉菜单栏中的【应用程序】—【钣金件】选项。在【钣金件转换】菜单栏中选择【驱动曲面】选项，单击零件底部曲面作为驱动钣金件曲面的曲面，输入厚度值 1mm，单击 ☑ 按钮完成零件钣金件转换。

图 8-10 合并零件

## 8.1.3 材料属性设置

为了增加零件的真实性，需要为零件设置材料。单击工具条 3 中的【分配材料属性】按钮 ▤，在弹出的【材料属性】对话框中，材料选取"steel"，折弯表选取"table1"，Y 因子和 K 因子按默认值不变，单击【确定】完成材料设置。

## 8.1.4 工件准备

为了能够编辑出相应的钢带，需要对制件做一些准备工作。单击工具条 3 中的【自动展平】按钮 ▦，选取零件上表面作为展平驱动曲面，零件自动展平如图 8-11 所示。

图 8-11 零件自动展平图

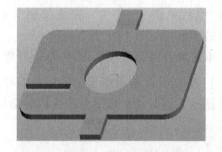

图 8-12 准备工件

单击工具条 3 上的【准备工件】按钮 ▦，选取零件上表面作为驱动曲面，单击零件坐标系为装配坐标系，准备工件如图 8-12 所示。

为了满足钢带的需求，必须还原钢带的真实性，需要补足零件上缺损的材料。单击工具条 3 上的【填充工件】按钮 ▦，填充工件如图 8-13 所示，这是为了可以快速方便地创建冲孔位置。

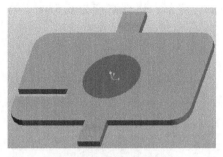

图 8-13　填充工件图

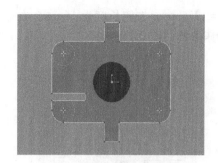

图 8-14　轮廓曲线草绘

### 8.1.5　分配轮廓曲线

为了在钢带上设置弯曲所需要的空间位置,需要分配弯曲轮廓曲线。单击绘图栏中的【草绘】按钮 ,选取零件上表面作为草绘平面,轮廓曲线如图 8-14 所示。单击工具条 3 上的【分配轮廓曲线】按钮 ,选取轮廓草绘曲线作为分配轮廓曲线。

## 8.2　零件排样

### 8.2.1　创建钢带

创建钢带是为了方便在模架上创建凸凹模的时候能有参照设置可以选择,同时可以观察每个工位的工序情况。单击工具条 3 上的【创建钢带】按钮 ,弹出【钢带向导】对话框,如图 8-15 所示。

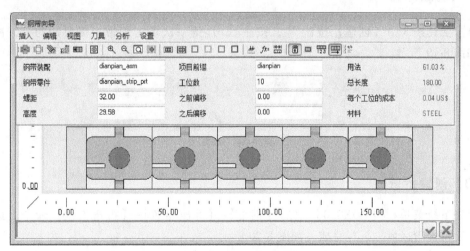

图 8-15　【钢带向导】对话框

输入螺距为 32mm,高度为 29.58mm,之前、之后偏移皆为 0mm,工位数为 10。单击【钢带向导】对话框下拉菜单中的【插入】按钮,选择【冲压参照零件】命令。在钢带第一工位上单击,放置冲压参照零件,单击鼠标右键设置冲压参照属性为:偏移 $X = 0$mm,偏

移 $Y=13.5$mm，左侧长度为 16mm，右侧长度为 16mm，底部、顶部高度为 6.5mm。第一工位冲压参照如图 8-16 所示。

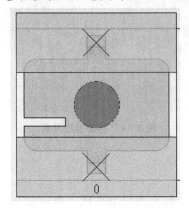

图 8-16　第一工位冲压参照

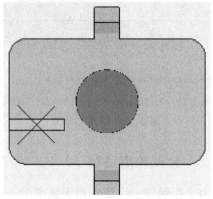

图 8-17　第二工位冲压参照

在第二工位上设置冲压参照属性为：偏移 $X=23.5$mm，偏移 $Y=-3.7$mm，左侧长度为 4.5mm，右侧长度为 4.5mm，底部、顶部高度为 0.9mm。第二工位冲压参照如图 8-17 所示。

单击【钢带向导】对话框【确定】按钮，完成如图 8-18 所示的钢带创建。

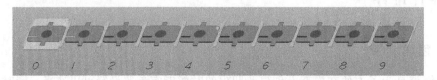

图 8-18　钢带

## 8.2.2　创建冲孔

单击工具条 3 中【创建】按钮 ，按住<Ctrl>键一次单击钢带上需要冲的孔，冲孔完成，如图 8-19 所示。

图 8-19　冲孔

## 8.2.3　创建折弯

单击下拉菜单栏【PDX8.0】中的【钢带】—【冲压参照】—【折弯工位】命令。选取钢带第四工位折弯区域，折弯完成，如图 8-20 所示。

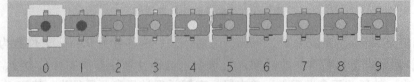

图 8-20　折弯

# 8.3 创建模架

## 8.3.1 定义模板

单击工具条3上的【创建】按钮 ，弹出【项目】对话框，单击【确定】进入创建模架界面。

单击下拉菜单栏中【PDX】—【模组】选项，选择【定义板】命令，弹出如图8-21所示的【板向导】对话框。输入工具高度为400mm，钢带进给高度为150mm。

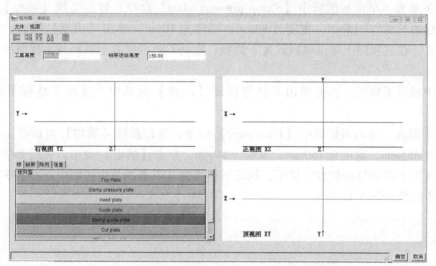

**图 8-21** 【板向导】对话框

（1）上模座 单击板区域中【Top plate】命令，弹出系统【属性】对话框，设置上模座的长度为385mm，宽度为160mm，厚度为45mm。单击【确定】按钮，完成上模座属性设置，在主视图上单击鼠标放置上模座，拖动上模座使其上表面与主视图中顶部水平线对齐。

（2）上垫板 单击板区域中【Stamp pressure plate】命令，弹出系统【属性】对话框，设置上垫板的长度为315mm，宽度为80mm，厚度为10mm。单击【确定】按钮，完成上垫板属性设置，在主视图上单击鼠标放置上垫板，拖动上垫板使其上表面与主视图中上模座的下表面对齐。

单击主视图上垫板，右击弹出上垫板详细【属性】对话框，设置上垫板 $Y$ 坐标偏移-30mm。

（3）凸模固定板 单击板区域中【Head plate】命令，弹出系统【属性】对话框，设置凸模固定板的长度为315mm，宽度为80mm，厚度为20mm。单击【确定】按钮，完成凸模固定板属性设置，在主视图上单击鼠标放置凸模固定板，拖动凸模固定板使其上表面与主视图中上垫板的下表面对齐。

单击主视图凸模固定板，右击弹出凸模固定板详细【属性】对话框，设置凸模固定板 $Y$ 坐标偏移-30mm。

（4）卸料版 单击板区域中【Guide plate】命令，弹出系统【属性】对话框，设置卸料板的长度为315mm，宽度为80mm，厚度为12mm。单击【确定】按钮，完成卸料板属性设置，在主视图上单击鼠标放置卸料板，拖动卸料板使其下表面与主视图中钢带进给高度对齐。

单击主视图卸料板，右击弹出卸料板详细【属性】对话框，设置卸料板 $Y$ 坐标偏移 $-30mm$。

（5）凹模版　单击板区域中【Cut plate】命令，弹出系统【属性】对话框，设置凹模版的长度为315mm，宽度为80mm，厚度为20mm。单击【确定】按钮，完成凹模板属性设置，在主视图上单击鼠标放置凹模板，拖动凹模板使其上表面与主视图中钢带进给高度对齐。

单击主视图凹模板，右击弹出凹模板详细【属性】对话框，设置凹模板 $Y$ 坐标偏移 $-30mm$。

（6）下垫板　单击板区域中【Stamp pressure plate】命令，弹出系统【属性】对话框，设置下垫板的长度为315mm，宽度为80mm，厚度为10mm。单击【确定】按钮，完成下垫板属性设置，在主视图上单击鼠标放置下垫板，拖动下垫板使其上表面与主视图中凹模座的下表面对齐。

单击主视图下垫板，右击弹出下垫板详细【属性】对话框，设置下垫板 $Y$ 坐标偏移 $-30mm$。

（7）下模座　单击板区域中【Base plate】命令，弹出系统【属性】对话框，设置下模座的长度为385mm，宽度为160mm，厚度为50mm。单击【确定】按钮，完成下模座属性设置，在主视图上单击鼠标放置下模座，拖动下模座使其下表面与主视图中底部水平线对齐。

各模板放置如图 8-22 所示。

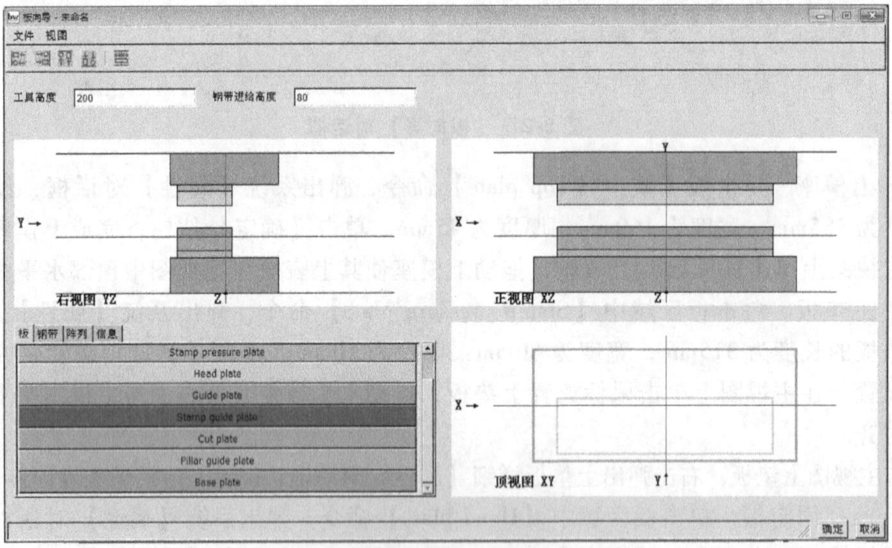

**图 8-22　模板放置图**

## 8.3.2　布置钢带

单击【板向导】—【钢带】选项，单击新生成的钢带，单击【分配钢带】选项，系统弹出【选择模型】对话框，选择 "DIANPIAN_ASM" 钢带。单击【确定】按钮生成钢带，设置钢带的 $Y$ 坐标偏移 $-30mm$，钢带放置位置如图 8-23 所示。

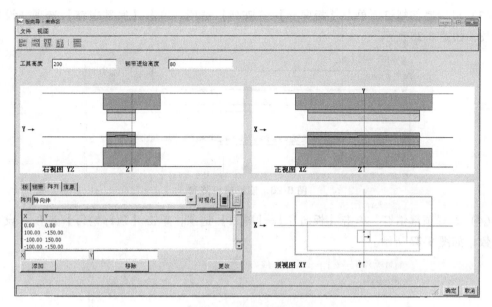

**图 8-23 钢带放置位置**

## 8.3.3 创建元件阵列

（1）设置导向件 单击【板向导】—【阵列】选项，单击【导向件】选项，设置位置参数，如图 8-24 所示。单击【添加】或【移除】按钮可以增加或减少【导向件】的位置数量。单击【可视化】按钮可以在视图中显现出导向件的坐标位置。

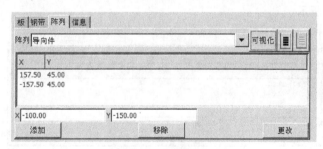

**图 8-24 导向件阵列**

（2）设置顶端螺钉 单击【板向导】—【阵列】选项，单击【顶端螺钉】选项，设置位置参数，如图 8-25 所示。

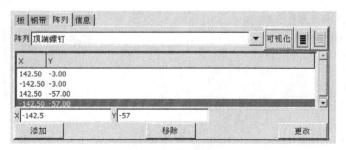

**图 8-25 顶端螺钉阵列**

（3）设置底部螺钉 单击【板向导】—【阵列】选项，单击【底部螺钉】选项，设置位置参数，如图 8-26 所示。

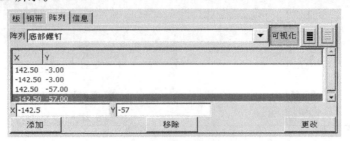

**图 8-26 底部螺钉阵列**

（4）设置顶部销钉 单击【板向导】—【阵列】选项，单击【顶部销钉】选项，设置位置参数，如图 8-27 所示。

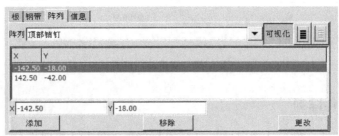

**图 8-27 顶部销钉阵列**

（5）设置底部销钉 单击【板向导】—【阵列】选项，单击【底部销钉】选项，设置位置参数，如图 8-28 所示。

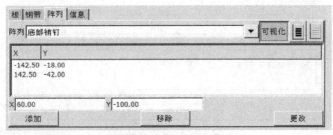

**图 8-28 底部销钉阵列**

（6）设置卸料螺钉 单击【板向导】—【阵列】选项，单击【导向螺钉】选项，设置位置参数，如图 8-29 所示。

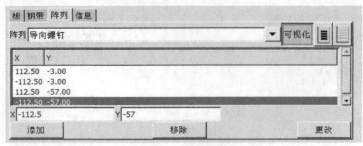

**图 8-29 导向螺钉阵列**

（7）设置弹簧　单击【板向导】—【阵列】选项，单击【弹簧】选项，设置位置参数，如图 8-30 所示。

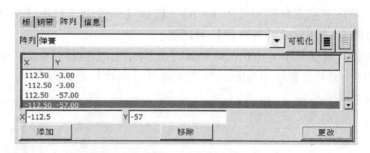

图 8-30　弹簧阵列

### 8.3.4　生成模架

设置好各板和各元件的阵列后，完成的模架如图 8-31 所示。

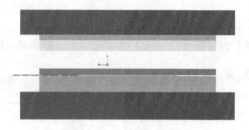

图 8-31　模架图

## 8.4　导入元件

单击导航器中的"模型树"，选择【设置】（🎁）命令中的【树过滤器】选项，系统弹出【模型树项目】对话框，完成如图 8-32 所示的参数设置。

图 8-32　模型树项目

单击导航器中的"模型树"，选择【显示】（📋）命令中的【层树】选项，取消隐藏图 8-33 所示的层树，其他层树不变。

图 8-33　取消隐藏层树

### 8.4.1　创建导柱、导套

（1）导柱　单击下拉菜单栏中【PDX8.0】，选择【元件引擎】中【新建】—【导向件】命令，系统弹出图8-34所示的【导向件】对话框。

选择【导向件】对话框中【STRACK Strack】选项，接着选择【Guide pillars】，最后选择导向柱"Z4315"型号，系统弹出图8-35所示的【导向柱】对话框。

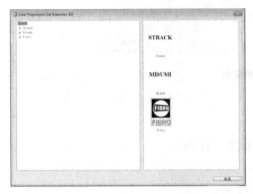

图8-34　【导向件】对话框

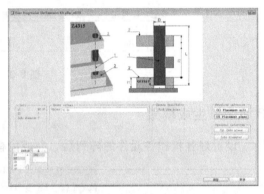

图8-35　【导向柱】对话框

设置导向柱直径为32mm，长度为160mm。单击【（2）Placement plane】按钮设置导向柱放置表面，在模架中选择下模座的上表面作为导向柱的放置平面，单击【确定】按钮完成导向柱放置，如图8-36所示。

（2）导套　单击下拉菜单栏中【PDX8.0】，选择【元件引擎】中【新建】—【导向件】命令，系统弹出【导向件】对话框。选择【导向件】对话框中【STRACK Strack】选项，接着选择【Guide bushes】，最后选择导套"SN1730"型号，系统弹出图8-37所示的【导套】

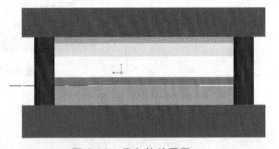

图8-36　导向柱放置图

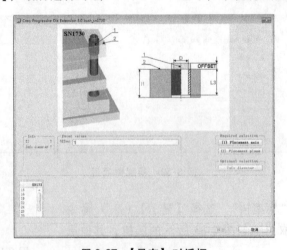

图8-37　【导套】对话框

对话框。

设置导套直径为 32mm，长度为 65mm。单击【(2) Placement plane】按钮设置导套放置平面，在模架中选择上模座的上表面作为导套的放置平面，单击【确定】按钮完成导套放置，如图 8-38 所示。

### 8.4.2 放置螺钉

（1）顶端螺钉 放置顶端螺钉前，修建

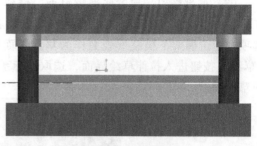

图 8-38 导套放置图

上模座，创建顶端螺钉的放置位置。单击特征工具栏中【拉伸】按钮，在工作区单击鼠标右键，在弹出的对话框中选择【定义内部草绘】选项。单击模架上模座上表面作为草绘平面的基准，【草绘方向】按默认方向为准，单击【草绘】按钮进入拉伸草绘界面，选取坐标系 ACS3 作为草绘参考基准，完成图 8-39 所示的草绘图形。

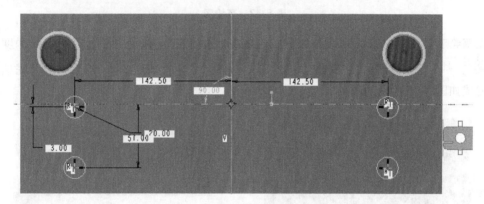

图 8-39 草绘图

在草绘工具栏中单击【完成】按钮，在图标板中单击【从草绘平面以指定的深度值拉伸】按钮 ，输入深度值为 20mm，接着单击【移除材料】按钮 ，然后单击【完成】按钮，完成如图 8-40 所示的图形。

单击下拉菜单栏中【PDX8.0】，选择【螺钉】—【创建】—【在现有点上】命令，系统弹出【选取放置顶端螺钉的基准点】对话框。选取模架上模座上表面上的"TOP_SCREW_PNT"点作为顶端螺钉的放置基准点，然后选择上模座放置顶端螺钉位置的上表面和上模座下表面。选用 Z30 标准螺钉，直径为 10mm，螺钉长度为 50mm。设置好顶端螺钉参数后，单击【确定】按钮完成顶端螺钉创建，如图 8-41 所示。

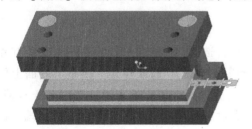

图 8-40 顶端螺钉放置位置

图 8-41 顶端螺钉创建

（2）底部螺钉　放置底部螺钉前，修建下模座，创建底部螺钉的放置位置。单击特征工具栏中【拉伸】按钮，在工作区单击鼠标右键，在弹出的对话框中选择【定义内部草绘】选项。单击模架下模座下表面作为草绘平面的基准，【草绘方向】按默认方向为准，单击【草绘】按钮进入拉伸草绘界面，选取坐标系 ACS3 作为草绘参考基准，完成如图 8-42 所示的草绘图形。

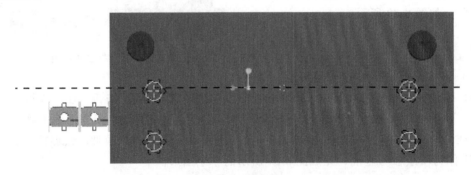

图 8-42　草绘图

在草绘工具栏中单击【完成】按钮，在图标板中单击【从草绘平面以指定的深度值拉伸】按钮，输入深度值为 20mm，接着单击【移除材料】按钮，然后单击【完成】按钮，完成如图 8-43 所示的图形。

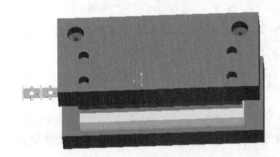

图 8-43　底部螺钉放置位置

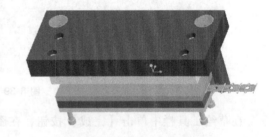

图 8-44　底部螺钉创建

单击下拉菜单栏中【PDX8.0】，选择【螺钉】—【创建】—【在现有点上】命令，系统弹出【选取放置底部螺钉的基准点】对话框。选取模架下模座下表面上的"BASE_SCREW_PNT"点作为顶端螺钉的放置基准点，然后选择下模座放置顶端螺钉位置的下表面和下模座上表面。选用 Z30 标准螺钉，直径为 10mm，螺钉长度为 50mm。设置好底部螺钉参数后，单击【确定】按钮完成底部螺钉创建，如图 8-44 所示。

## 8.4.3　创建销钉

（1）顶端销钉　单击下拉菜单栏中【PDX8.0】，选择【销钉】—【创建】—【在现有点上】命令，系统弹出【选取放置顶端销钉的基准点】对话框。选取模架上模座上表面上的"TOP_PIN_PNT"点作为顶端销钉的放置基准点，然后选择上模座下表面。选用 Z25 直销，直径为 6mm，销钉长度为 40mm。设置好顶端销钉参数后，单击【确定】按钮完成顶端销钉创建，如图 8-45 所示。

（2）底部销钉 单击下拉菜单栏中【PDX8.0】，选择【销钉】—【创建】—【在现有点上】命令，系统弹出【选取放置底部销钉的基准点】对话框。选取模架下模座下表面上的"BASE_PIN_PNT"点作为底部销钉的放置基准点，然后选择凹模版下表面。选用 Z25 直销，直径为 6mm，销钉长度为 40mm。设置好底部销钉参数后，单击【确定】按钮完成底部销钉创建，如图 8-46 所示。

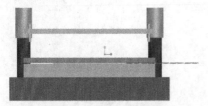

图 8-45 顶端销钉创建

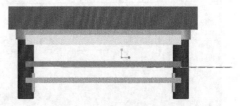

图 8-46 底部销钉创建

（3）导料销 单击模架中上模座，右击系统弹出对话框，选择【隐藏】命令，将上模座隐藏。用同样的方法分别将上垫板、凸模固定板、卸料版、顶端螺钉和顶端销钉隐藏。单击草绘工具栏中的【草绘】按钮，单击模架凹模板上表面作为草绘平面的基准，"草绘方向"按默认方向为准，单击【草绘】按钮进入草绘界面，选取坐标系 ACS3 作为草绘参考基准，完成如图 8-47 所示的导料销基准点创建。

图 8-47 导料销基准点创建

单击下拉菜单栏中【PDX8.0】，选择【销钉】—【创建】—【在现有点上】命令，系统弹出【选取放置底部销钉的基准点】对话框。选取模架凹模板上表面上的"APNT24"和"APNT25"点作为导料销的放置基准点，然后选择凹模版上表面。选用 Z25 直销，直径为 4mm，销钉长度为 10mm。设置好导料销钉参数后，单击【确定】按钮完成导料销钉创建，如图 8-48 所示。

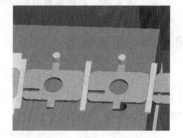

图 8-48 导料销钉创建

### 8.4.4 创建卸料螺钉

放置卸料螺钉前，修建上模座，创建卸料螺钉的放置位置。单击特征工具栏中的【拉伸】按钮 ，在工作区单击鼠标右键，在弹出的对话框中单击【定义内部草绘】选项。单击模架上模座上表面作为草绘平面的基准，"草绘方向"按默认方向为准，单击【草绘】按钮进入拉伸草绘界面，选取坐标系 ACS3 作为草绘参考基准，完成如图 8-49 所示的草绘图形。

在草绘工具栏中单击 按钮，在图标板中单击【从草绘平面以指定的深度值拉伸】按钮 ，输入深度值为 20mm，接着单击【移除材料】按钮 ，然后单击 按钮，完成如图 8-50 所示的图形。

单击下拉菜单栏中【PDX8.0】，选择【螺钉】—【创建】—【在现有点上】命令，系统弹出【选取放置卸料螺钉的基准点】对话框。选取模架上模座上表面上的"TOP_SCREW_

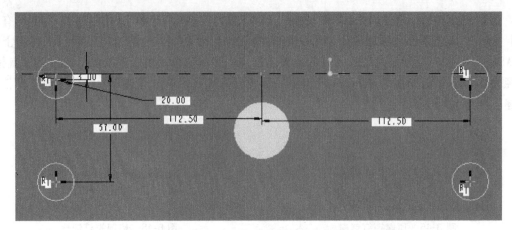

图 8-49　放置卸料螺钉位置草绘图

PNT"点作为卸料螺钉的放置基准点，然后选择上模座放置卸料螺钉位置的上表面和上模座下表面。选用 Z30 标准螺钉，直径为 10mm，螺钉长度为 100mm。设置好卸料螺钉参数后，单击【确定】按钮完成卸料螺钉创建，如图 8-51 所示。

图 8-50　卸料螺钉放置位置

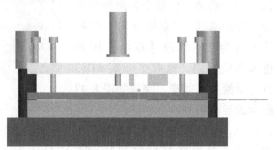

图 8-51　卸料螺钉创建

### 8.4.5　创建弹簧

单击下拉菜单栏中【PDX8.0】，选择【元件引擎】—【新建】—【设备】命令，系统弹出【设备】对话框。在【设备】对话框中选择【Strack】—【Springs】—【Compression spring】选项，设置弹簧参数如图 8-52 所示。

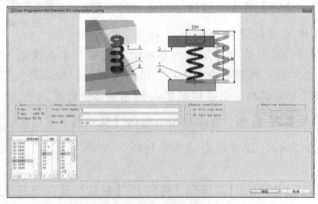

图 8-52　弹簧参数

单击【确定】按钮，创建图 8-53 所示的弹簧。

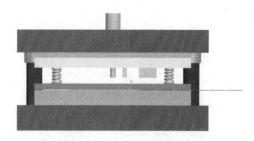

图 8-53　弹簧创建

## 8.5　创建模柄

单击工程特征栏上【创建】按钮，系统弹出图 8-54 所示的【元件创建】对话框。

选择【类型】—【零件】选项，选择【子类型】—【实体】选项，输入名称"mobing"，单击【确定】按钮，系统弹出图 8-55 所示的【创建选项】对话框。

图 8-54　【元件创建】对话框

图 8-55　【创建选项】对话框

选择【创建方法】—【定位缺省基准】选项，系统弹出图 8-56 所示的【定位基准的方法】对话框。

勾选【对齐坐标系与坐标系】选项，选择"ACSO"坐标系，单击【确定】按钮完成模柄创建选项。单击特征工具栏上【旋转】按钮，在工作区单击鼠标右键，在弹出的对话框中勾选【定义内部草绘】选项。单

图 8-56　【定位基准的方法】对话框

击图形"TOP"平面作为草绘平面的基准，"草绘方向"按默认方向为准，单击【草绘】按钮进入旋转草绘界面，完成图 8-57 所示的草绘图形。

在草绘工具栏中单击 ✓ 按钮，在图标板中将选项设置为默认选项，单击 ✓ 按钮，创建的模柄如图 8-58 所示。

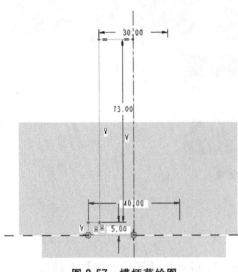

图 8-57　模柄草绘图

图 8-58　创建的模柄

## 8.6　创建挡料块

将模架中上垫板、凸模固定板、卸料版、顶端螺钉和顶端销钉隐藏，单击工程特征栏上【创建】按钮，系统弹出【元件创建】对话框。选择【类型】—【零件】选项，选择【子类型】—【实体】选项，输入名称"挡料块"，单击【确定】按钮，系统弹出【创建选项】对话框。单击【创建方法】—【定位缺省基准】选项，系统弹出【定位基准】对话框。勾选【对齐坐标系与坐标系】选项，选择"ACSO"坐标系，单击【确定】按钮完成挡料块创建选项。单击特征工具栏上【拉伸】按钮，在工作区单击鼠标右键，在弹出的对话框中单击【定义内部草绘】选项。单击图形凹模板上表面作为草绘平面的基准，"草绘方向"按默认方向为准，单击【草绘】按钮进入拉伸草绘界面，完成图 8-59 所示的草绘图形。

在草绘工具栏中单击 ✔ 按钮，在图标板中将选项设置为默认选项，单击 ✔ 按钮，完成图 8-60 所示的挡料块。

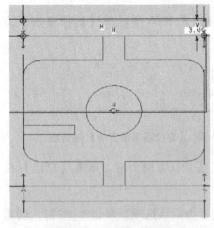

图 8-59　挡料块草绘图

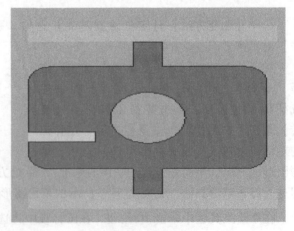

图 8-60　挡料块

## 8.7 创建凸、凹模

### 8.7.1 侧刃凸模

单击下拉菜单栏中【PDX8.0】,选择【元件引擎】—【新建】—【压印】命令,系统弹出图 8-61 所示的"压印"对话框。

单击【压印】对话框中的【Contoured cut stamps】选项,选择"with head"冲压凸模,系统弹出图 8-62 所示的冲压凸模属性参数。

设置成形侧刃凸模长度 L 为 40mm,台肩冲压头的高度 H1 为 10mm,台肩长度 L1_X 为 50mm,台肩宽度 L1_Y 为 40mm,凹模板切削高度 H 为 1mm。单击【(1) Stamp ref top】命令,单击成形侧刃冲压参照,完成如图 8-63 所示的成形侧刃凸模。

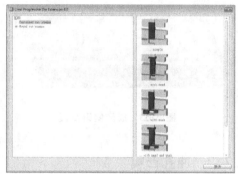

图 8-61 【压印】对话框

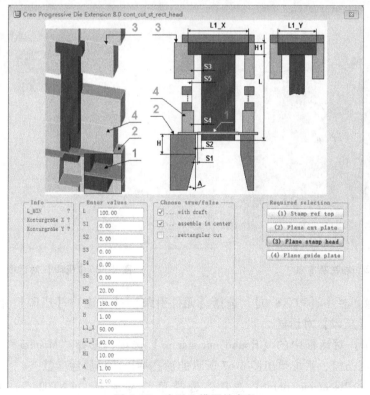

图 8-62 冲压凸模属性参数

### 8.7.2 冲裁凸模

单击下拉菜单栏中【PDX8.0】,选择【元件引擎】—【新建】—【压印】命令,系统弹出

【压印】对话框。单击【压印】对话框中【Contoured cut stamps】选项，选择 "with head" 冲压凸模，系统弹出冲压凸模属性参数。设置冲裁凸模长度 L 为 40mm，台肩冲压头的高度 H1 为 10mm，台肩长度 L1_X 为 15mm，台肩宽度 L1_Y 为 7.8mm，凹模板切削高度 H 为 10mm。单击【（1）Stamp ref top】命令，单击冲裁冲压参照，完成如图 8-64 冲裁凸模。

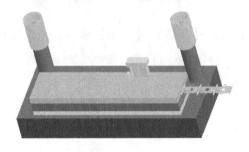

图 8-63　成形侧刃凸模

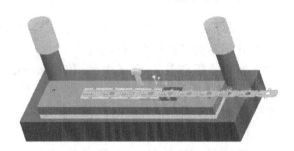

图 8-64　冲裁凸模

## 8.7.3　冲孔凸模

单击绘图栏中的【草绘】按钮，选取钢带上表面为草绘平面，绘制图 8-65 所示的冲孔基准点。

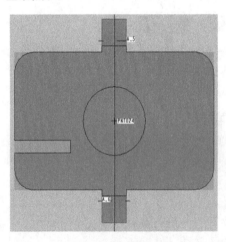

图 8-65　冲孔基准点

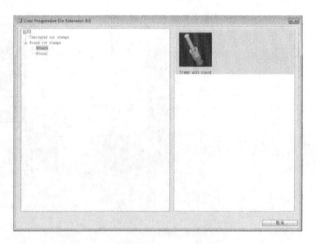

图 8-66　【压印】对话框

单击下拉菜单栏中【PDX8.0】，选择【元件引擎】—【新建】—【压印】命令，系统弹出图 8-66 所示的【压印】对话框。

单击【压印】对话框中的【Round cut stamps】选项，选择 "Misumi" 中 "Stamp unit round" 冲孔冲压凸模，系统弹出图 8-67 所示的冲孔冲压凸模属性参数。

单击【（1）Placement point】选项，选择草绘基准点 "PNT024"。单击【4. Stamp stepped -cyl. head】选项，系统弹出冲压详细属性参数对话框，设置冲压参数，如图 8-68 所示。

单击【确定】按钮返回【冲孔凸模参数】对话框，选择【4. Counterbore hole】选项，系统弹出【counterbore hole】对话框，设置参数，如图 8-69 所示。

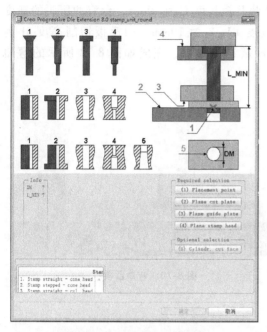

图 8-67　冲孔冲压凸模参数

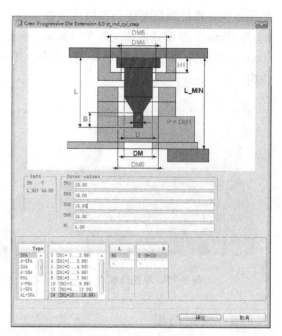

图 8-68　冲孔凸模参数

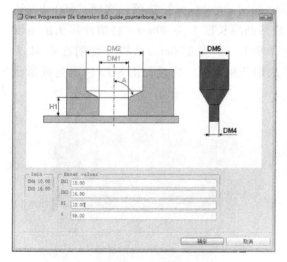

图 8-69　参数设置

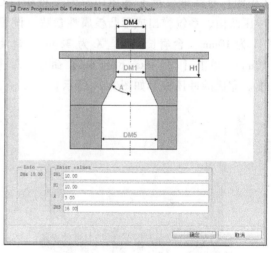

图 8-70　draft through hole 参数

　　单击【确定】按钮返回【冲孔凸模参数】对话框，选择【5. Draft through hole】选项，系统弹出【draft through hole】对话框，设置参数，如图 8-70 所示。

　　单击【确定】返回【冲孔凸模参数】对话框，单击【确定】按钮完成图 8-71 所示的冲孔凸模。

## 8.7.4　弯曲凸模

　　单击下拉菜单栏中【PDX8.0】，选择【元件引擎】—【新建】—【压印】命令，系统弹出【压印】对话框。单击【压印】对话框中【Contoured cut stamps】选项，选择"with head"

冲压凸模，系统弹出弯曲凸模属性参数。设置冲裁凸模长度 L 为 40mm，台肩冲压头的高度 H1 为 10mm，台肩长度 L1_X 为 10mm，台肩宽度 L1_Y 为 10mm，凹模板切削高度 H 为 10mm。单击【(1) Stamp ref top】命令，单击冲裁冲压参照，完成如图 8-72 所示的弯曲凸模。

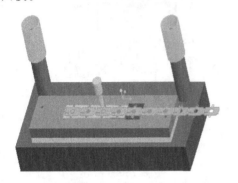

图 8-71　冲孔凸模

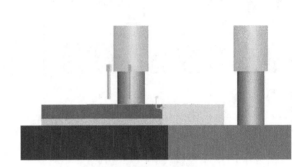

图 8-72　弯曲凸模

## 8.7.5　成形凸模

单击下拉菜单栏中【PDX8.0】，选择【元件引擎】—【新建】—【压印】命令，系统弹出【压印】对话框。单击【压印】对话框中【Contoured cut stamps】选项，选择"with head"冲压凸模，系统弹出成形凸模属性参数。设置成形凸模长度 L 为 40mm，台肩冲压头的高度 H1 为 10mm，台肩长度 L1_X 为 38mm，台肩宽度 L1_Y 为 26mm，凹模板切削高度 H 为 10mm。单击【(1) Stamp ref top】命令，单击成形凸模参照，完成如图 8-73 所示的成形凸模。完成的冲压模具如图 8-74 所示。

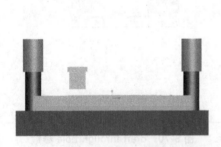

图 8-73　成形凸模

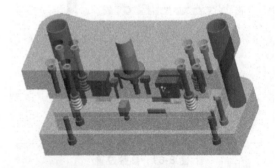

图 8-74　冲压模具

## 思考与练习

**1. 思考题**

(1) 简述 PDX 模具设计的一般操作流程。

(2) PDX 与钣金设计的区别是什么？

(3) PDX 如何载入排样图？

## 2. 练习题

利用 PDX 完成如图 8-75 所示的参考零件的模具设计。

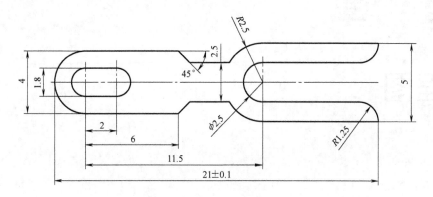

图 8-75　钣金件图

# 第9章

# 工程图

随着计算机硬件和数字技术的快速发展，三维数字化设计已成为工业界的主流。尽管三维模型能极大地提高设计意图的表达效率，但产品几何设计信息和非几何制造工艺信息的标准化问题仍然阻碍着三维模型在制造阶段的应用。因此，产品的工装设计、零件加工、部件装配和零部件检验等环节，仍大量使用二维工程图（图 9-1），以保证制造信息表达的规范性和唯一性。常用的三维设计软件，如 Pro/Engineer、UG 和 SolidWorks 等，均为用户提供了可用于创建三维零件/组件模型工程图的工具，且所生成图样与三维模型相关联，其图样将随模型的修改而自动更新。

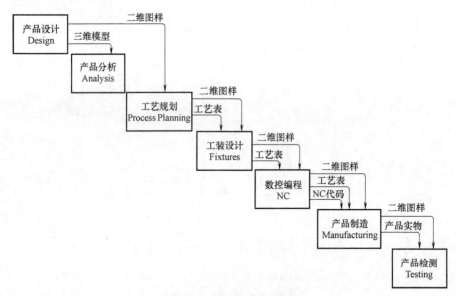

图 9-1　产品数据传递模式

## 【学习目标】

（1）知识目标

① 熟悉工程图创建的基本步骤。

② 掌握基本视图、剖视图和局部放大图创建的方法。

③ 掌握自动标注与手工标注的方法。

（2）能力目标

① 能够运用 Pro/Engineer WildFire 生成产品的工程图。

② 能够采用 Pro/Engineer WildFire 为系列产品创建工程图模板。

# 9.1 基础知识

工程图以投影原理为基础，采用一组二维视图来表达产品的三维模型，除了几何形状和结构外，还需设置产品的加工参数，作为制造、装配和检验的依据。工程图通常由五部分组成，包括：①一组能完整清晰反映绘制对象结构的图样；②表达图样制造信息的尺寸；③反映制造要求的技术要求；④说明图样和制作人员信息等的标题栏；⑤装订用图框等（图 9-2）。本章将介绍在 Pro/Engineer WildFire5.0 环境下如何通过三维模型生成工程图，完成视图的创建、编辑和标注工作。

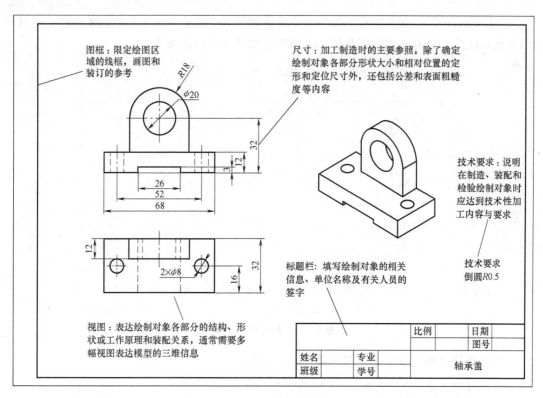

图 9-2 工程图的组成要素

## 9.1.1 工程图用户界面

Pro/Engineer 提供了专门的工程图环境，用户可通过以下步骤进入 Pro/Engineer Wild-Fire5.0 的工程图环境。在工具栏单击 命令，系统弹出【新建】对话框，如图 9-3 所示；在【类型】选项组中选择 绘图 单选按钮，在【名称】文本框中输入工程图名称，取消【使用缺省模板】复选框的 ✓ ，然后单击 确定 按钮，完成设置。工程图格式的设置如图 9-4 所示。

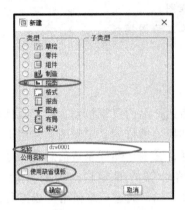

图 9-3　进入新建绘图模块　　　　　　　　图 9-4　设置工程图格式

Pro/Engineer WildFire5.0 的工程图用户界面如图 9-5 所示。除了常用的菜单栏、工具栏和消息提示区外，还有工程图工具栏、工程图绘图区和导航选项卡。

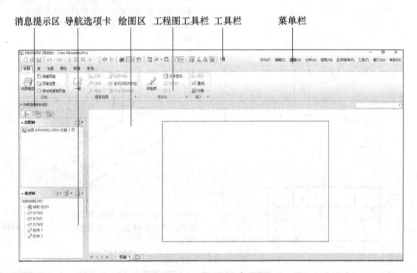

图 9-5　工程图用户界面

工程图环境下的工程图工具栏（图 9-6）包括：

图 9-6　工程图工具栏

1）　布局 选项卡用于视图的创建和编辑，其中 一般 用于创建主视图， 投影 用于创建主视图以外的基本视图， 详细 用于创建放大图， 辅助 用于创建辅助视图。

2) ![表]选项卡用于表格的创建和编辑,如标题栏。

3) ![注释]选项卡用于进行几何形状、结构尺寸和注释文本的标注,![尺寸]用于尺寸标注,![形位公差]用于形位公差标注,![文字]用于文字标注,![表面粗糙度]用于表面粗糙度标注,![基准]用于基准标注。

4) ![草绘]选项卡用于在图样中添加辅助线等。

5) ![审阅]选项卡用于对所创建工程图进行审阅和检查。

6) ![发布]选项卡用于工程图的输出。

与三维设计部分不同,工程图环境下的导航选项卡(图9-7)由两部分组成:一部分是工程图所对应的绘图树,另一部分是三维模型所对应的模型树。在模型树所对应选项上单击鼠标右键,可对该选项进行快捷操作。

图 9-7 工程图环境下的导航选项卡

## 9.1.2 工程图环境设置

国家标准对工程图的绘制有明确的要求,如 GB/T 4458.4—2003 规定了图样中标注尺寸的基本方法,包括尺寸数字、尺寸线、尺寸界限等,GB/T 14691—1993 规定了工程图中书写汉字、数字、字母等结构形式和基本尺寸等。在 Pro/Engineer 中,可通过自定义工程图配置文件的参数,生成国标工程图模板,以满足国家标准的要求。设置配置文件参数的方法有两种:一是通过选择下拉菜单 ![文件(F)] 中的 ![绘图选项(P)] 命令,在弹出的 ![选项] 对话框中对其进行修改;二是直接对工程图主配置文件 "drawing.dtl" 进行修改。模板设置的常用参数见表9-1。

表 9-1 配置文件参数与国标设定值

| 参数类别 | 系统变量 | 设定值 |
| --- | --- | --- |
| 尺寸文字 | drawing_text_height | 3.5 |
| | text_thickness | 0 |
| | text_width_factor | 0.8 |
| 视图参数 | broken_view_offset | 5 |
| | def_view_text_height | 5 |
| | half_view_line | symmetry_iso |
| | projection_type | first_angle |
| | view_scale_denominator | view_scale_format |
| | view_scale_format | ratio_colon |
| 截面及其箭头参数 | crossec_arrow_length | 5 |
| | crossec_arrow_style | tail_online |
| | crossec_arrow_width | 2 |

（续）

| 参数类别 | 系统变量 | 设定值 |
|---|---|---|
| 视图中的实体显示 | datum_point_size | 1 |
| | hidden_tangent_edges | erased |
| | thread_standard | std_iso |
| 尺寸标注参数 | allow_3d_dimensions | yes |
| | angdim_text_orientation | parallel_above |
| | blank_zero_tolerance | 参数设置为"no" |
| | clip_dim_arrow_style | arrowhead |
| | dim_leader_length | 5 |
| | dim_text_gap | 0.5 |
| | lead_trail_zeros_scope | all |
| | text_orientation | parallel_diam_horiz |
| | tol_display | yes |
| | witness_line_delta | 2 |
| | witness_line_offset | 0.5 |
| 设置工程图中的字体 | default_font | simfang |
| 尺寸箭头 | draw_arrow_length | 3 |
| | draw_arrow_style | filled |
| | draw_arrow_width | 1 |
| | leader_elbow_length | 6 |
| 中心线 | axis_line_offset | 3 |
| | circle_axis_offset | 3 |
| | radial_pattern_axis_circle | no |
| 几何公差控制 | gtol_datums | std_jis |
| 表格、重复区域及球标控制 | 2d_region_columns_fit_text | yes |
| 杂项参数设置 | drawing_units | 默认为英寸 |
| | max_balloon_radius | 3 |
| | min_balloon_radius | 2 |

## 9.1.3 创建工程图的思路

不同于直接创建二维工程图，Pro/Engineer 通过将三维零件模型向用户指定投影面进行投影生成二维视图来完成工程图的创建，工作过程中一般采用图 9-8 所示流程生成工程图。

图 9-8 二维工程图的创建流程

# 9.2 工程图案例一：轴承座

## 9.2.1 问题引入

通过 Pro/Engineer WildFire5.0 的工程图模块，创建图 9-9 所示轴承座三维模型的工程图，同时在该图样中加入参考模型的轴测图，并采用教学用简易标题栏（图 9-10）。

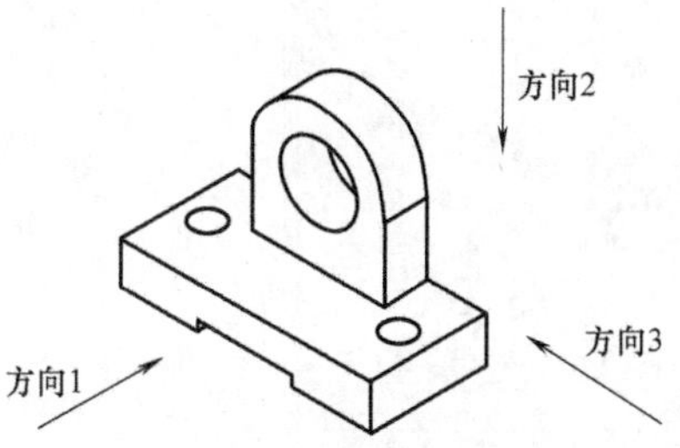


图 9-9 轴承座三维模型

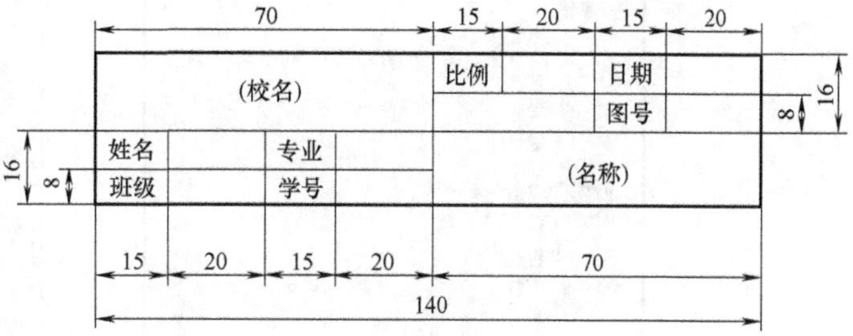


图 9-10 教学用简易版标题栏图

## 9.2.2 案例分析

（1）零件的表达分析　在确定零件的表达方案时，应合理地选择视图、剖视图和断面图等表达方法，在完整清晰表达零件结构形状特点的前提下，表达力求简洁。主视图是零件图中最重要的视图，选择得合理与否将直接影响零件图的表达效果。一般要求主视图能清晰地反映零件的形状结构特点，以及各组成部分的位置关系。在图 9-9 所示的三个方向中，仅方向 1 的投影符合上述要求。此外，绘制主视图时一般要求将零件按工作位置或主要加工位置摆放。轴承座是典型的支架类零件，由底座和轴承安装部分组成，故绘制时选择将底座置于下方。为弥补主视图对零件形状表达的不足，还需增加一个视图，本例选择从方向 2 进行投影获得的俯视图。轴承座尺寸较小，采用 A4 规格的图纸幅面，同时将轴测图置于图样的右侧，采用横式幅面格式。

（2）工程图创建思路　设置工程图格式→创建主视图→创建俯视图→编辑视图→显示尺寸标注→添加标题栏→填写技术要求→保存工程图。

## 9.2.3 案例实施

（1）设置工作目录　单击菜单栏中的 文件(F) 下拉菜单，选择 设置工作目录(W)... 命令，将工作目录设置至 D:\ work \ ch09，单击 确定 按钮，完成工作目录的设置。

*提示：D:\ work \ ch09 是本例工程图参考模型的存放目录，创建工程图时须将参考模型所在目录设置为工程图的工作目录，只有这样才能保证工程图文件与参考模型之间的关联性。*

（2）新建工程图文件，定义工程图格式（图 9-11）

① 单击工具栏中的【新建】按钮，系统弹出【新建】对话框，在【类型】选项组中选择 绘图 单选按钮，在【名称】文本框中输入“zhouchengzuo”，同时取消【使用

缺省模板】复选框中的☑，然后单击 确定 按钮。

② 系统弹出【新建绘图】对话框，单击【缺省模型】列表右侧的 浏览… 按钮，选择工作目录中的"zhouchengzuo.prt"文件，在【指定模板】选项组中选择 ◎空 单选按钮，在【方向】选项组中选择 选项，选择【标准大小】下拉列表中的 A4 选项，单击 确定 按钮，系统进入工程图环境。

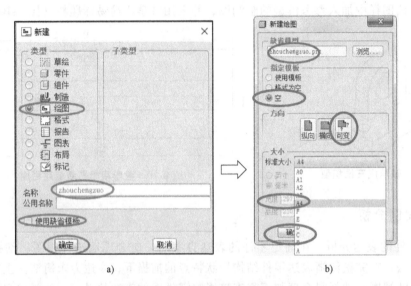

**图 9-11  新建轴承座工程图文件**

a)【新建】对话框  b)【新建绘图】对话框

提示：在开始案例实施前，需要根据国家标准进行绘图设置。操作步骤：【文件】→【属性】→【绘图选项】，在选项设置表中，依次将"drawing_units"项由"inch"改为"mm"，如图 9-12a 所示，"drawing_text_height"项设为 3.5mm，如图 9-12b 所示，根据需要将"projection_type"项由"third_angle"改为"first_angle"，如图 9-12c 所示。

（3）创建主视图

① 在工程图工具栏中单击 布局 标签打开【布局】选项卡，在【模型视图】区域中选择 命令，消息提示区内系统提示 ⇨ 选取绘制视图的中心点。 。

② 在绘图区拟放置主视图的区域内单击鼠标，系统弹出【绘图视图】对话框，如图 9-13a 所示。

③ 在【类别】选项组中选择【视图类型】，然后在【模型视图名】下拉列表中选择参考模型的 FRONT 视图作为零件的主视图，单击 应用 按钮，完成【视图类型】的选择。

提示：若所选视图类型不满足要求，可在【模型视图名】下拉列表中选取【BACK】【BOTTOM】【TOP】【LEFT】或【RIGHT】视图。

④ 在【类别】选项组中选择【视图显示】，系统显示【视图显示选项】选项卡（图 9-13b），在【显示样式】下拉列表框中选择 隐藏线 ，【相切边显示样式】下拉列表框中选择 实线 ，单击 确定 按钮，完成主视图的创建，如图 9-14 所示。

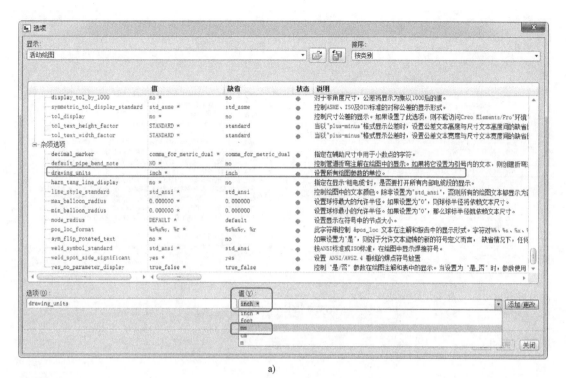

a)

b)

**图 9-12　按国标要求修改【绘图属性】**

a）绘图单位　b）字体高度

Pro/Engineer模具设计

c)

图 9-12　按国标要求修改【绘图属性】(续)

c) 工程图的投影法

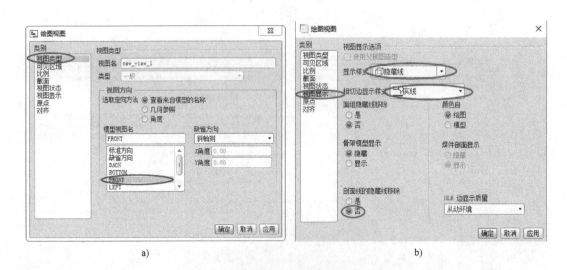

a)　　　　　　　　　　　　　b)

图 9-13　主视图设置

a) 视图类型　　b) 视图显示

　　提示：另一种创建主视图的方法，在绘图区的空白处单击鼠标右键，在系统弹出的快捷菜单栏中选择【插入普通视图】，如图 9-15 所示，系统同样会弹出【绘图视图】对话框。

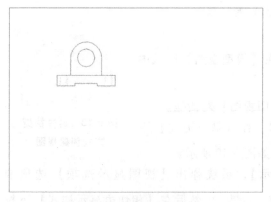

图 9-14 新建主视图

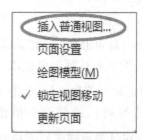

图 9-15 通过快捷菜单创建主视图

（4）创建俯视图

① 通过工程图工具栏打开 布局 选项卡，在【模型视图】区域中选择 投影... 命令。

② 在主视图下方放置俯视图的位置单击鼠标，系统在绘图区添加俯视图，如图 9-16 所示。

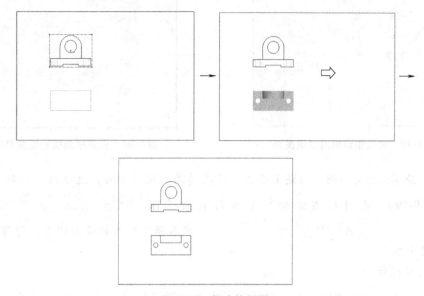

图 9-16 新建俯视图

③ 双击俯视图，系统弹出【绘图视图】对话框，如图 9-17 所示。

④ 在【类别】选项组中选择【视图显示】，系统弹出【视图显示选项】选项卡，然后在【显示样式】下拉列表框中选取 隐藏线，【相切边显示样式】下拉列表框中选取 实线，单击 确定 按钮，完成俯视图的创建。

提示：另一种创建俯视图的方法，在绘图区的空白处单击鼠标右键，系统弹出快捷菜单（图 9-18），

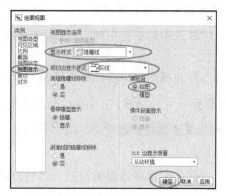

图 9-17 设置俯视图的视图显示

选取【插入投影视图】，系统同样弹出【绘图视图】对话框。

（5）创建轴测图

① 通过工程图工具栏打开 布局 选项卡，在【模型视图】区域中

选取 ⬚ 命令。

② 在空白处单击鼠标右键，系统弹出【绘图视图】对话框。

③ 在【类别】选项组中选取【视图类型】，在【缺省方向】下

**图 9-18　通过快捷方式创建视图**

拉列表框中选取【等轴测】，单击 应用 按钮，如图 9-19 所示。

④ 在【类别】选项组中单击【视图显示】，系统弹出【视图显示选项】选项卡（图 9-20），在【显示样式】下拉列表框中选取 ⬚ 消隐 ，然后在【相切边显示样式】下拉列表框中选取【实线】，单击 确定 按钮，完成轴测图的创建。

**图 9-19　设置轴测图的视图类型**

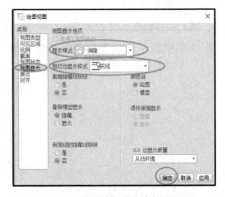

**图 9-20　设置轴测图的视图显示**

提示：若模型现有视图无法满足要求，可在【选取视图方向】选项组中选取 ⊙ 角度 单选项（图 9-19），在【缺省方向】下拉列表中选取 用户定义 选项，在 Y角度 0.00 或 X角度 0.00 文本框中输入数值并回车，即可调整参照模型的摆放方位。

（6）尺寸标注

① 单击鼠标选取主视图，在工程图工具栏中打开 注释 选项卡中的 命令，系统弹出【显示模型注释】对话框。

② 选中对话框中的 选项卡，在【类型】下拉列表中选取 全部 选项，预览主视图的尺寸。

③ 在视图中单击鼠标选取拟保留尺寸，系统将为视图自动添加该尺寸（在绘图区该尺寸高亮显示），同时在【显示模型注释】对话框中打开 选项卡可以看到该尺寸所对应的 显示 复选框将被选中 ☑ （图 9-21），完成尺寸选择后，单击 应用 按钮，完成主视图尺寸的标注。

④ 单击鼠标选取俯视图，然后打开【显示模型注释】对话框中的 选项卡，预览俯视图的尺寸，选择左视图所需标注的尺寸，单击 确定 按钮，完成俯视图尺寸的标注。

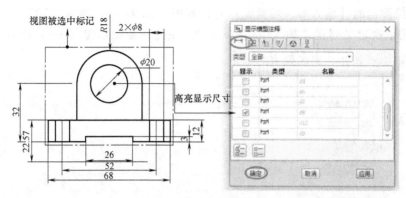

图 9-21 尺寸显示

提示：① 在无法确定哪些尺寸可用于标注时，单击 按钮，取消图 9-21 中的所有复选框中的 ，然后尝试勾选复选框，查看所选尺寸是否符合标注要求。

② 工程图中自动生成的尺寸与零件模型的尺寸是双向关联的，在工程图中修改模型尺寸，则零件模型中的尺寸随之变化，反之亦然。

（7）编辑视图，显示中心线

① 打开【显示模型注释】对话框中的 选项卡，如图 9-22 所示。

② 在【显示】列表中，勾选需要显示中心线前的复选框 ，选择完毕后单击 确定 按钮，完成注释显示，如图 9-23 所示。

图 9-22 添加中心线

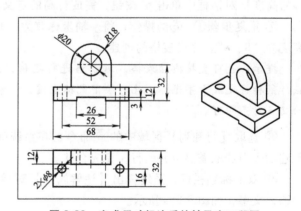

图 9-23 完成尺寸标注后的轴承座工程图

（8）创建标题栏

① 打开工程图工具栏的 表 选项卡，在【表】区域中单击 命令。

② 系统弹出【菜单管理器】，依次选取 升序 → 左对齐 → 按长度 → 绝对坐标 命令，如图 9-24a 所示。

③ 在系统弹出的【输入 X 坐标】对话框中（图 9-24b）输入"297"，单击 按钮。

④ 在系统弹出的【输入 Y 坐标】对话框中（图 9-24c）输入"0"，单击 按钮。

⑤ 在系统弹出的【输入第一列宽度】对话框中（图9-24d）输入"70"，单击 按钮，按同样的方法依次定义列宽"20、15、20、15"，在【用绘图单位（mm）输入下一列的宽度】对话框单击 按钮，完成列宽的定义。

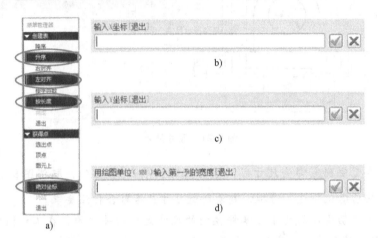

图9-24 创建标题栏

a）定义表格创建方式　b）定义X坐标　c）定义Y坐标　d）定义列宽

⑥ 在系统弹出【输入第一行的高度】对话框中输入"8"，单击 按钮，在系统弹出【输入下一行的高度】对话框中输入"8"，单击 按钮，在【用绘图单位（mm）输入下一行的高度】对话框中单击 按钮，完成行高的定义。

⑦ 重复步骤①~⑥的操作，将 y 轴坐标改为"16"；宽度改为"20、15、20、15、70"；高度为"8、8"，完成表格的创建。

提示：也可直接拖动表格，对表格进行定位，选中表格，然后选取表格右下角的捕捉点，鼠标将变成十字光标，此时按下鼠标左键，拖动表格，直至光标与工程图内边框右下角的交点对齐即可。

⑧ 选取【行和列】区域中的 命令，在系统弹出的【菜单管理器】中选取【行】，在创建的表中选取需要合并的行，完成合并。

⑨ 双击标题栏框，系统弹出【注解属性】对话框，打开【文本】选项卡，并在文本框中输入文字，如图9-25a所示。

⑩ 单击【文本样式】选项卡，在【高度】文本框中输入"7"，在【宽度因子】文本框中输入"1.5"，在【水平】下拉列表框中选取【中心】，在【竖直】下拉列表框选取【中间】（图9-25b），单击 确定 按钮，完成标题栏文字属性的定义，如图9-26所示。

（9）添加技术要求

① 打开 注释 选项卡，在【插入】区域内单击 命令。

② 系统弹出【菜单管理器】，在其中依次选取 无引线 → 输入 → 水平 → 标准 → 缺省 → 进行注解，如图9-27a所示。

③ 系统弹出【菜单管理器】，在其中选取【选出点】（图9-27b），在需要添加技术要求

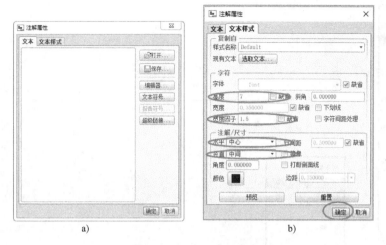

图 9-25  定义标题栏文字

a）输入文字  b）定义文字属性

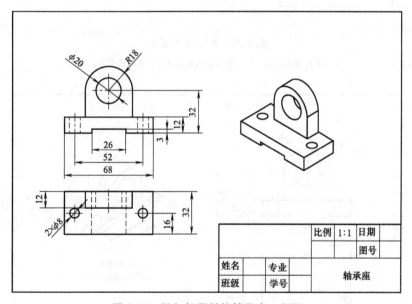

图 9-26  添加标题栏的轴承座工程图

的位置单击鼠标。

④ 系统弹出【输入注解】对话框（图 9-27c），输入技术要求的文字内容，完成技术要求的创建，如图 9-28 所示。

## 9.2.4  知识分析

在本案例实施过程中，涉及一般视图、投影视图、尺寸标注、标题栏及技术要求的创建和编辑等工作。一般视图和投影视图的创建和编辑属于【布局】选项卡的工作，尺寸和技术要求的标注和修改属于【注释】选项卡的工作，标题栏创建和修改属于【表格】选项卡的工作。熟练地掌握这些创建工程图的基础命令，有助于提高工程图创建的效率。

Pro/Engineer模具设计

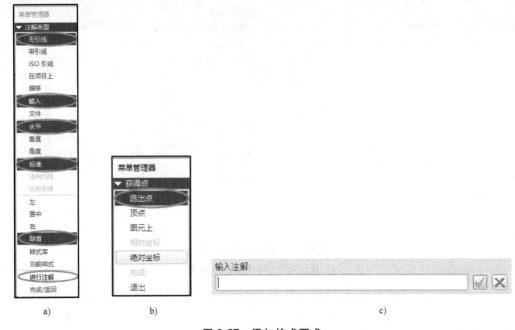

a)          b)                                c)

**图 9-27   添加技术要求**

a）定义输入方式   b）定义输入位置方法   c）内容输入框

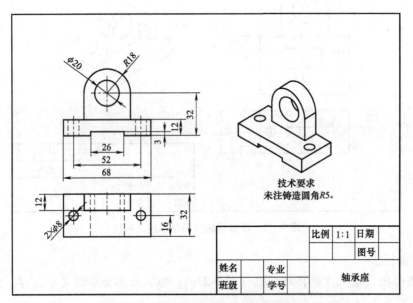

**图 9-28   添加技术要求后的轴承座工程图**

### 1. 投影方法的设置

视图是将三维模型按正投影原理向正交投影面进行投射所得到的图样。三维模型向投影面投影时，观察者、模型与投影面三者间有两种相对位置，模型位于投影面与观察者之间时称为第一角投影法，投影面位于模型与观察者之间时则称为第三角投影法。国标上一般采用第一角投影法，而美国采用第三角投影法。Proe/Engineer 软件是美国 PTC 公司的产品，因此软件默认采用第三角投影。用户在使用工程图模块前，可采用下列方法将投影法修改为第一角投影：

① 将配置文件"text prodetail. dtl"中的"projection_type"选项由"THIRD_ANGLE"（第三角投影）改为"FIRST_ANGLE"，并进行保存，该设置在下次修改配置文件前将一直有效，即重启 Pro/Engineer 后仍然有效。

② 在【文件】菜单中选取【绘图选项】命令，在弹出的【选项】对话框的 选项(O): 文本框中输入"projection_type"，然后在 值(V): 下拉列表中选取 first_angle 选项，单击 添加/更改 按钮，最后单击 应用 按钮（图 9-12c），该设置仅本次操作有效，即重启 Pro/Engineer 后将失效。

**2. 基本视图的创建与编辑**

三维模型向基本投影面投射得到的视图称为基本视图。按照国家标准《技术制图图样画法　视图》（GB/T 17451—1998）规定：将三维模型放在正六面体中，分别向六个投影面投射，得到六个基本视图，分别为主视图、左视图、俯视图、右视图、仰视图和后视图；正投影面不动，其余投影面与对应的基本视图一起展开，展开到正投影面所在平面，即为基本视图的配置位置，如图 9-29 所示。

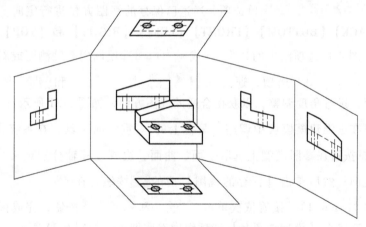

图 9-29　基本视图的投影

（1）创建基本视图

1）定义基本视图。Pro/Engineer 根据视图的用途，将基本视图分为一般视图和投影视图。一般视图主要用于创建主视图，又称普通视图，是创建其他视图的基础和根据。因此，一般视图是工程图创建的第一个视图，要求能反映三维模型的结构和形状特点。投影视图是在一般视图创建的基础上，按投影关系创建的视图，其比例和配置位置均受一般视图的约束。轴测图也是作为一般视图来进行创建的，通常是工程图上最后一个创建的视图。

基本视图可通过以下两种方式创建：

① 通过工程图工具栏中【布局】选项卡中【模型视图】区域内的命令进行创建；

② 在绘图区单击鼠标右键进入快捷菜单，通过该菜单中的命令进行创建。

创建完基本视图后，系统将弹出【绘图视图】对话框，用于该视图的定义。视图的显示定义工作主要通过【类别】选项组中的设置选项完成，如图 9-30 所示。

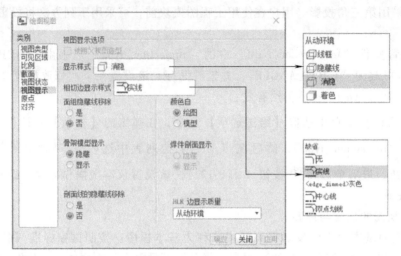

图 9-30　【绘图视图】对话框

2）定义视图方向。Pro/Engineer 通过【类别】选项组的【视图类型】选项定义投影方向。视图的定向有如下三种方法。

① 选取 ◎ 查看来自模型的名称 单选项，通过已保存的视图方位进行定向。除了默认的六个投影方向【BACK】【BOTTOM】【FRONT】【LEFT】【RIGHT】和【TOP】外，用户还可以通过【模型视图名】选项组中的 标准方向 或 缺省方向 选项调用等轴测图或斜轴测图，也可选取 用户定义 ▼ 选项，通过在 X角度 0.00 和 Y角度 0.00 文本框中输入数值，进行角度调整，以获得合适的视图方向，如图 9-31 所示。

用户也可以在三维建模模块中调用工具栏上的 重定向工具，在系统弹出的【方向】对话框中单击 按钮在参照模型上选取平面、曲面、边或坐标轴分别定义 参照1 和 参照2 来完成视图的定向；然后单击【保存的视图】前的 ▼ 按钮，在 名称 文本框中输入方位名称（如 view_1），接着依次单击 保存 和 确定 按钮，完成视图定向；最后在定义视图时，直接在【模型视图名】选项组中选取即可，如图 9-32 所示。

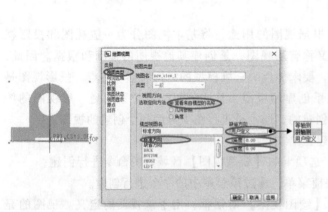

图 9-31　在工程图模块中调整视图方位

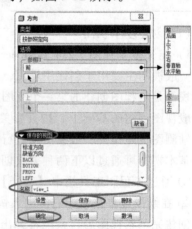

图 9-32　在三维模块中定义视图方位

② 选取 ◉ 几何参照 选项，通过选取参照模型的面、边或坐标系轴来定义参照，从而完成视图的定位，如图 9-33 所示。

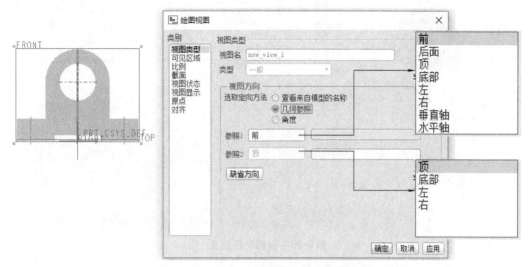

图 9-33 采用【几何参照】进行视图定向

③ 选取 ◉ 角度 选项，通过调整模型的旋转角度来定位视图，如图 9-34 所示。

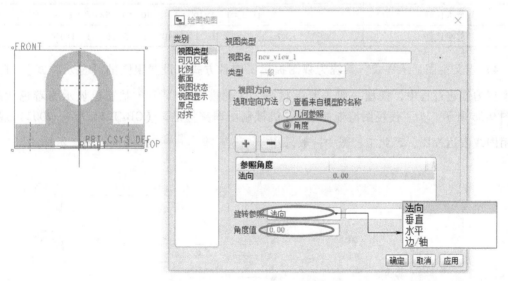

图 9-34 采用【角度】进行视图定向

3）定义视图比例。Pro/Engineer 通过的【类别】选项组中的【比例】选项定义视图的比例，如图 9-35 所示。系统默认的绘图比例为 1 : 1，可选取 ◉ 定制比例 修改工程图的比例。定义图样比例时，应按机械制图国家标准的基本规定（GB/T 14690—1993）优先选择表 9-2 中所规定的比例。

提示：除详细视图外，只有一般视图可以设置比例，投影视图的比例由一般视图决定。

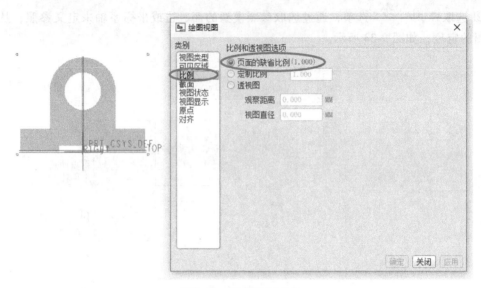

图 9-35　视图比例定义

表 9-2　优先选用比例

| 种类 | 优先系列值 |
| --- | --- |
| 原值比例 | $1:1$ |
| 放大比例 | $2:1$　$5:1$　$1\times10^{n}:1$　$2\times10^{n}:1$　$5\times10^{n}:1$ |
| 缩小比例 | $1:2$　$1:5$　$1:10$　$1:2\times10^{n}$　$1:5\times10^{n}$　$1:1\times10^{n}$ |

　　4）定义视图显示样式。系统为视图提供了四种方式来设置视图的【显示样式】。在三维模型的创建过程中，模型一般为着色状态，因此模型在 从动环境 状态也显示为着色状态，如图 9-36 所示。为了使视图清晰简洁，《机械制图国家标准》（GB/T 4457.4—2002）规定采用图线表达视图，因此工程图中一般采用 消隐 或 隐藏线 作为视图的显示样式。

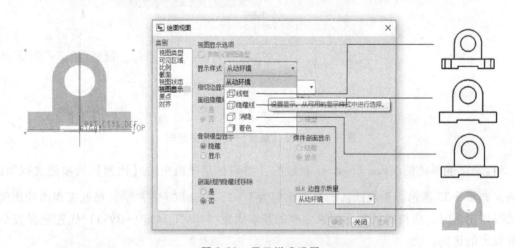

图 9-36　显示样式设置

　　工程图中的轴测图往往需要对相切边（在默认的情况下，倒圆角也属于相切边）的显示进行定义，系统提供了五种显示样式，如图 9-37 所示，其中 缺省 默认为采用实线方式显示。

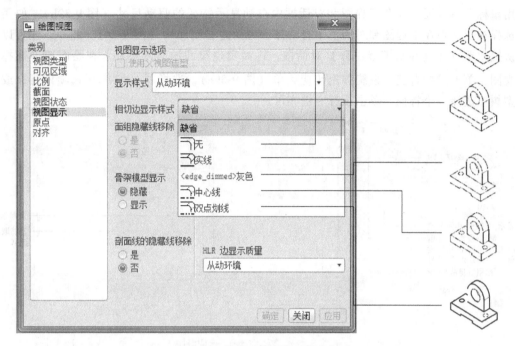

图 9-37　相切边线的显示的设置

（2）编辑视图　视图创建完毕后，如需对视图进行修改，可在拟修改视图上双击鼠标或选择该视图后单击鼠标右键，在弹出的快捷菜单中选取 属性(R) 选项（图 9-38），再次进入【绘图视图】对话框，对视图进行修改。

1）视图的移动与锁定。用鼠标选定拟移动视图，然后按下鼠标左键将视图拖动到拟放置的位置；如需防止视图移动，可在选取视图后单击鼠标右键，在弹出的快捷菜单中选取 锁定视图移动 选项，如图 9-38 所示。

图 9-38　视图的快捷菜单

2）视图的删除。用鼠标选取拟删除视图后，单击鼠标右键在弹出的快捷菜单中选取 删除(D) 选项，如图 9-38 所示，或直接按下键盘上的 <Delete> 键，即可完成视图的删除。

3. 尺寸的自动标注与编辑

对于工程图而言，尺寸标注是必不可少的，它是制造、装配和检验的重要依据。在尺寸标注过程中，除了要保证所标注尺寸的正确、完整和清晰外，还应注意尺寸基准的合理选择，以保证所标注尺寸能满足设计和加工的要求。

（1）自动生成尺寸　在 Pro/Engineer 中，工程图的视图由零件模型的投影而来，因此视图中的尺寸来源于三维模型的尺寸，二者均源于统一的内部数据库，称为驱动尺寸。在工程图环境中，可以通过在工程图工具栏中打开 注释 选项卡，在【插入】区域的 命令将这些尺寸自动显示出来。这种通过命令来显示零件模型尺寸信息的方式称为尺寸的自动生成。

单击 命令后，系统弹出【显示模型注释】对话框，打开其中的 选项卡后（图 9-39a），如用鼠标选择特征，则在工程图和对话框中自动显示特征的驱动尺寸（图 9-39b），如用鼠标选择视图，则在工程图和对话框中自动显示特征的驱动尺寸（图 9-21）。此外，还可以通过快捷菜单打开【显示模型注释】对话框，进而实现尺寸的自动标注：在绘图树中选择一个视图，单击鼠标右键，系统弹出快捷菜单（图 9-39c），选择 显示模型注释 选项即可，或在模型树中选择一个特征，单击鼠标右键亦可。

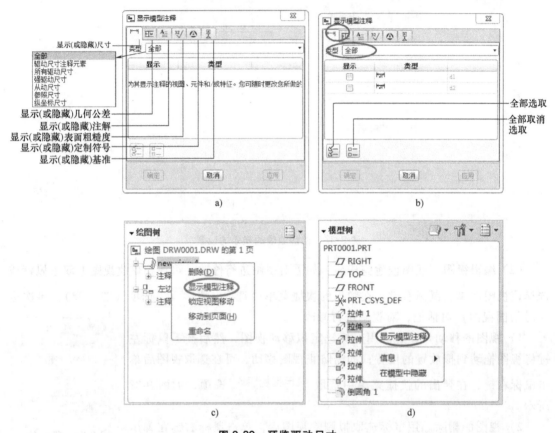

**图 9-39　预览驱动尺寸**

a）【显示模型注释】对话框　b）显示特征尺寸　c）视图快捷菜单　d）特征快捷菜单

除了尺寸外，通过【显示模型注释】对话框还可显示或隐藏视图的几何公差、注解、表面粗糙度、定制符号或基准等信息。因此，视图中的中心轴的显示与隐藏也是通过【显示模型注释】对话框中的 选项卡来定义的，在此不再赘述。

（2）移动和删除尺寸　为使工程图中的尺寸布局合理，通常需要移动尺寸的标注位置。选取拟移动的尺寸，当尺寸高亮显示后，根据移动要求（图 9-40a）将鼠标放到标注尺寸相应的位置上，按下鼠标左键移动到所需位置即可。此外，也可以采用 注释 选项卡中的 排列 区域的命令（图 9-40b）对已标注尺寸进行整理，包括对尺寸进行对齐、平移、旋转和缩放等操作。当需要删除尺寸时，选取拟删除尺寸后，单击鼠标右键系统弹出快捷菜单，

选择 删除(D) 选项（图 9-40c），或选取【删除】区域内的 ×删除 命令即可。当然，用户也可以直接拖动或按下键盘的<Delete>键来移动或删除已标注尺寸。需要说明的是，快捷菜单中的 拭除 选项是暂时使尺寸处于不可见状态。

提示：当尺寸高亮显示时，在尺寸文本的中间及两侧、尺寸线的两端、尺寸界线的两端均有小方块显示，如图 9-40a 所示。

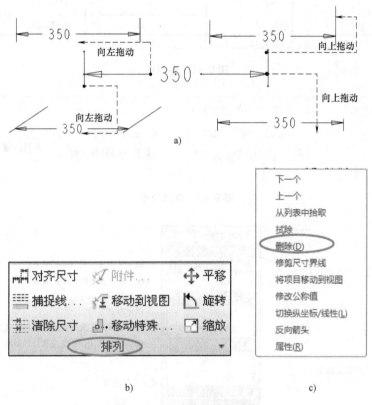

图 9-40  尺寸的移动和删除

a）手动移动尺寸   b）排列控制面板   c）快捷菜单

### 4. 标题栏的创建与编辑

工程图中的标题栏通常用于标识绘制对象、图样绘制者和审核者的相关信息，技术制图的国家标准（GB/T 10609.1—2008）对标题栏的格式有明确的规定，如图 9-41 所示。在 Pro/Engineer 中，采用工程图工具栏 表 选项卡（图 9-42）中的命令完成标题栏的创建和编辑工作。

（1）设置表的格式   表的格式的设置需要分三个步骤完成：

① 定义表格框架：打开工程图工具栏中的 表 选项卡，选取 命令，在系统弹出的【菜单管理器】中（图 9-43）设置"表格新建方式定义"和"表格定位点定义"，系统将根据所设置的"表格扩展方式""单元格对齐方式"和"单元格尺寸定义方式"逐行逐列地生成表格的整体框架。

② 调整表格单元：通过单击 表 选项卡内 行和列 命令中的 合并单元格... 、

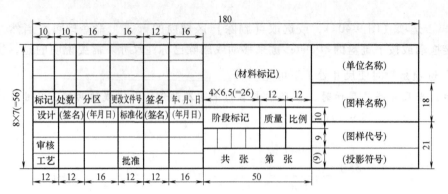

图 9-41　标题栏

图 9-42　表选项卡

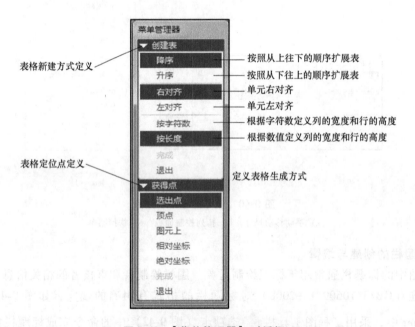

图 9-43　【菜单管理器】对话框

添加列、添加行 和 取消合并单元格按钮对表中单元进行调整，完成表格的定义。

③ 表格定位：根据所设置的"表格定位点"，或通过指定表格坐标的方式，或通过移动表格的方式，将完成定义的表格放置到工程图中。

（2）设置表的内容　双击设置完成表中的单元，系统弹出【注解属性】对话框，在该对话框的 文本 选项卡中可输入单元格的内容，在 文本样式 选项卡可对文字的格式进行定义，如图 9-44 所示。

a)                                                b)

**图 9-44  "单元格文字定义"对话框**

a）文本输入  b）文字样式定义

#### 5. 技术要求的创建与编辑

尺寸标注中未尽内容需要采用注释的方式在工程图中予以标注。技术要求是常见的注释之一，主要对绘制对象的表面质量、极限与配合、形状和位置公差、材料及热处理等进行说明，以保证加工或装配的质量要求。注释的定义按以下方式完成：首先，定义注释格式，选取 注释 选项卡中的 工具，系统弹出对应的【菜单管理器】（图 9-45a），在其中设置标注方式和文字格式；接着，选取 进行注解 选项，系统弹出注释位置所对应的【菜单管理器】，在其中选择注释角点的获取方式（图 9-45b），或通过鼠标在工程图中选取或通过坐标输入，完成注释位置定义；最后在系统弹出的 输入注解:文本框中输入文字即可，如图9-45c 所示。

### 9.2.5  疑问解答

#### 1. 为何视图无法随鼠标拖动？

其主要原因是选定了 锁定视图移动 ，

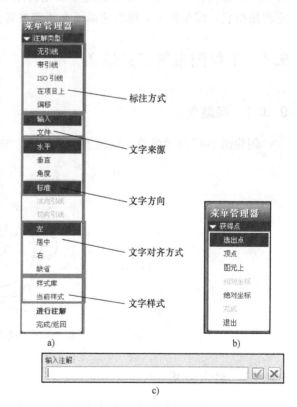

a)                                b)

c)

**图 9-45  注释定义**

a）注释格式定义菜单  b）注释位置定义菜单

c）"注释文字输入"对话框

只需在需要移动的视图上单击鼠标右键，在弹出的快捷菜单中取消【锁定视图移动】前的

✓ 即可，如图 9-46 所示。

**2．为何所创建仰视图与所给案例的俯视图相同？**

这是因为软件默认采用第三角投影法创建工程图，可通过修改投影方法进行修正，【文件】→【绘图选项】→【projection_type】，将该选项的值修改为 first angle（第一视角）。

**3．为何不能修改视图的比例？**

工程图一般采用统一的比例绘制各个视图（除了详细视图外），只能修改一般视图的比例，不能单独修改投影视图的比例。

**图 9-46　取消视图锁定**

如需修改视图的比例，双击该视图，系统弹出【绘图视图】对话框，在【类型】选项组中选取【视图类型】，将【类型】下拉列表中的【投影】修改为【一般】，单击【应用】按钮，然后在【类型】选项组中选取【比例】选项，再选取【自定义视图比例】单选按钮，在其文本框中输入视图所需的比例。

**4．新建绘图过程中"指定模板"区域内的"指定模板""格式为空"和"空"有什么区别？**

选择"指定模板"，系统将按照模板的定义创建工程图的各个的视图；创建选择"格式为空"将套用格式文件，采用的是参数化的图框，并自动填写标题栏参数；采用"空"则不套用格式，需要指定工程图的幅面大小和放置方向。

# 9.3　工程图案例二：端盖

## 9.3.1　问题引入

创建图 9-47 所示端盖三维模型的工程图，并采用图 9-10 所示的教学用简易版标题栏。

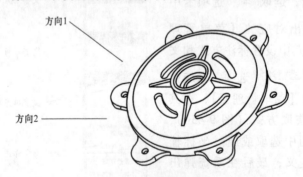

**图 9-47　端盖三维模型**

## 9.3.2　案例分析

（1）零件的表达分析　端盖由壳体和凸耳两部分组成，属于典型的盘盖类零件。绘制这一类型零件的主视图时，一般选择零件的切削加工位置进行摆放，同时选择能反映零件各部分的结构特点和相对位置关系的方向进行投影。据此，端盖零件选择方向 2 的投影视图作

为主视图。为了表达壳体和凸耳部分内孔贯通与否，采用两个相交的剖切面将端盖完全剖开，以表达壳体和凸耳处内孔的结构特点。主视图无法完全表达零件的外轮廓、孔的形状和分布情况，补充方向1的投影视图作为左视图。该零件尺寸较小，采用 A3 的图纸幅面规格，横式幅面格式。

（2）工程图创建思路　设置工程图格式→创建主视图→创建左视图→编辑视图（创建剖视图、显示中心线）→显示尺寸标注→添加标题栏→填写技术要求→保存工程图。

### 9.3.3　案例实施

（1）设置工作目录　选择【文件】—【设置工作目录】命令，将工作目录设置至 D:\work\ch09 完成工作模的设置，同时在零件环境下打开文件夹中的 duangai.prt 文件。

（2）新建工程图文件，完成工程图格式的定义（图 9-48）　新建名为"duangai"的工程图文件，默认已打开 duangai.prt 文件为缺省模型，选择【指定模板】为【空】，【方向】为【横向】，【标准大小】为【A3】，进入工程图环境。

（3）创建主视图

1）在绘图区单击鼠标右键，系统弹出快捷菜单，选择【插入普通视图】选项，如图 9-15 所示。

2）在图形区拟放置主视图的区域内单击鼠标，系统弹出【绘图视图】对话框，如图 9-49 所示。

图 9-48　创建端盖工程图

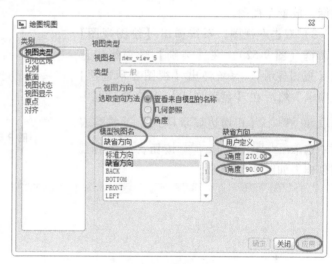

图 9-49　通过菜单创建主视图

3）在【类别】选项组中选取【视图类型】，在【模型视图名】列表中选取 缺省方向 选项，在【缺省方向】下拉列表框中选取 用户定义 选项，X角度 文本框中输入数值"270"，Y角度 文本框中输入数值"90"，单击 应用 按钮，完成【视图类型】的选择，如图 9-49 所示。

4）在【类别】选项组中选取【视图显示】，系统弹出【视图显示选项】选项卡（图 9-50），然后在【显示样式】下拉列表框中选取 消隐，【相切边显示样式】下拉列表

框中选取 快线，单击 确定 按钮，完成主视图创建，如图 9-51 所示。

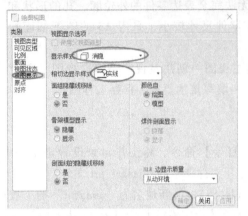

图 9-50　设置主视图的视图类型

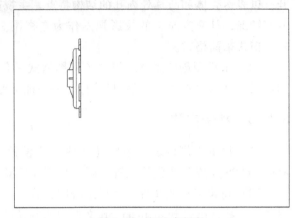

图 9-51　新建主视图

（4）创建左视图

1）在绘图区的空白处单击鼠标右键，系统弹出快捷菜单，选择【插入投影视图】选项。

2）在主视图右侧放置左视图的位置单击鼠标，放置左视图。

3）双击左视图，系统弹出【绘图视图】对话框（图 9-52），在【类别】选项组中选取【视图显示】，系统弹出【视图显示选项】选项卡，然后在【显示样式】下拉类表框中选取 消隐，【相切边显示样式】下拉类表框中选取 快线，单击 确定 按钮，完成右视图创建，如图 9-53 所示。

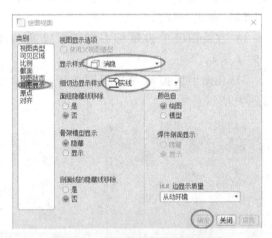

图 9-52　设置投影视图的视图显示

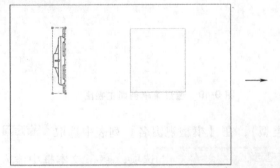

图 9-53　新建投影视图

（5）创建剖视图

1）双击主视图，系统弹出【绘图视图】对话框，在【类别】选项组中选取截面，在【剖面选项】中单击 2D 剖面 按钮，单击 + 按钮，新建一个截面，如图 9-54a 所示。

2）在弹出的【菜单管理器】中依次选取 偏移 、双侧 、单一 和 完成 选项，如图 9-54b 所示。

3）在系统弹出的【输入横截面名】文本框中输入横截面名称为 "A"，如图 9-54c 所示。

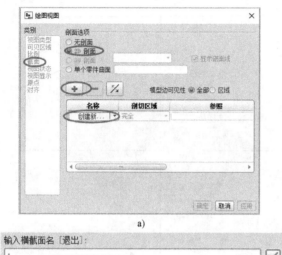

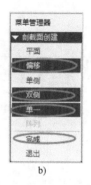

a)

b)

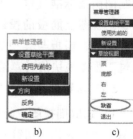

c)

图 9-54　创建 2D 剖面

a）新建剖面　b）设置剖面类型　c）输入横截面名称

4）系统自动进入零件环境中，在系统弹出的【菜单管理器】中选取 新设置 和 平面 （图 9-55a），接着系统弹出的【菜单管理器】要求确定草绘平面，选择参照模型的 TOP 平面作为草绘平面，选取【确定】选项（图 9-55b），系统再次弹出【菜单管理器】要求确定草绘方向，选取【缺省】选项（图 9-55c）。

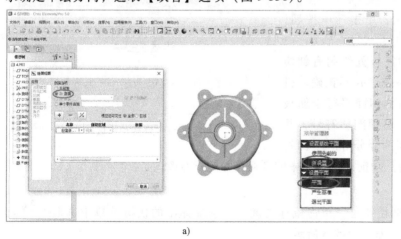

a)

b)

c)

图 9-55　新建截面

a）进入三维模型模式　b）定义草绘平面　c）定义草绘方向

5）采用草绘的方式在参照模型上绘制剖切线（图 9-56 箭头所示），单击草绘工具栏中的 ✔ 按钮，退出草绘，再次进入工程图环境。

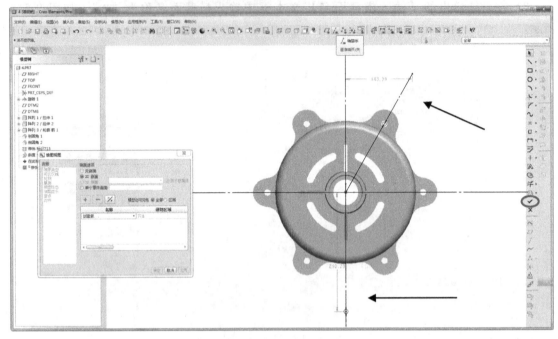

图 9-56　2D 剖面绘制

6）在【绘图视图】对话框的【剖切区域】下拉列表中选取 全部（对齐），如图 9-57 所示，单击 应用 按钮。

7）【参照】区域提示"选取轴"，按图 9-58 所示选取轴线，【箭头显示】区域提示"选取视图"，选取主视图，单击 确定 按钮，完成剖视图创建。

所创建端盖剖视图的筋板处绘制有剖切符号（图 9-59a），但这一表达并不正确。机械制图国家标准规定，当剖切面平行于筋板时，剖视图上筋板的投影不画剖切符号，并用粗实线将筋板与其相邻部分分开。本例将通过工程图模块的【草绘】功能对剖视图中的剖切符号进行修改。

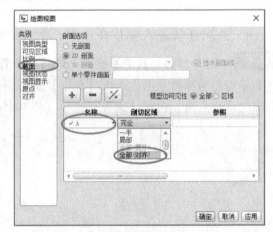

图 9-57　选择剖切区域

（6）编辑剖视图

1）选取剖视图中的剖切符号，单击鼠标右键，在系统弹出的快捷菜单中选取 拭除，删除系统生成的剖切符号，如图 9-59b 所示。

2）打开 草绘 选项卡，在【插入】区域中选取 ＼ 命令，在剖视图中按图 9-59c 粗实线标记位置草绘直线，补齐剖视图的边界线，如图 9-59d 所示。

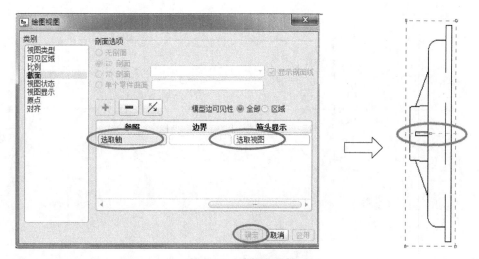

图 9-58　选择参照轴

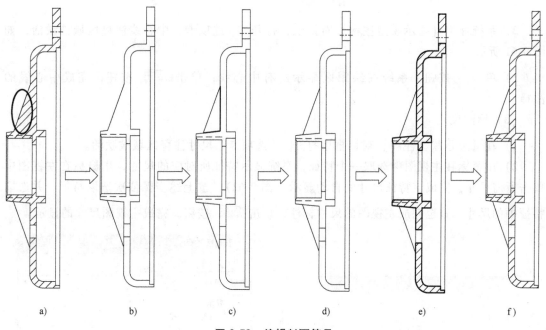

图 9-59　编辑剖面符号

a）待编辑剖视图　b）删除剖切符号　c）补线位置　d）补齐边界线　e）选取剖面边界　f）添加剖切符号

3）在【插入】区域中选取□命令，按图 9-59e 所示粗线标识位置选取需要添加剖切符号区域的边界。

4）在【格式化】区域中选取 剖面线/填充 命令，为闭合区域添加剖切符号，如图 9-59f 所示，编辑完成的剖视图如图 9-60 所示。

（7）编辑视图，添加中心线

1）按下<Ctrl>键，选取主视图和右视图，打开 注释 选项卡，在【插入】区域中选取 命令。

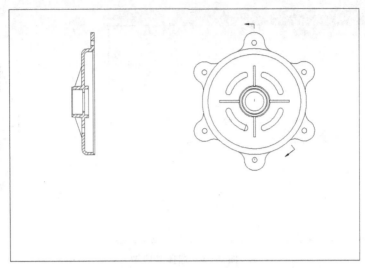

图 9-60　编辑后的剖视图

2）系统弹出【显示模型注释】对话框，打开 ![] 选项卡，中心线注释区域被激活，如图 9-61 所示。

3）单击 ![] 按钮，系统在绘图区显示所有中心线，单击 应用 按钮，完成中心线的注释。

（8）标注尺寸

1）在【显示模型注释】对话框中打开 ![] 选项卡，尺寸注释区域被激活。

2）用鼠标在主视图中选取一个特征，系统显示特征所对应的尺寸，用鼠标在左视图中单击所需尺寸，完成该特征尺寸的自动显示（图 9-62），按上述步骤依次选取特征，并选取特征中的尺寸，直至完成左视图的尺寸标注，单击 应用 按钮，完成主视图尺寸的显示。

图 9-61　中心线的注释

图 9-62　尺寸标注

3）用鼠标在左视图中选取特征，重复步骤 2），单击 确定 按钮，完成左视图尺寸的显示。

4）用鼠标移动视图中的尺寸，完成尺寸整理的端盖工程图如图9-63所示。

提示：用鼠标选取视图中拟移动的尺寸，当尺寸高亮显示后，再将鼠标置于尺寸上，按下鼠标左键，并移动鼠标，即可移动尺寸。

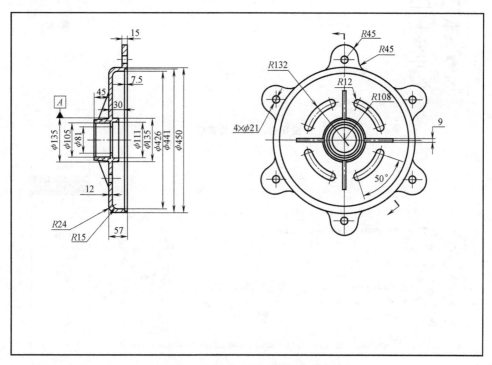

**图9-63 完成尺寸标注的端盖工程图**

（9）标注形位公差

1）选取 A_4 轴线，单击鼠标右键，在弹出的快捷菜单中选取 属性(R)。

2）系统弹出【轴】对话框，在【名称】文本框中输入"A"，单击 A◀ 按钮，单击 拾取几何公差... 按钮，选取尺寸φ70，单击 确定 按钮，如图9-64所示。

3）打开【注释】选项卡，单击 1M 命令，在弹出的【几何公差】对话框中选取 ⊥ 命令，然后打开【公差值】选项卡，选取 ☑ 总公差 复选框，在其后的文本框中输入"0.05"，如图9-65所示。

4）打开【几何公差】对话框中的【模型参照】选项卡，在【参照：选定】下拉列表中选取 **轴** （图9-66），单击【选取图元】，选取参照轴，如图9-67所示。

5）在【放置：将被类型】选项下拉

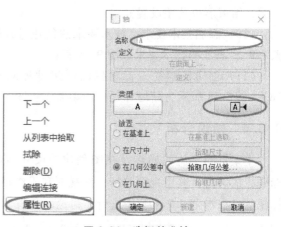

**图9-64 选择基准轴**

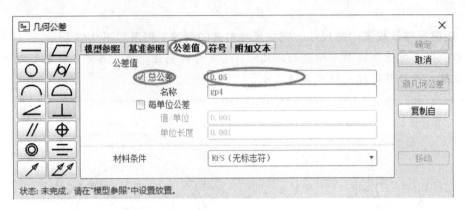

图 9-65　输入公差值

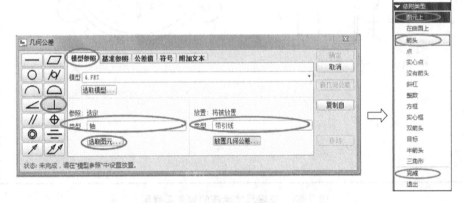

图 9-66　【几何公差】对话框

列表中选取 带引线，系统弹出【菜单管理器】。

6）在【菜单管理器】上依次选取 图元上、箭头 和 完成，完成设置，然后选取工程图中的尺寸界线（图 9-67 中加粗线部分，即箭头所示位置），将鼠标移至放置形位公差处，单击鼠标中键，结束形位公差设置。

（10）添加技术要求　技术要求的创建过程同 9.2.3 节的步骤（9），添加的技术要求如图 9-68 所示。

（11）创建标题栏　标题栏的创建过程同 9.2.3 节的步骤（8），图 9-68 所示为新增标题栏的端盖工程图。

## 9.3.4　知识分析

本案例的实施同样涉及视图创建、尺寸标注、技术要求和标题栏的填写，其中视图包括一般视图和投影视图，尺寸自动标注、标题栏创建和技术要求标注等已在本章 9.2.4 节中进行了讨论，剖视图创建和编辑、工程图的草绘和形位公差标注则是新的知识点。需要强调的是，视图的创建和编辑工作只能在 布局 选项卡下进行；工程

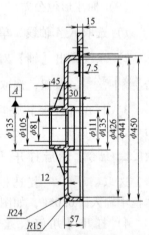

图 9-67　指定放置位置

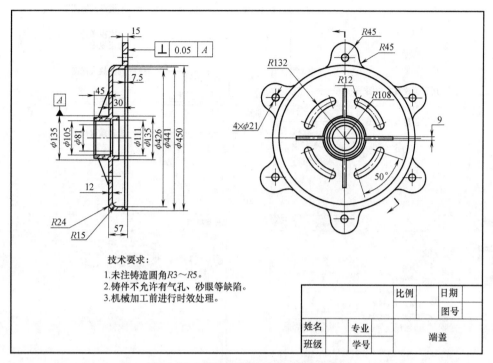

**图 9-68　添加标题栏后的端盖工程图**

图的草绘工作则需要在 草绘 选项卡下才能进行；工程图的标注工作必须在 注释 选项卡下才能完成。

**1. 其他视图的创建**

当零件模型较为复杂时，仅采用基本视图无法满足工程图表达的需要。因此，除了一般视图和投影视图外，Pro/Engineer 还提供辅助视图、详细视图和旋转视图等命令（图 9-69a），以便表达基本视图无法表达或不便于表达的形体结构。本小节将介绍这些视图的创建过程。

（1）辅助视图

1）特点：垂直于倾斜面、基准面或沿着轴的 90° 方向投影获得的视图，是其他视图的从属视图，一般可自由配置。

2）使用场合：用于对某一视图进行补充说明，以表达基本投影视图无法完整、清晰表达的零件结构。

3）创建过程：

① 选取俯视图，然后通过工程图工具栏打开【布局】选项卡，在其【模型视图】区域中选取 ◇ 辅助... 命令。

② 在视图上选取合适的边、基准面或轴作为参照（系统在消息提示区提示 ⇨ 在主视图上选取穿过前侧曲面的轴或作为基准面的前侧曲面的基准平面。）。

③ 在工程图中拟配置视图处单击鼠标，系统将在该处放置辅助视图。

（2）详细视图

1）特点：以放大的形式显示选定区域，是其他视图（通常为一般视图）的从属视图，

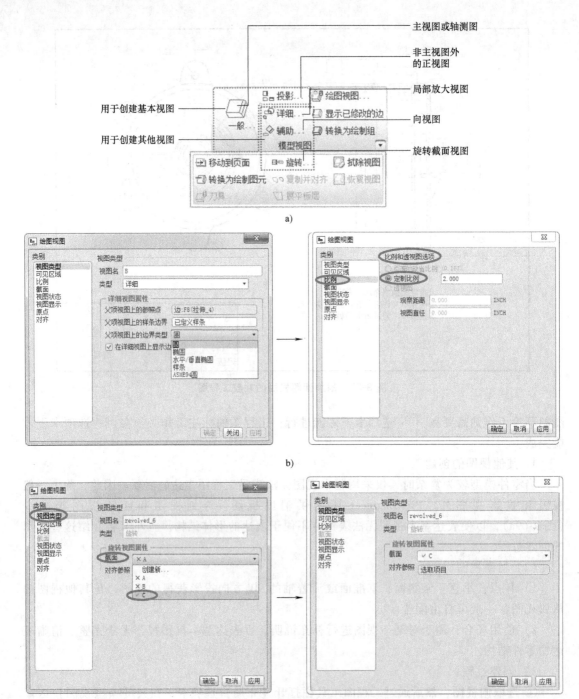

图 9-69  其他视图的创建

a）视图创建命令  b）详细视图创建  c）旋转视图创建

可根据需要自由配置，同时还可通过该视图的【绘图视图】对话框的【比例和透视图选项】页面对视图比例进行定义，如图 9-69b 所示。

2）使用场合：用于创建工程图中的放大视图，以表达零件中相对尺寸较小且复杂的结构。

3）创建过程：

①　选取父视图，然后通过工程图工具栏打开【布局】选项卡，在其【模型视图】区域中选取 詳細... 命令。

②　用鼠标在视图中选取要放大区域的中心点（系统会在消息提示区提示 在一现有视图上选取要查看细节的中心点。）。

③　在视图中绘制样条曲线以框选放大区域范围，单击鼠标中键表示绘制结束（系统会在消息提示区提示 草绘样条，不相交其它样条，来定义一轮廓线。）。

④　在工程图中拟配置视图处单击鼠标，系统将在该处放置详细视图。

（3）旋转视图

1）特点：围绕剖面线旋转90°并沿剖面线方向偏移的剖视图，又称为旋转截面视图，是其他视图（通常为一般视图）的从属视图。

2）使用场合：用于创建工程图中的放大视图，以表达零件中绕某一轴的展开区域的截面。

3）创建过程：

①　选取父视图，然后通过工程图工具栏打开【布局】选项卡，在其【模型视图】区域中单击 按钮，在随后弹出的下拉菜单中选取 旋转... 命令。

②　在工程图中拟配置视图处单击鼠标（系统在消息提示区提示 选取绘制视图的中心点。）。

③　系统弹出【绘图视图】对话框（图9-69c），在【旋转视图属性】的【截面】下拉列表中选取已创建剖面，或根据需要创建新剖面（系统在消息提示区提示 选取对称轴或基准(中键取消)。）。

④　在视图中选取对齐参照，确定视图的配置位置。

**2. 剖视图的创建与编辑**

工程图中常采用剖视图来表达零部件的内部结构形状。剖视图是假想用一剖切面（平面或曲面）剖开零部件，将位于观察者和剖切面之间的部分移去，并将其余部分向投影面上投射获得的视图。它主要用于表达零部件内部的结构形状。尽管零部件的某个视图绘制成了剖视图，但零部件仍是完整的，因此其他视图在绘制时并不受其影响。剖视图的创建在【绘图视图】对话框的【截面】区域内进行，如图9-70所示。

（1）定义剖切面　为了清楚地表达零部件内部结构形状，剖切面尽量通过零部件较多的内部结构（孔、槽等）的轴线、对称面等。剖切面可分为单一剖切面、相交剖切面和平行剖切面。在 Pro/Engineer 中，剖截面分为平面剖截面和偏移剖截面两种：单一剖切面属于平面剖截面；相交剖切面和平行剖切面均为两个及以上剖切面，属于偏移剖截面。在 Pro/Engineer 中，创建剖切面有两种方式。

1）在工程图环境中，直接创建剖切面：

①　选取需要创建剖视图的视图，双击鼠标进入该视图对应的【绘图视图】对话框，选取【类别】选项组中的 截面 选项，在【剖面选项】中选取 2D 剖面 单选项，单击 + 按钮，新建一个剖切面，如图9-54a所示。

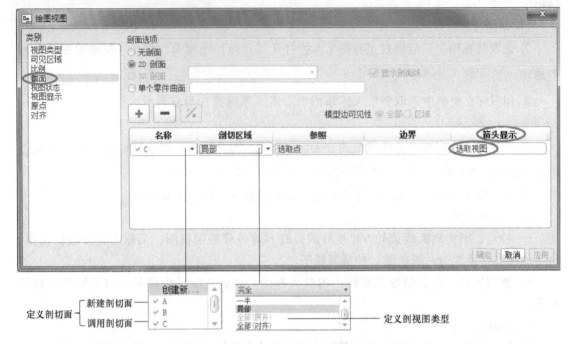

图 9-70　剖视图定义截面

② 在系统弹出的【菜单管理器】中定义剖切面类型和名称（图 9-54b 和 c），创建单一剖切面选取 平面 和 单一 选项（图 9-71a），创建两个及以上剖切面选取 偏移 、双侧 和单一 选项（图 9-71b）。

③ 进入零件环境，根据需要在系统弹出的【菜单管理器】中定义草绘平面，采用草绘方式绘制剖切面。

2）在零件环境中，预先创建剖切面（图 9-72），在工程图环境中根据截面名称直接调用。

① 在零件环境中选取【视图】菜单中的【视图管理器】命令。

② 在系统弹出【视图管理器】的对话框中选取 横截面 选项卡中的 新建 按钮，在【名称】文本框中输入剖切面名称（如：A），单击鼠标中键或按下回车键，完成剖切面名称输入。

③ 在系统弹出的【菜单管理器】中定义剖切面的类型（类型定义参考图 9-71）。

（2）定义剖视图类型　通过【剖切区域】下拉列表定义剖视图类型，如图 9-70 所示。

1）定义全剖视图：

① 剖切面为【单一剖切面】时，选取 完全 选项即可。

a)　　　　　　b)

图 9-71　剖切面类型定义

a) 单一剖截面设置　b) 两个及以上剖截面设置

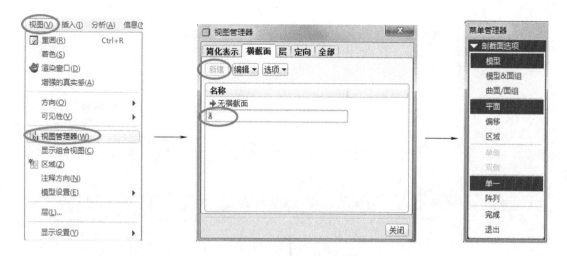

**图 9-72　在零件环境中创建剖切面**

② 剖切面为【相交剖切面】时，则选取 全部(对齐) 或 全部(展开) 选项，并在视图中选取某一轴线来完成【参照】选项【选取轴】的定义，如图 9-73a 所示。

2）定义半剖视图（图 9-73b）：

① 选取 一半 选项，系统在 参照 选项中提示 选取平面 。

② 在模型中选取（垂直于视图的）参照平面，用于区分剖视区域，系统在 边界 选项中提示 拾取侧 。

③ 用鼠标单击拟显示剖视图的一侧，系统在 边界 区域提示 已定义侧 ，完成剖切区域的定义。

④ 用鼠标单击【绘图视图】对话框的 应用 按钮，绘图区显示半剖视图。

3）定义局部剖视图（图 9-73c）：

① 选取 局部 选项，系统在 参照 选项中提示 选取点 。

② 在模型中选取截面间断的中心点，用于区分剖视区域，系统在 边界 选项中提示 草绘样条 。

③ 拖动鼠标草绘样条曲线，按下鼠标中键完成剖视区域框选，系统在 边界 区域提示 已定义样条 ，完成剖切区域的定义。

④ 用鼠标单击【绘图视图】对话框的 应用 按钮，绘图区显示局部剖视图。

（3）标注剖切位置　为了说明剖视图与相关视图之间的对应关系，剖视图一般要加标注，注明剖切位置和投影方向。剖切位置可通过两种方式进行定义：

1）在【绘图视图】对话框中的【截面】选项，选取【箭头显示】下按钮，系统提示 选取视图 ，在绘图区域选择添加剖切位置的视图。

2）选取剖视图，单击鼠标右键，在弹出的快捷菜单中选取 添加箭头 选项，如图 9-74所示，在绘图区中选择添加剖切位置视图即可。

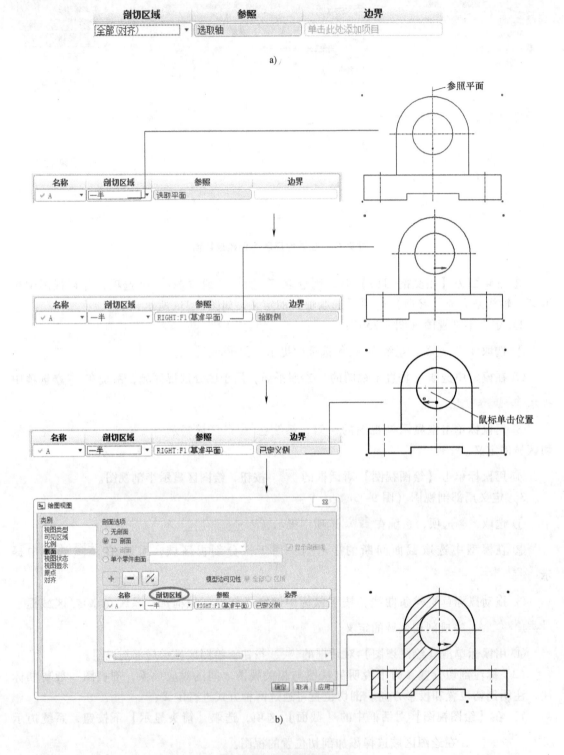

**图 9-73 视图类型定义**

a）全剖视图定义  b）半剖视图定义

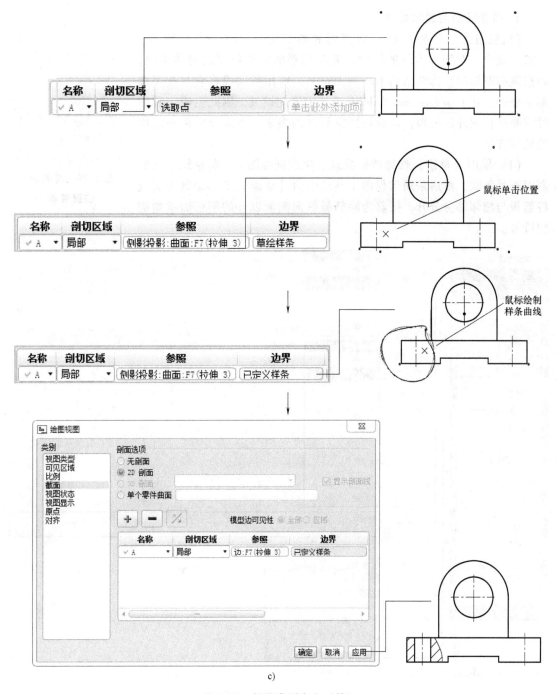

图 9-73 视图类型定义（续）

c）局部剖视图定义

（4）编辑剖面符号　在剖视图中，剖切面与零部件接触的部分（即剖面区域内）需绘制剖面符号，生成剖视图的过程中系统会自动添加剖面符号。编辑剖面符号需在选取 布局 选项卡的情况下，选取剖面符号，然后双击鼠标，系统弹出【修改剖面线】对话框，可在该对话框中对视图中剖面线的【间距】、【角度】、【偏移】和【线造型】进行修改，如图 9-75 所示。

### 3. 筋特征剖面线的处理

《机械制图 图样画法 剖视图和断面图》 （GB/T 4458.6—2002）规定：对筋板等薄壁结构，若剖切平面通过板厚的对称平面，即按纵向剖切时，薄壁结构不画剖面符号，而用粗实线将它与其邻接部分分开。在 Pro/Engineer WildFire5.0 中无此设置，因此生成工程图时需要进行额外的处理，以满足国家标准的要求。下面介绍两种常用的处理方法。

（1）使用【草绘】修饰特征处理 生成剖视图后，将系统生成的剖面符号删除，然后采用工程图工具栏中的【草绘】工具绘制出实线将筋板与相邻部分分开，接着为除筋板纵向剖面以外的剖切面添加剖切符号。

图 9-74 视图的快捷菜单

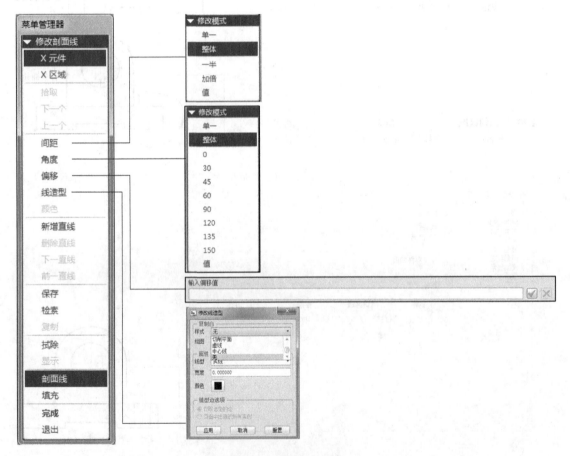

图 9-75 修改剖面符号

（2）使用【简化表示】功能进行处理

1）创建零件的简化表示。在零件环境中，选择【视图】菜单中的 视图管理器(W) ，系统弹出【视图管理器】对话框，打开 简化表示 选项卡，单击其中的 新建 按钮，新建一个简化表示，系统默认取名 Rep0001，将鼠标置于默认名称后，单击回车键，系统弹出【菜单管理器】，选择其中的 完成/返回 选项，再单击 关闭 按钮，完成简化表示的创建，如图 9-76 所示。

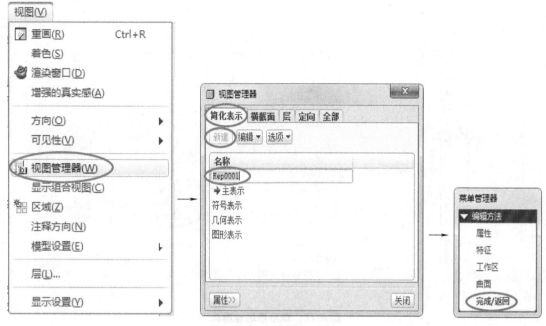

图 9-76 创建简化表示

2）创建工程图文件。具体步骤可参考 9.3.3 节的步骤（2），系统进入工程图环境，并弹出【打开表示】对话框，选取简化表示 REP0001 选项，单击 确定 按钮，关闭对话框，如图 9-77 所示。

3）创建主视图。具体步骤可参考 9.3.3 节的步骤（3）。

4）创建剖视图。具体步骤可参考 9.3.3 节的步骤（5）。

5）复制筋的轮廓。

① 在工程图工具栏中打开 草绘 选项卡，在 插入 区域选取 ☐ 命令。

② 在绘图区选择筋的轮廓边（类似图 9-78a 所示加粗部分）。

图 9-77 选取简化表示

③ 在【编辑】菜单中选择【相关】选项，然后选择 与视图相关(V) 选项，完成轮廓线与剖视图的关联，如图 9-78b 所示。

6）修改简化表示。

① 单击工程图环境中的【窗口】菜单中零件模型选项，系统切换到零件环境。

② 在【视图】菜单中选择 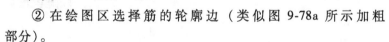 视图管理器(W) ，系统弹出【视图管理器】对话框，打开 简化表示 选项卡，选择Rep0001，然后单击 编辑▼ 右侧的▼，在下拉列表中选取 重定义 选项，系统弹出【菜单管理器】。

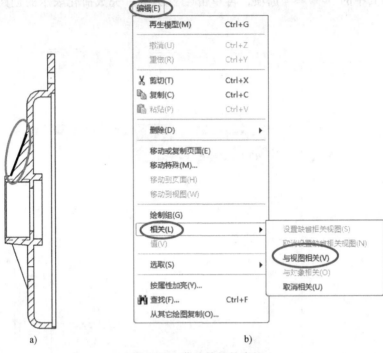

图 9-78　草绘筋的轮廓线

a) 复制筋的轮廓线　b) 轮廓线与视图关联

③ 在【菜单管理器】中选择 特征 选项，系统打开 ▼ 增加/删除特征 下拉列表，选取其中的 排除 选项，在零件模型中选取筋特征作为排除特征，最后依次选择 完成 和 完成/返回 选项（图 9-79），完成简化表示的修改工作。

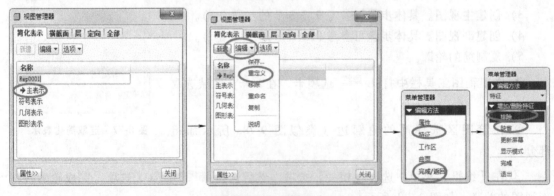

图 9-79　修改简化表示

7）在零件环境下的【窗口】菜单中选取剖视图所在工程图，切换到工程图环境，可查看修改后的剖视图。

**4. 几何公差的注释**

任何零件都由点、线、面构成，这些点、线、面称为要素。加工后零件的实际要素相对于理想要素总是存在误差，包括形状误差和位置误差，又称几何公差。这类误差影响产品的装配、功能和使用寿命。因此零件需要规定相应的公差，并按相关规定标注于图样上。形状公差的标注涉及两部分，其一为基准要素，其二为被测要素；而位置公差的标注只涉及被测要素，并不涉及基准要素。在 Pro/Engineer 5.0 的工程图环境中，几何公差的标注同样在【注释】选项卡中完成。

（1）标注基准要素

1）在工程图环境中标注。

① 创建基准平面。单击 注释 菜单中的 插入 区域右侧的 ▼ 打开下拉菜单，选取 □ 模型基准平面 命令，如图 9-80a；系统弹出【基准】对话框，在【名称】文本框中输入基准名（如 B），在【定义】区域内单击 在曲面上... 按钮，然后在视图中选取基准要素；单击选取 A◀，如图 9-80b 所示，绘图区的视图显示基准，单击 ▼ 按钮。

提示：在视图中选中拟标注的基准平面，单击鼠标右键，系统弹出快捷菜单，选择 属性(R) 选项（如图 9-80c 所示），系统同样会弹出【基准】对话框。

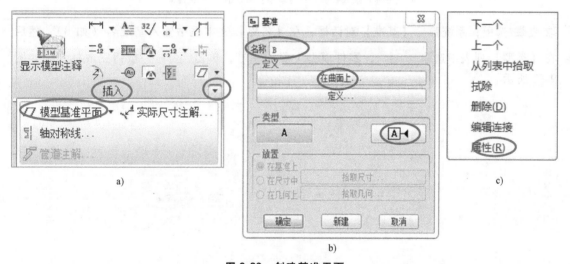

图 9-80 创建基准平面
a)【注释】插入菜单 b)【基准】对话框 c) 快捷菜单

② 创建基准轴。单击 注释 菜单中的 插入 区域右侧的 ▼ 打开下拉菜单，单击 / 模型基准轴 ▼命令右侧的 ▼ 打开下拉菜单，选取 / 模型基准轴 命令，如图 9-81a 所示；系统弹出【轴】对话框，在【名称】文本框中输入基准名（如 A），在【放置】区域内单击 拾取几何公差... 按钮，然后在视图中选取基准要素；单击选取 A◀ 按钮（图 9-81b），绘图区的视图显示基准，单击 确定 按钮。

提示：在视图中选取拟创建基准轴，单击鼠标右键，在弹出的快捷菜单中选取 属性(R) 选项（图 9-81c）；系统同样会弹出【轴】对话框。

2）在零件环境中标注。

在零件环境中选取平面、直线或轴线，单击鼠标右键，系统弹出快捷菜单，在菜单中选

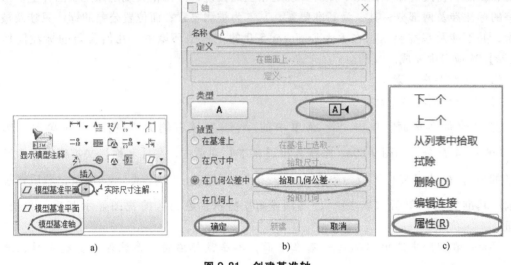

图 9-81　创建基准轴

a)【注释】插入菜单　b)【基准】对话框　c)快捷菜单

取 属性 选项，系统弹出【基准】对话框，在【名称】文本框中输入基准名（如 B），然后在【类型】列表中选取 ◁ ，零件模型上显示基准，单击 确定 按钮完成标注，如图9-82所示。

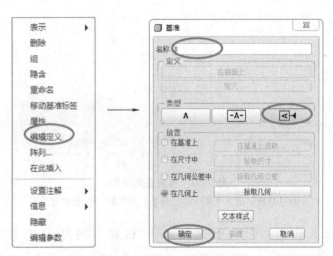

图 9-82　在零件环境创建基准要素

（2）标注被测要素

1）标注形状公差。

① 选取【注释】选项卡中【插入】区域的 🔢 命令，系统弹出【几何公差】对话框。

② 在【几何公差】对话框的公差符号区域内选取拟标注形状公差（ ─ 、 ▱ 、 ○ 或 ⌒ ）按钮，如图9-83所示。

③ 在【几何公差】对话框中打开 公差值 选项卡，选取【总公差】或 ☐ 每单位公差 （当

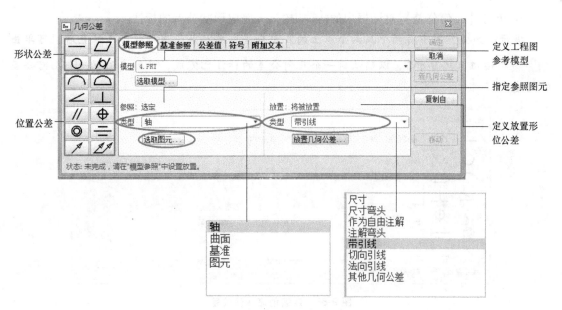

形状公差

位置公差

定义工程图
参考模型

指定参照图元

定义放置形
位公差

轴
曲面
基准
图元

尺寸
尺寸弯头
作为自由注解
注解弯头
带引线
切向引线
法向引线
其他几何公差

图 9-83　选择几何公差参照

所选公差类型为 — 或 □ 时，此项可选）复选框，在其后的文本框中设置公差值，如图
9-84 所示，完成公差值定义。

图 9-84　输入公差值

④ 在【几何公差】对话框中打开 模型参照 选项卡，在 参照 区域的
类型 下拉列表中选取参照图元选项（图 9-83）或使用 类型 中的默认选
项，则单击 选取图元... 按钮，此时系统弹出【选取】对话框要求选择参
照图元（图 9-85），同时在消息提示区给出提示；然后在绘图区选择参
照图元，完成公差参照的定义。

图 9-85　参照
图元选取提示

⑤ 在【几何公差】对话框中 放置 区域的 类型 下拉列表中选取几何
公差放置类型选项（图 9-83）（或使用 类型 中的默认选项），单击 放置几何公差... 按钮，此时
系统在消息提示区给出提示 ⇨ 选择将要连接该公差的尺寸，同时弹出【选取】对话框要求选择位置参照
（图 9-85）；然后按照系统要求指定几何公差的放置位置参照（可参考 9.3.3 节中的步骤 9）；
接着在视图中拟放置几何公差的位置单击鼠标中键，放置几何公差符号，完成公差的放置。

⑥ 单击【几何公差】对话框中的 确定 按钮，完成形状公差的标注。

提示：如公差图中有两个及两个以上的几何公差需要标注，在确认公差位置后，可单击 新几何公差 按钮（图9-86），以确认前一个几何公差的标注已完成，开始启动下一个几何公差的创建。

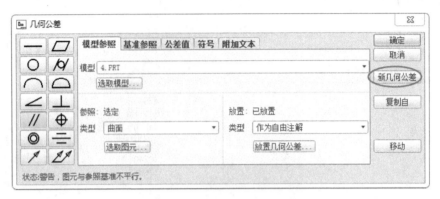

图 9-86　连续创建几何公差

2）标注位置公差。首先定义基准，然后添加形位公差，添加形位公差时根据自己的需要选择形位公差，并选择好参照、放置、公差值及基准，最后完成创建。与形状公差不同，在标注位置公差时需要在 基准参照 和 符号 选项卡进行设置。

① 打开【几何公差】对话框，可参照本小节标注形状公差部分的步骤①。

② 在【几何公差】对话框中，选取拟标注形状公差。

③ 在【几何公差】对话框中打开 公差值 选项卡，选取【总公差】或 □ 每单位公差（当所选公差类型为 ⌒、// 或 ⊥ 时，此项可选）复选框，在其后的文本框中设置公差值，如图9-84所示，完成公差值定义。

④ 定义公差参照，可参照本小节标注形状公差部分的步骤④。

⑤ 定义公差位置，可参照本小节标注形状公差部分的步骤⑤。

⑥ 在【几何公差】对话框中打开 基准参照 选项卡，在 首要 子选项卡中的 基本 下拉列表中选择已定义的基准，如图9-87所示。

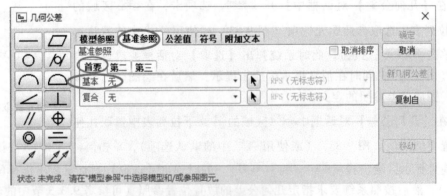

图 9-87　选择基准参照

⑦ 单击【几何公差】对话框中的 确定 或 新几何公差 按钮，确认此次形状公差的标注工作已完成。

提示：面轮廓度可以不设置基准参照。

### 9.3.5 疑问解答

第一，在进行工程图创建的过程中，为何常出现视图、尺寸和基准符号等无法编辑的情况？

请检查工程图工具栏中的选项卡，视图的编辑只能在【布局】选项卡被选中的情况下进行，尺寸和基准等只能在【注释】选项卡选中的情况下进行编辑。

第二，在定义公差参照时，为什么在视图中无法找到轴、平面、点等参照？

如果是基准平面、基准轴或基准点，需要检查工具栏上的 开关是否打开；如果上述参照属于零件模型，需要在工程图工具栏中打开【注释】选项卡，使用其中的 命令，然后在【显示模型注释】对话框中打开相应的参考。

第三，零件的三维模型更新后，为什么工程图里显示未更新？

零件的三维模型和工程图并未放置在同一个文件夹中。

## 9.4  工程图案例三：模具

### 9.4.1  问题引入

通过 Pro/Engineer 的绘图模块，创建图 9-88 所示模具三维模型的工程图，同时采用教学用简易版（图 9-9）。

### 9.4.2  案例分析

（1）零件表达分析  凸模由底座和成型工作部分组成。零件在方向 1 的投影视图能清晰地反映出模具两部分的结构以及组成部分之间的关系，因此将其作为主视图；方向 2 的投影视图能弥补主视图对零件形状表达的不足，二者结合可完整地表达零件的结构形状特点。凸模是模具的典型零件，在日常工作中这一类零件会采用相同的表达方案，故定制工程图模板，并将其保存到系统的模板库中，以便在需要时直接调用，可提高工作效率。

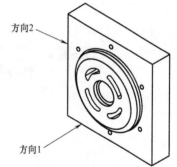

图 9-88  模具三维模型

（2）工程图创建思路分析  新建绘图模板→使用模板生成工程图视图→创建剖视图→创建尺寸标注→编辑尺寸属性→创建标题栏→标注技术要求→保存工程图。

### 9.4.3  案例实施

（1）设置工作目录  在菜单栏中【文件】下选取【设置工作目录】命令，将工作目录设置至 D：\ work \ ch09，单击 确定 按钮完成工作模的设置。

（2）新建工程图模板

1）新建名为"muju_tamplate"工程图文件，并将其中的【缺省模型】选项设置为【无】，【指定模板】选项取【空】，【方向】选项组选为【横向】，【标准大小】设为"A3"。

2）在菜单栏  中选取 ● 模板(T) （图9-89），系统进入工程图模板模式，如图9-90所示。

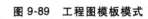

**图9-89　工程图模板模式**

（3）设置页面

1）在 文件(F) 菜单栏选取 页面设置(U)... 命令，系统弹出【页面设置】对话框，如图9-91所示。

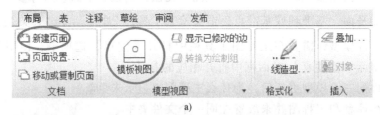

a)

b)

**图9-90　工程图模板工具栏**

a)【布局】工具栏　b)【注释】工具栏

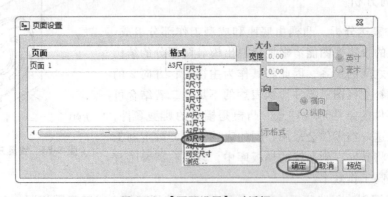

**图9-91　【页面设置】对话框**

2）在【页面设置】对话框【格式】下拉列表中选择 A3尺寸 选项，单击 确定 按钮，完成设置工作。

（4）定义自动创建视图

1）选择 布局 选项卡中的 模板视图 命令（图9-90a），系统弹出【模板视图指令】对话框，如

图 9-92 所示。

2）在【模板视图指令】对话框中的【视图类型】下拉列表中选择 一般 选项，在【视图选项】区域中选择 ☑ 视图状态，在【视图值】区域中的 方向: 文本框中输入 FRONT，如图 9-92a 所示。

3）在【模板视图指令】对话框中【视图选项】区域中选择 ☑ 比例，在【视图值】区域中的 视图比例: 文本框中输入"0.5"，如图 9-92b 所示。

4）在【模板视图指令】对话框中【视图选项】区域中选择 ☑ 模型显示，在【视图值】区域中选取 ◉ 消隐 单选按钮，如图 9-92c 所示。

5）在【模板视图指令】对话框中【视图选项】区域中选择 ☑ 相切边显示，在【视图值】区域中选取 ◉ 切线实线 单选按钮，如图 9-92d 所示。

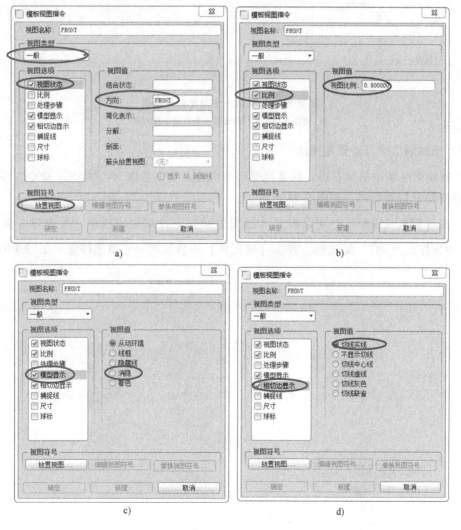

图 9-92　修改【模板视图指令】命令

a)【视图状态】设置　b)【比例】设置　c)【模型显示】设置　d)【相切边显示】设置

6）在【模板视图指令】对话框中单击 放置视图... 按钮，系统弹出【菜单管理器】，如图 9-93a 所示。

7）在工程图区域中拟放置主视图的位置单击鼠标，在工程图区域内显示视图简化图标，如图 9-93b 所示。

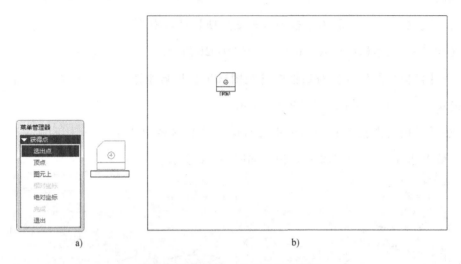

a)　　　　　　　　　　　b)

**图 9-93　添加第一个自动创建视图**

a) 快捷菜单　b) 添加第一个自动创建视图

（5）添加第二个自动创建视图

1）在绘图区单击鼠标右键，在系统弹出的快捷菜单中选取 插入模板视图 命令，系统弹出【模板视图指令】对话框，如图 9-94 所示。

2）在【模板视图指令】对话框的【视图类型】下拉列表中选取 投影 选项，在【视图选项】中选择 ☑模型显示 复选框，并在【视图值】中选取 ◉消隐 单选按钮，如图 9-95 所示。

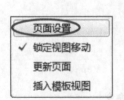

**图 9-94　快捷菜单**　　　　　**图 9-95　添加第二个自动创建视图的模板指令**

3）在【模板视图指令】对话框的【视图选项】区域中选择 ☑相切边显示 ，在【视图值】区域中选取 ◉切线实线 单选按钮，如图 9-92d 所示。

4）在工程图区域中拟放置左视图的位置单击鼠标，显示视图简化图标，如图 9-96 所示。

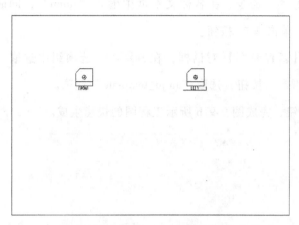

**图 9-96　添加第二个自动创建视图**

（6）设置配置文件选项

1）在【文件】菜单中选取【绘图选项】命令，系统弹出【选项】对话框。

2）在对话框中的 选项(O): 文本框中输入 "project_type"，在 值(V): 下拉列表中选取 first_angle 选项，单击 添加/更改 按钮，完成投影视角的设置。

3）在对话框中的 选项(O): 文本框中输入 "drawing_units"，在 值(V): 下拉列表中选取 选项，单击 添加/更改 按钮，将单位设置为 mm。

4）在对话框中的 选项(O): 文本框中输入 "drawing_text_height"，在 值(V): 文本框中输入 "3.5"，单击 添加/更改 按钮，将文本高度设置为 3.5。

5）在对话框中的 选项(O): 文本框中输入 "drawing_arrow_lenght"，在 值(V): 文本框中输入 "3.5"，单击 添加/更改 按钮，完成箭头长度的设置。

6）在对话框中的 选项(O): 文本框中输入 "drawing_arrow_style"，在 值(V): 下拉列表中选择【filled】，单击 添加/更改 按钮，完成箭头类型的设置。

7）在对话框中的 选项(O): 文本框中输入 "drawing_arrow_width"，在 值(V): 文本框中输入 "1"，单击 添加/更改 按钮，完成箭头宽度的设置。

8）单击对话框中 确定 按钮，接受配置文件选项的上述设置。

9）在菜单中选择命令，保存工程图模板。

（7）使用模板快速生成工程图

1）单击【文件】菜单中的【设置工作目录】命令，将工作目录设置至 D：\work\ch09。

2）在工具栏单击 ⌇ 命令，系统弹出【文件打开】对话框，在文件夹中选取"muju. prt"，单击 打开 ▾ 按钮，打开参照模型。

3）在工程图工具栏中单击【新建】按钮 ⬜，系统弹出【新建】对话框，在【类型】选项卡中单击 ◉ ⌇ 绘图 命令，在名称文本框中输入"tumu"，同时取消【使用默认模板】复选框中的 ☑，单击 确定 按钮。

4）系统弹出的【新建绘图】对话框，在 指定模板 选项组中选取 ◉ 使用模板 单选按钮，在 模板 选项区中的 浏览… 按钮，选取"muju_template"选项。

5）单击 确定 按钮，完成图 9-97b 所示工程图的快速生成。

a)

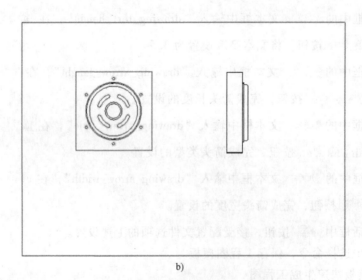

b)

**图 9-97　使用快速模板生成工程图**

a)【新建绘图】对话框中的设置　b）生成的工程图

（8）创建两个相交剖切面

1）在【窗口】菜单中选取"muju. prt"，系统进入零件模块。

2）在工具栏中选取 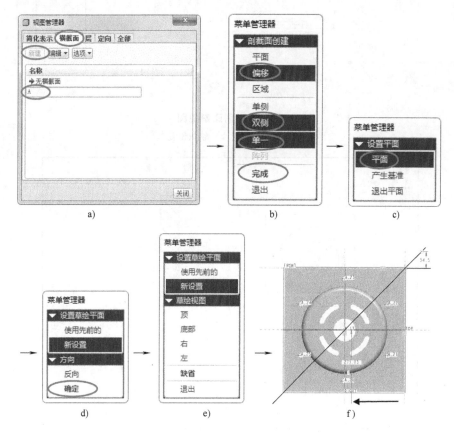 命令，系统弹出【视图管理器】对话框。

3）在对话框中打开 横截面 选项卡，单击 新建 按钮，在 名称 区域的文本框中输入"A"，并单击回车键（图9-98a），完成截面名称的定义。

4）在系统弹出的【菜单管理器】对话框中依次选取 偏移 、双侧 、单一 选项，单击 完成 按钮，完成剖面类型的定义，如图9-98b所示。

5）在系统弹出的【菜单管理器】对话框中选取 平面 选项，如图9-98c所示，消息提示区提示 选取平面曲面或基准平面。，在绘图区选取【TOP】面，完成草绘平面的定义。

6）系统弹出【菜单管理器】，选择 确定 选项（图9-98d），确定草绘方向。

7）系统弹出【菜单管理器】，消息提示区提示 为草绘选取或创建一个水平或垂直的参照。，在对话框中选取 缺省 选项（图9-98e），完成草绘参照平面的定义。

8）选择草绘工具栏中的 命令，在草绘平面中绘出相交的剖切面（图9-98f中箭头所示），单击 按钮，完成剖切面的定义。

图9-98　草绘剖切路径

（9）创建剖视图

1）在【窗口】菜单中选取"tumu. prt"，系统进入工程图环境。

2）在左视图上双击鼠标，系统弹出【绘图视图】对话框，在【类别】区域内选取【截面】，在【剖面选项】列表中选取 ◎ 2D 剖面 单选按钮，单击 ➕ 按钮，在【名称】下拉列表中选择步骤（8）创建的剖切面 ✔ A ，在【剖切区域】选择 全部（展开），如图 9-99a 所示。

3）单击 应用 按钮，消息栏提示区提示"选取轴"，选取图 9-99b 所示的轴线。

4）单击 确定 按钮，完成剖视图的创建，如图 9-100 所示。

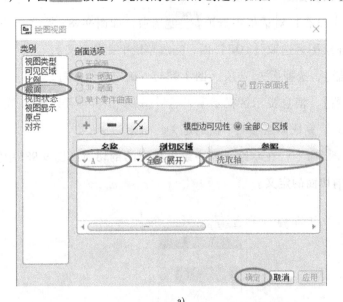
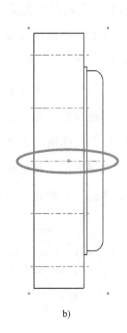

a)            b)

**图 9-99　创建剖视图**

a）截面设置　b）轴线位置

**图 9-100　创建剖视图的工程图**

（10）显示中心线

1）按下【Ctrl】键，同时选择主视图和左视图，打开工程图菜单栏中 注释 选项卡，在【插入】区域选取 命令。

2）系统弹出【显示模型注释】对话框，打开 选项卡，中心线注释区域被激活，单击 按钮，显示主视图中所有的中心线；单击 确定 按钮，完成中心线的添加，退出【显示模型注释】对话框。

（11）草绘中心线1

1）在【草绘】选项卡【插入】区域中选择 ◯ 命令（图9-101b），系统弹出【捕捉参照】对话框，单击对话框中的 按钮（图9-101c），系统弹出【选取】对话框（图9-101d）。

2）在视图上选取参照（图9-101e中1~3），系统在【捕捉参照】中添加参照（图9-101f），单击【选取】对话框中的 确定 按钮，结束草绘参照选择。

3）按下<Ctrl>键，同时选取草绘圆（图9-101g中的红色中心线）。

4）单击草绘的中心线，在工程图工具栏【草绘】中【格式化】区域中选取 命令，系统弹出【修改线造型】对话框，单击【属性】区域的【线型】后的▾，系统弹出下拉列表，在其中选择 CTRLFONT_S_L 选项，单击 应用 按钮。

5）选取草绘的中心线，单击鼠标右键，系统弹出快捷菜单，在其中选择 与视图相关(V)

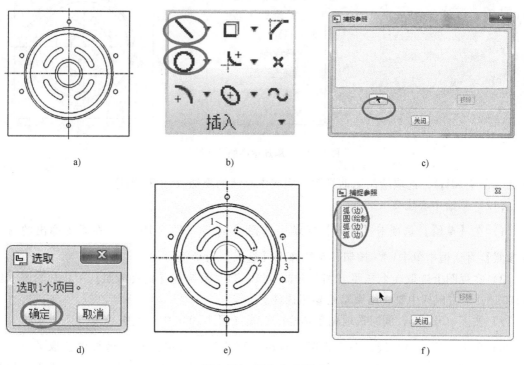

图9-101　添加中心线1

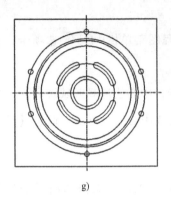

g)

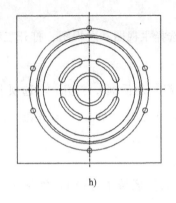

h)

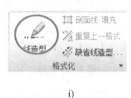

i)

j)

k)

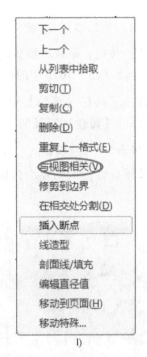

l)

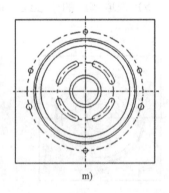

m)

**图 9-101　添加中心线 1（续）**

选项（图 9-101i），选取绘制当前视图，完成中心线的添加（图 9-101j）。

（12）草绘中心线 2

1）在【草绘】选项卡【插入】区域中选择 ＼ 命令（图 9-101b），在系统弹出的【捕捉参照】对话框中单击 按钮，系统弹出【选取】对话框。

2）在视图上选取 3 个参照（图 9-102a 中 1、2），系统在【捕捉参照】中添加参照（图 9-102b），单击鼠标中键，结束草绘参照选择。

3）按下<Ctrl>键，同时选取两条草绘中心线（图 9-102c 中红色中心线）。

4）单击草绘的中心线，在工程图工具栏【草绘】中【格式化】区域中选取 命令，系统弹出【修改线造型】对话框，单击【属性】区域的【线型】后的 ▼，系统弹出下拉列表，在其中选择 CTRLFONT_S_L 选项，单击 应用 按钮，完成线型修改（图9-102d）。

5）选取草绘的中心线，单击鼠标右键，系统弹出快捷菜单，在其中选择 与视图相关(V) 选项，选取绘制当前视图，完成中心线的添加。

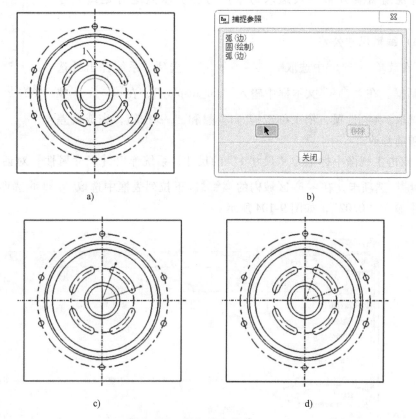

图 9-102　添加中心线 2

（13）手动创建尺寸

1）打开工程图菜单栏中的 注释 选项卡，在【插入】区域中选取 ⊢──┤ 按钮，系统弹出【菜单管理器】（图9-103），选择系统默认的 图元上 选项。

2）按下列尺寸标注方式和要求，选取不同的方法对工程图中的尺寸依次进行标注：

① 线性尺寸标注，用鼠标依次单击拟标注尺寸两侧的尺寸界线，再将鼠标移至欲放置尺寸数字的位置，单击鼠标中键即可。

② 半径标注，用鼠标选择工程图中的圆弧，再将鼠标移至欲放置尺寸数字的位置，单击鼠标中键即可。

③ 直径标注，用鼠标双击工程图中的圆弧，再将鼠标移至欲放置尺寸数字的位置，单击鼠标中键即可。

④ 角度标注，用鼠标依次单击拟标注角度两侧的尺寸界线，将鼠标移至欲放置尺寸数字的位置，单击鼠标中键即可。

3）完成手工标注后，选择【菜单管理器】中的 返回 选项或单击鼠标中键，结束尺寸的标注。

提示：当需要以某个参照为公共参照连续标注多个尺寸时，可在【注释】标签页中的【插入】区域中单击 ⊢⊣ 后的 ▾ ，选取 ⊢⊣ 命令，系统通常会以第一次选取的参照为公共参照进行连续尺寸标注。

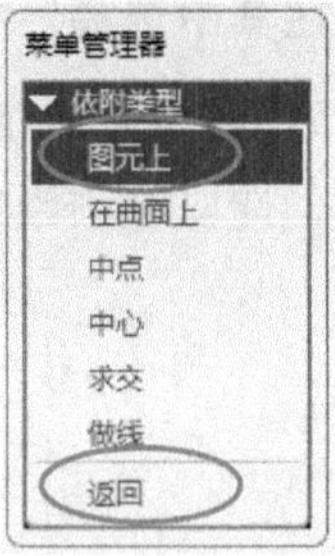

（14）编辑尺寸公差

1）在菜单 文件(F) 中选取 绘图选项(P) 选项，系统弹出【选项】对话框，在 选项(O): 文本框中输入 "tol_display"，在 值(V): 下拉列表中选取 yes 选项，依次单击 添加/更改 和 确定 按钮，完成公差显示选项的修改。

**图 9-103  菜单管理器**

2）双击主视图中标记为"尺寸 1"的尺寸，系统弹出【尺寸属性】对话框，在对话框中打开 属性 选项卡，在 公差 区域内的 公差模式 下拉列表框中选取 ⊢ 对称 选项，同时在 公差 文本框中输入 "0.02"，如图 9-104 所示。

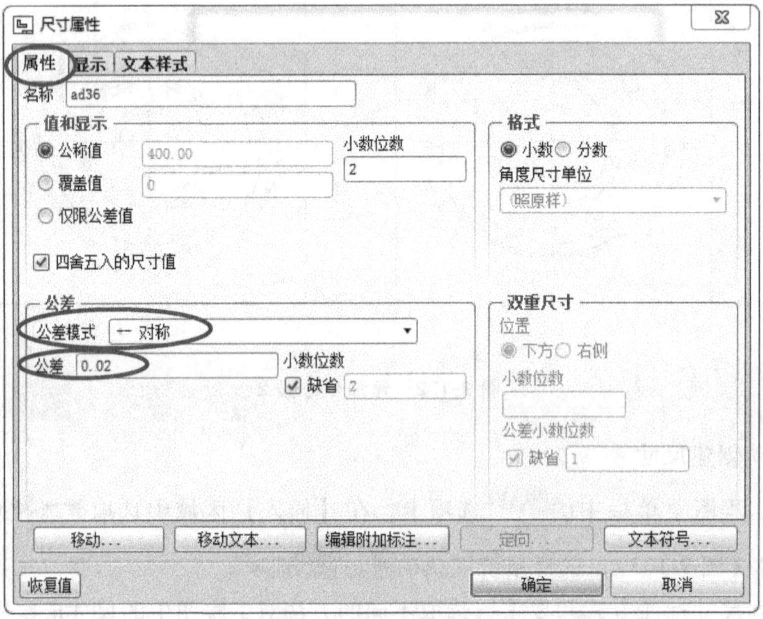

**图 9-104  编辑尺寸公差**

（15）编辑尺寸文字

1）在【尺寸属性】对话框中打开 显示 选项卡，在 显示 区域的 前缀 文本框内单击鼠标（图 9-105a），单击 文本符号... 按钮，在系统弹出的【文本符号】对话框中选取符号 □（图 9-105b），然后返回【尺寸属性】对话框，单击 确定 按钮，完成"□"前缀的添加。

2）双击主视图中标记为"尺寸 2"的尺寸，在系统弹出的【尺寸属性】对话框的 前缀 文本框内输入 "6×"，完成"尺寸 2"前缀的添加。

3）在 后缀 文本框中单击鼠标，然后单击 文本符号... 按钮，在系统弹出的【文本符号】对话框中选取符号 ⌴ 和 ∅，接着在 后缀 文本框中输入"26"，再次单击 文本符号... 按钮，在系统弹出的【文本符号】对话框中选取符号 ▽，最后在 后缀 文本框中输入"10"，完成"尺寸2"后缀的添加。

4）在右视图中，选择直径类尺寸，双击鼠标，系统弹出【尺寸属性】对话框，打开 显示 选项卡，在 显示 区域的 前缀 文本框内单击鼠标，然后单击【显示】选项卡内的 文本符号... 按钮，在系统弹出【文本符号】对话框中用鼠标选择符号 ∅ （图9-105b），接着返回【尺寸属性】对话框，单击 确定 按钮，完成"φ"前缀的添加。

5）重复步骤4），依次为手工标注直径尺寸添加"φ"符号。

a)　　　　　　　　　　　　　　　　b)

**图9-105　添加文字前缀和后缀**

a）尺寸显示　b）文本符号

（16）整理尺寸

1）在工程图工具栏中打开【注释】选项卡，选择【排列】区域的 清除尺寸 命令，系统弹出【清除尺寸】对话框（图9-106a）。

2）此时系统在消息提示区内提示 选取要清除的视图或独立尺寸。，用鼠标在绘图区中选取主视图（图9-106b），然后依次单击【清除尺寸】对话框中的 应用 和 关闭 按钮，完成主视图尺寸的整理。

3）选择左视图，重复步骤1）~2），对左视图的尺寸进行整理，完成尺寸标注的工程图如图9-107所示。

（17）标注几何公差

1）选取图9-107箭头所指"中心线"，单击鼠标右键，在弹出的快捷菜单中选取 属性(R)。

a) b)

**图 9-106 【清除尺寸】对话框**

a）选取项目前 b）选取项目后

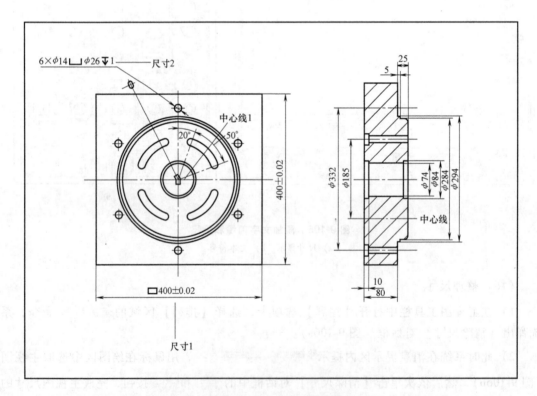

**图 9-107 标注尺寸的凸模工程图**

2）系统弹出【轴】对话框，在【名称】文本框中输入"A"，单击 ⬛A⬛ 按钮，单击
⬛拾取尺寸...⬛ 按钮，选取尺寸 φ74，单击 确定 按钮。

3）打开【注释】选项卡，单击 ⬛1M 命令，在弹出的【几何公差】对话框中选取⬛⊥⬛按
钮，然后打开【公差值】选项卡，选取 ☑总公差 复选框，在其后的文本框中输入"0.01"。

4）打开【几何公差】对话框中的【模型参照】选项卡，选取【参照：选定】选项下拉列表中的 轴 ，单击【选取图元】，选取参照轴。

5）在【放置：将被类型】选项下拉列表中选取 带引线 ，系统弹出【菜单管理器】。

6）在【菜单管理器】上依次选取 图元上 、 箭头 和 完成 ，完成设置，然后选取左视图的左侧轮廓，接着将鼠标移至放置形位公差处，单击鼠标中键，完成几何公差设置。

（18）标注表面粗糙度

1）选取【注释】选项卡【插入】区域内的 ³²√ 命令，系统弹出【菜单管理器】，选择其中的 检索 选项。

2）系统弹出【打开】对话框，在其中单击 machined 选项，再单击 打开 ▼ 按钮，系统打开"machined"文件夹，在其中选取 standardl.sym 选项，接着单击 打开 ▼ 按钮，如图9-108所示。

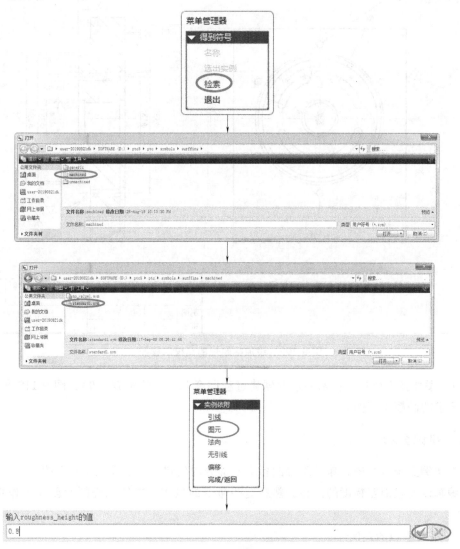

图9-108 表面粗糙度标注

3）系统弹出【菜单管理器】，在其中选择选取 图元 选项，选取视图中拟标注位置处的图元。

4）系统弹出【输入 roughness_height 的值】对话框，在其中的文本框中输入表面粗糙度的数值，然后单击 ✓ 按钮，结束一个表面粗糙度的标注。

5）重复步骤3）、4），直至标注完最后一个表面粗糙度。

6）返回【菜单管理器】，单击 完成/返回 按钮，完成表面粗糙度的标注工作。

（19）创建标题栏 标题栏的创建过程同 9.2.3 节的步骤（8），图 9-109 所示为添加标题栏的凸模工程图。

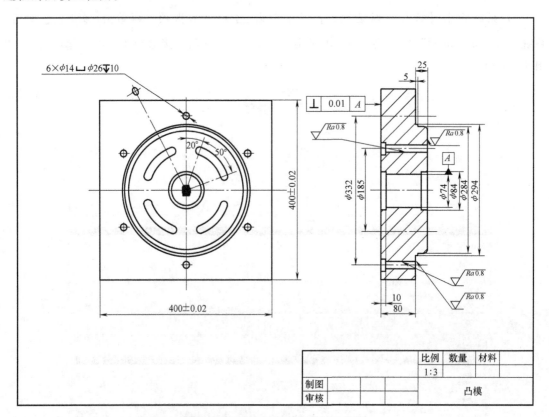

图 9-109 添加标题栏的凸模工程图

（20）添加技术要求 技术要求的创建过程同 9.2.3 节的步骤（9），图 9-110 所示为添加技术要求的凸模工程图。

### 9.4.4 知识分析

在本案例实施过程中，除了工程图各组成部分的创建外，还涉及工程图模板、手动尺寸标注和编辑以及表面粗糙度的注释，熟悉这些命令的操作，能使工程图的创建工作更灵活、高效。

**1．工程图模板的定制**

Pro/Engineer 提供了自定义模板的功能，利用这个功能用户可以将工作过程中使用频率

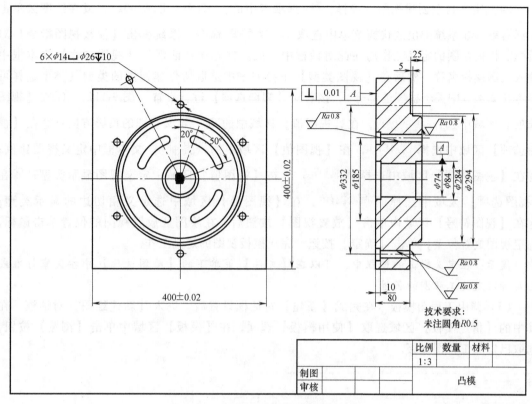

**图 9-110 添加技术要求的凸模工程图**

高的操作"固定"到工程图的自定义模板中，需要时调用即可。用户既可以定制自动创建的视图，预设各视图的显示模式，也可以定制工程图的注释、图框和标题栏等。这样的自定义模板，于个人而言可以提高工作效率，于企业而言则可以实现工程图的"标准"输出。

（1）新建工程图模板　过程与新建工程图文件相同，如图 9-90a 和图 9-90b 所示。

① 在工程图环境中，设置工作目录，以便需要时调用。

② 单击工具栏中的【新建】命令，在系统弹出的【新建】对话框的【类型】区域中选择【绘图】单选项，在【名称】文本框中输入模板名称，取消【使用缺省模板】复选框的 ☑ ，单击【确定】按钮。

③ 在系统弹出的【新建绘图】对话框中的【缺省模型】区域选取"无"选项（不使用模型），接着在【定制模板】区域中选择【空】选项，然后按所定制模板的需要在【方向】区域和【大小】区域中选取选项，单击【确定】按钮，完成新建工作。

（2）进入绘图模板模式　在【应用程序】菜单中选择【模板】命令，系统从工程图绘图模式进入工程图模板模式，如图 9-89 所示。

（3）预设模板页面

① 在【文件】菜单中选择【页面设置】命令，或在绘图区单击鼠标右键，在系统弹出的快捷菜单中选择【页面设置】命令。

② 在系统弹出的【页面设置】对话框中【格式】下拉列表中选择所需的工程图幅面或格式文件（带图框、明细栏等格式），完成页面预设。

（4）定义自动创建视图　选择 布局 选项卡中的 模板视图 命令（图 9-90a），或在绘图区单击鼠标右键，在系统弹出的快捷菜单中选取 插入模板视图 命令，系统弹出【模板视图指令】对话框。模板视图的定义工作均在此对话框中完成。首先在对话框的【视图名称】文本框中输入视图模板名称，然后在【视图类型】下拉列表中选取所创建视图的类型（类型选择可参考 9.2.4 节中关于视图的部分），接着对【视图选项】进行设置（图 9-111）：①在【视图选项】区域中选择 ☑ 视图状态，在【视图值】区域中的 方向: 定义视图的投影方向；②在【视图选项】区域中选择 ☑ 比例，在【视图值】区域中的 视图比例: 文本框中定义视图比例；③在【视图选项】区域中选择 ☑ 模型显示，在【视图值】区域中定义视图显示类型；④在【视图选项】区域中选择 ☑ 相切边显示，在【视图值】区域中选定义相切边的显示类型；⑤在【视图符号】区域内单击【放置视图】按钮后，在绘图区放置视图的位置单击鼠标，确定视图放置位置，单击【确定】按钮，完成模板视图的定义工作。

提示：在定义模板的过程中，可以在【文件】菜单下的【绘图选项】中按国家标准或企业标准定义工程图的属性。

（5）调用工程图模板　在完成【新建】对话框设置后，进入【新建绘图】对话框，在其中的【指定模板】区域选取【使用模板】选项，在【模板】区域中单击【浏览】按钮，选取已定义工程图模板。

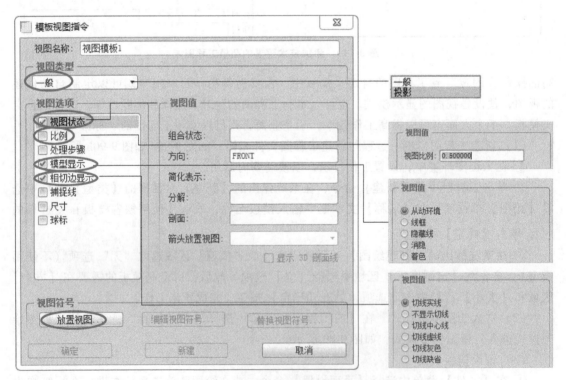

图 9-111　【模板视图指令】对话框的定义

## 2. 尺寸的手动标注

自动标注所生成尺寸来源于零件三维模型的数据，不一定符合设计者的意图，创建工程图时往往还需采用手动的方式进行尺寸的标注。需要注意的是，手动标注的尺寸是由零件模型驱动的，故修改零件模型尺寸时，工程图中对应的尺寸会随之变化，反之则不然。

工程图中尺寸的手动标注是通过在 注释 选项卡中【插入】区域的 ⊢⊣ 或 ⊢┤ 命令来完成的。前者用于完成单尺寸的标注，后者则用于以某个参照为公共参照进行连续的尺寸标注。选择标注命令后，系统将弹出【依附类型】菜单，用户可根据标注意图进行选择，各选项的含义如图 9-112 所示，手动尺寸的标注可参考本节案例，也可参考草绘部分的标注方法。

### 3. 尺寸的编辑

双击拟编辑尺寸，或在选择该尺寸后单击鼠标右键，在系统弹出的快捷菜单（图 9-113）中选择 属性(R) 选项，系统均会弹出【尺寸属性】对话框（图 9-114），通过在该对话框添加相应设置是尺寸编辑最常用的方法。

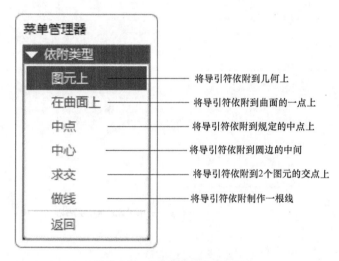

图 9-112　【依附类型】菜单图

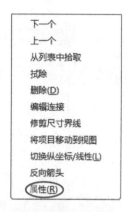

图 9-113　快捷菜单

（1）修改尺寸格式　在【尺寸属性】对话框的 属性 选项卡（图 9-114a）中，可对尺寸的值和小数位数、公差显示模式和尺寸的公差值、尺寸的显示格式进行修改。

（2）添加前、后缀　采用手动方式创建尺寸，系统不会为尺寸自动添加相应的前、后缀，可通过【尺寸属性】对话框的 显示 选项卡和【文本符号】按钮完成，如图 9-114b所示。

（3）修改尺寸文字样式　在【尺寸属性】对话框的 文本样式 选项卡（图 9-114c）中，可对所选文本样式、文本的字高、线粗和宽度因数、注解或尺寸的对齐方式、行间距和颜色进行修改。

### 4. 尺寸的整理

系统自动显示的尺寸间距不合理，还可能出现尺寸重合的问题，导致工程图显得杂乱，系统提供了【清除尺寸】工具，如图 9-115 所示。在【清除尺寸】对话框中，打开【放置】选项卡，可通过 偏移 、增量 的文本框中输入数值定义尺寸与视图轮廓线或基线两相邻尺寸的间距；打开【修饰】选项卡，则可对尺寸标注中的箭头和文本位置进行修改。

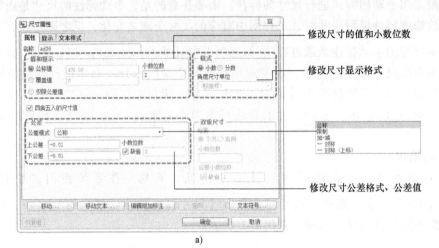

修改尺寸的值和小数位数

修改尺寸显示格式

修改尺寸公差格式、公差值

a)

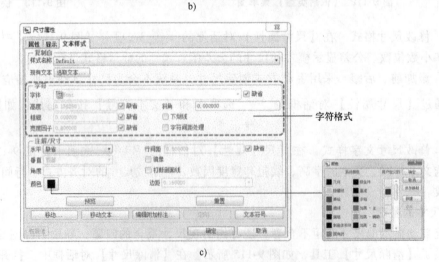

添加前、后缀

拭除或显示尺寸界线

b)

字符格式

c)

**图 9-114 【尺寸属性】对话框**

a)【属性】选项卡　b)【显示】选项卡　c)【文本样式】选项卡

a)           b)

**图 9-115 【清除尺寸】对话框**

a)【放置】选项卡 b)【修饰】选项卡

### 5. 表面粗糙度的标注

Pro/Engineer 为用户提供了生成工程图所需要的专业符号，表面粗糙度符号存放在系统目录下的文件夹中，目录结构如图 9-116 所示。国家标准 GB/T 1031—2016 规定了符号、代号的标注，其用法见表 9-3。

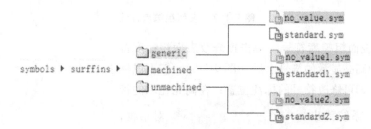

**图 9-116 "清除尺寸"对话框**

**表 9-3 表面粗糙度符号列表**

| | Generic(一般) | Machined(去除材料) | Unmachined(不去除材料) |
|---|---|---|---|
| No_valueX.sym(无值) | √ | √ | √ |
| StandardX.sym（标准） | √ | √ | √ |

（1）插入表面粗糙度符号

① 在工程图工具栏【注释】的【插入】区域内单击 $^{32}$√ 命令，在系统弹出的【菜单管理器】选择 检索 选项。

② 系统弹出表面粗糙度符号文件选择对话框，按标注要求依次双击文件夹（ standardl.sym ），例如 machined 。

③ 系统再次弹出【菜单管理器】，选择【引线】后，系统又一次弹出【菜单管理器】，依次选择【图元上】和【箭头】选项，然后在视图中选择拟标注的图元，单击鼠标中键以示选择结束，如图 9-117 所示。

④ 在系统弹出的 输入roughness_height的值 对话框中输入表面粗糙度数值，完成表面粗糙度创建。

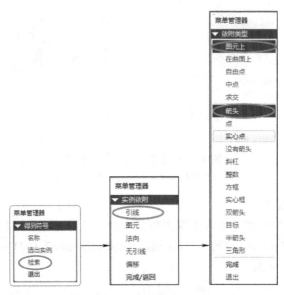

图 9-117　表面粗糙度标注

（2）编辑表面粗糙度符号　单击拟修改表面粗糙度符号，将鼠标放到高亮显示的符号上后（图 9-118），按下鼠标左键拖动符号，即可修改符号的标注位置；在高亮显示的符号上双击鼠标，系统弹出 输入roughness_height的值 对话框，在其中输入数值，可对表面粗糙度数值进行修改。

图 9-118　高亮显示的粗糙度符号

### 9.4.5　疑问解答

1. 为什么在模型树中选择特征或在绘图树中选择视图单击鼠标右键弹出的快捷菜单中没有【显示模型注释】选项？

需要打开工程图工具栏中的【注释】选项卡。

2. 手动标注半径时，怎样才能使尺寸线通过所标注圆弧的圆心？

① 用鼠标选择拟修改尺寸（图 9-119a），单击鼠标右键，系统弹出快捷菜单（图 9-119b），在其中选择【反向箭头】选项，系统修改工程图的尺寸界线（图 9-119c）。

② 再次选取该尺寸，单击鼠标右键，系统弹出快捷菜单，在其中选择【反向箭头】选项，系统再次修改工程图的尺寸界线（图 9-119d）。

3. 在【显示状态】为消隐的情况下，如何根据需要显示部分隐藏线？

① 在【布局】选项卡【格式化】区域中选择【边显示】命令（图 9-120b），系统弹出快捷菜，在其中选择【隐藏线】选项（图 9-120c）。

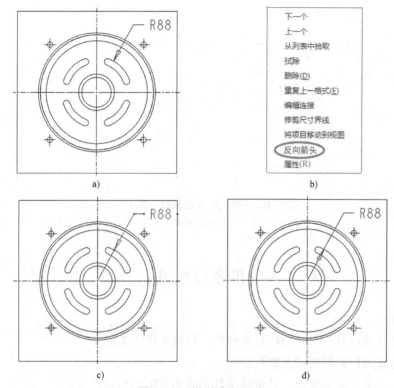

**图 9-119　修改半径尺寸**

a）拟修改尺寸　b）快捷菜单　c）第一次修改结果　d）第二次修改结果

② 用鼠标单击视图的隐藏线，再单击鼠标中键，完成隐藏线的选择（图 9-120d）。

③ 依次选择隐藏线（图 9-120e），完成隐藏线显示如图 9-120f 所示。

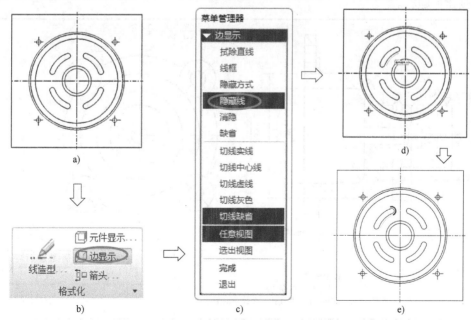

**图 9-120　添加隐藏线**

a）隐藏状态　b）【布局】→【格式化】　c）快捷菜单　d）选择隐藏线　e）选择第二条隐藏线

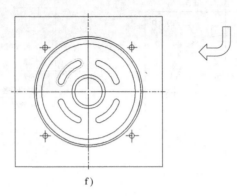

f)

图 9-120　添加隐藏线（续）

f）修改结果

# 思考与练习

## 1．思考题

（1）在尺寸标注时，何时选择自动标注，何时采用手工标注？

（2）如何重用以前创建的标题栏？

（3）除了本章介绍的方法，是否还有其他的筋特征剖面创建方法？

（4）思考在什么情况下使用工程图模板？

## 2．练习题

（1）采用素材文件中的阀盖模型，创建图 9-121 所示的工程图，要求完成尺寸和注释标注，并创建标题栏。

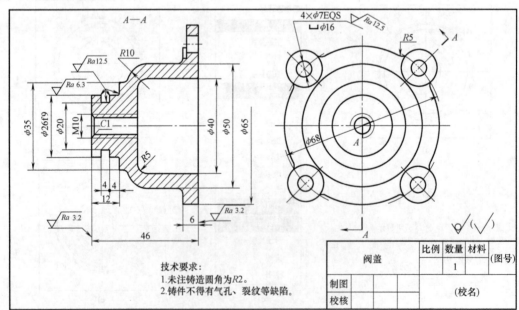

图 9-121　阀盖工程图

（2）采用素材文件中的轴套模型，创建图 9-122 所示的工程图，要求完成尺寸和形位公差标注。

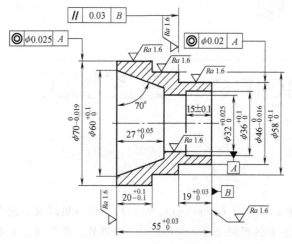

图 9-122 轴套工程图

（3）采用素材文件中支承座模型，创建图 9-123 所示工程图，要求完成尺寸和几何公差标注。

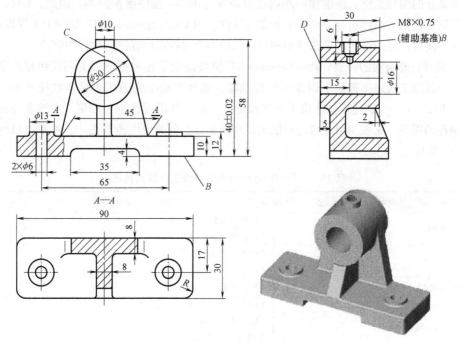

图 9-123 支承座工程图

# 第⑩章

# Pro/Engineer数控加工

数控技术（Numerical Control Technology，NC）指用计算机以数字指令方式控制机床动作的技术，是先进制造技术重要的组成部分。与传统的方法相比，数控加工在提高型面复杂程度、缩短制造周期、降低生产成本等方面具有明显优势。随着微电子技术、计算机技术、自动化技术的发展，数控技术得到了飞速的发展，在航空、模具、汽车、造船等领域中得到了广泛应用。

数控编程一般可分为手工编程和自动编程。自动编程借助 CAD/CAM 或语言编程系统替代人工完成大部分的编程工作，能够很好地解决复杂零件的 NC 程序编制问题。因此，CAD/CAM 一体化软件都提供自动编程功能，市场上的主流软件，如 Pro/Engineer、UG 和 CATIA 等均设有 NC 制造模块，使得产品的设计、工艺规划和自动编程的全过程能够在同一软件中完成。

为了满足自动编程的需要，Pro/Engineer NC 模块提供了各种制造模型创建和相关参数的设置方法、刀具加工轨迹模拟演示以及后处理功能，能够自动生成适用于具体数控机床的数控程序。Pro/ Engineer NC 制造模块提供了十多种加工方法，能满足铣削、车削、车铣复合和线切割等自动编程的需要，见表 10-1。考虑到铣削比车削和线切割的应用范围更广，本章将以铣削为例来介绍 NC 编程。

表 10-1　Pro/Engineer NC 模块及其应用范围

| 模块名称 | 应用范围 |
| --- | --- |
| Pro/E NC-MILL | 2 轴半铣床加工<br>3 轴铣床及钻孔加工 |
| Pro/E NC-TURN | 2 轴车床及钻孔加工<br>4 轴车床及钻孔加工 |
| Pro/E NC-WEDM | 2 轴及 4 轴线切割加工 |
| Pro/E NC-ADVANCED | 2 轴半至 5 轴铣床及钻孔加工<br>2 轴及 4 轴车床及钻孔加工<br>车铣加工中心上的综合加工<br>2 轴及 4 轴线切割加工 |

## 【学习目标】

（1）知识目标

① 掌握基于 Pro/E WildFire NC 数控加工工艺编程的基本流程。

② 掌握数控加工序列的创建方法。

③ 掌握模具常用 NC 编程的加工的创建方法。

④ 掌握铣削等加工仿真的创建方法。

（2）能力目标

① 能根据典型零件图样的要求合理地选用加工方法、刀具和切削用量。

② 能够利用仿真软件进行程序的调试，对仿真加工过程及结果进行分析，为优化程序奠定基础。

③ 具备典型模具零件的数控编程能力。

# 10.1 基础知识

## 10.1.1 数控加工基础知识

### 1. 数控机床的分类

数控机床可按联动坐标轴数进行分类：

① 两轴联动，数控机床能同时控制两个坐标轴联动，适于数控车床加工旋转曲面或数控铣床铣削平面轮廓，如图 10-1a 所示。

② 两轴半联动，在两轴的基础上增加了 $Y$ 轴的移动，当机床坐标系的 $X$、$Z$ 轴固定时，$Y$ 轴可以做周期性进给，如图 10-1b 所示。

③ 三轴联动，数控机床能同时控制三个坐标轴的联动，用于一般曲面的加工，一般的型腔模具均可以用三轴加工完成，如图 10-1c 所示。

④ 多坐标联动，数控机床能同时控制四个以上坐标轴的联动，适于加工形状复杂的零件，如叶轮叶片类零件。

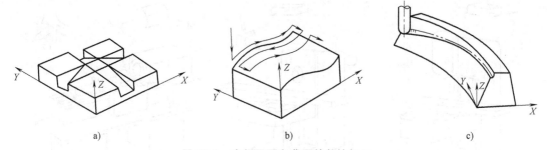

a) b) c)

**图 10-1 空间平面和曲面的数控加工**

a) 两坐标联动 b) 两轴半坐标联动 c) 三坐标联动

### 2. 机床的坐标系

数控加工是刀具按数控程序所确定的轨迹切除工件的多余材料，从而加工出产品的表面形状。切削的过程就是刀具与工件间相对运动的过程，刀具的运动是在坐标系内进行的。ISO 841 和 GB/T 19660—2005 规定了数控机床坐标系和运动方向的命名方法，如图 10-2 所示。

① 采用右手笛卡儿直角坐标系统定义，$X$、$Y$、$Z$ 三个直角坐标轴方向，坐标系各坐标

轴与机床的主要导轨平行。

②根据右手螺旋方法可确定出 A、B、C 三个旋转坐标的方向。

③机床某一运动部件的运动正方向是工件与刀具之间距离增大的方向。

NC 加工涉及数控系统（软件）、NC 机床（硬件）和被加工工件（随夹具），它们分别对应三个坐标系——编程坐标系、机床坐标系和工件坐标系，理解它们对 NC 数控编程很重要。

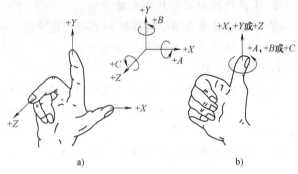

图 10-2　右手笛卡儿直角坐标系

a）直角坐标系　b）旋转坐标系

（1）机床坐标系与机床原点　机床坐标系是机床上固有的坐标系，用来确定工件坐标系，是确定刀具（刀架）或工件（工作台）位置的参考系，并建立在机床原点上。一般按下列规则定义：

① Z 坐标的运动由传递切削动力的主轴决定，与主轴轴线平行的标准坐标轴即为 Z 坐标，Z 坐标的正向为刀具离开工件的方向。

② X 坐标运动是水平的，它平行于工件装夹面，是刀具或工件定位平面内运动的主要坐标（在有回转工件的机床上，如车床等，X 坐标运动方向是径向的，而且平行于横向滑座，X 坐标的正方向是安装在横向滑座的主要刀架上的刀具离开工件回转中心的方向）。

③ Y 坐标的正向与运动，根据 X 和 Z 坐标的运动，按照右手笛卡儿坐标系来确定。

机床原点是机床坐标的原点，在机床装配、调试时已确定，通常不允许用户改变。机床原点是工件坐标系、编程坐标系、机床参考的基准点。Pro/Engineer NC 制造中常用设备的机床坐标系如图 10-3 所示。

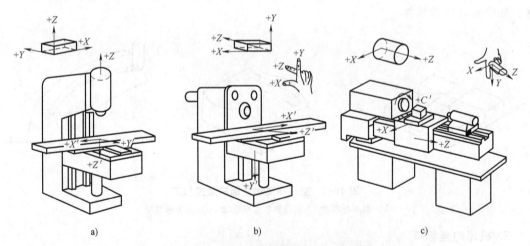

图 10-3　Pro/Engineer NC 制造中常用设备坐标系

a）立式铣床　b）卧式铣床　c）卧式车床

（2）工件坐标系与工件原点　NC 编程时则会选择工件上的一点作为数控程序原点，并以此为原点建立一个笛卡儿坐标系，称为工件（编程）坐标系，又称加工标系。加工过程中，工件固定装夹在机床上，故工件坐标系与机床坐标系间的偏置值也是固定的，工件坐标轴的方向与机床的一致且二者有确定的尺寸关系，如图 10-4 所示。工件原点也称为工件坐标系原点或编程原点，编程时用于确定刀具和程序起点，所以又称加工零点。工件坐标系合理与否，对数控编程及加工时工件的找正都很重要。为提高加工精度，工件零点应尽量按以下原则确定：①尽量选在零件图标注的尺寸基准上；②对于对称零件，最好选在对称中心上；③对于一般零件，选在轮廓的基准角上；④Z 方向的零点，一般设在工件表面上；⑤尽量选择尺寸精度高，表面粗糙度值低的工件表面上。

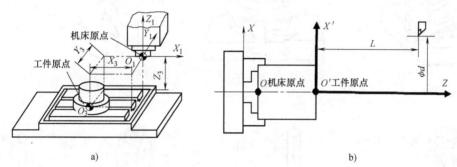

图 10-4　机床原点与工件原点

a）立式铣床　b）车床

### 3. 数控加工刀具

在数控加工过程中，应根据机床的加工能力、工件材料的性能、加工工序、切削用量等因素，本着适用、安全、经济的原则选用刀具。数控加工刀具一般包括通用刀具、通用连接刀柄及少量专用刀柄，已逐渐标准化和系列化。对于模具加工而言，最常用的刀具为铣刀。常用铣刀如图 10-5 所示。

① 圆柱铣刀，主切削刃分布在圆柱表面上，无副切削刃。铣刀有粗齿和细齿之分，直径范围为 50~100mm，齿数一般为 6~14 齿，螺旋角 $\beta$ 为 30°~45°。刀具一般为整体式，采用高速工具钢进行制造，主要安装于卧式铣床，用于加工平面。

② 面铣刀，主要切削刃分布在铣刀的圆柱面上或圆锥面上，副切削刃分布在铣刀的端面上，也有粗、细齿之分。铣刀按结构可以分为整体式、硬质合金整体焊接式、硬质合金可转换式三种形式。铣刀主要安装于立式铣床，用于加工平面和台阶面等。

③ 立铣刀，主切削刃分布在铣刀的圆柱表面上，副切削刃分布在铣刀的端面上，并且端面中心有孔，因此铣削时一般不能沿铣刀轴向做进给运动，而只能沿铣刀径向做进给运动。铣刀也有粗齿和细齿之分，粗齿铣刀的刀齿为 3~6 个，一般用于粗加工，细齿铣刀的刀齿为 5~10 个，适合于精加工。铣刀直径范围为 2~80mm，其柄部有莫氏锥柄和 7∶24 锥柄等多种形式。铣刀主要安装于立式铣床，用于加工凹槽、台阶面和成型面等。

④ 三面刃铣刀，主切削刃分布在铣刀的圆柱面上，副切削刃分布在两端面上。铣刀的直径范围为 50~200mm，其宽度为 4~40mm。刀具主要安装在卧式铣床上，用于加工各种沟槽和台阶面。

⑤ 键槽铣刀，主切削刃分布在端面，副切削刃分布在圆柱面上。铣刀外形似立铣刀，端面无顶尖孔，端面刀齿从外圆开至轴心，且螺旋角较小，增强了端面刀齿的强度。铣刀直径范围为 2~63mm，柄部有直柄和莫氏锥柄。刀具主要安装于立式铣床，用于加工圆头封闭键槽。

⑥ 角度铣刀，主切削刃分布在圆锥面上，副切削刃分布在端面上。铣刀的直径范围为 40~100mm。刀具主要安装于卧式铣床，用于加工角度槽、斜面等。

此外，还有为特定形状的工件或加工内容专门设计制造的成形铣刀，如渐开线齿面、燕尾槽和 T 形槽铣刀等。

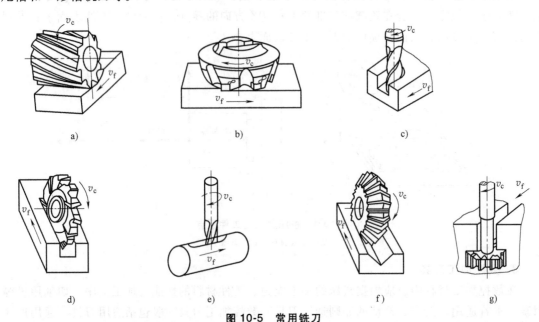

图 10-5　常用铣刀

a) 圆柱铣刀　b) 面铣刀　c) 立铣刀　d) 三面刃铣刀　e) 键槽铣刀　f) 角度铣刀　g) 成形铣刀

立铣刀是数控铣削加工中应用最广泛的一种铣刀，除了能加工平面、凹槽、台阶外，还能加工曲面，如图 10-6 所示。模具铣刀是在立铣刀的基础上发展出来的，按其工作部分外形可分为圆锥形立铣刀、圆柱形球头铣刀、圆锥形球头铣刀三种。硬质合金模具铣刀应用最广，可加工模具型腔或凸模成形表面。

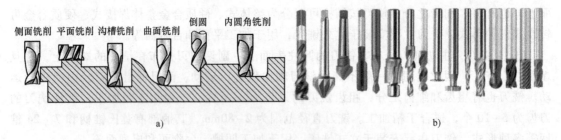

图 10-6　立铣刀

a) 应用场合　b) 实物

#### 4. 切削用量选用

在 Pro/Engineer NC 制造中设置加工参数，不仅需要熟悉各个参数的确切含义，还需要掌握各参数用量对加工质量的影响，否则不仅无法获得良好的加工质量，而且有可能导致设备的损坏。常用的铣削参数包括（图 10-7）：

① 铣削速度 $v_c$：铣刀主运动的线速度，$v_c = \pi dn/1000$（其中刀具直径 $d$ 的单位为 mm、

转速 $n$ 的单位为 r/min），单位为 mm/min。

② 进给速度 $v_f$：单位时间内工件与铣刀沿进给方向的相对位移量，$v_f = a_f n$，单位为 mm/min。

③ 铣削深度 $a_p$：平行于铣刀轴线方向测量的切削层尺寸，单位为 mm。

④ 铣削宽度 $a_e$：垂直于铣刀轴线并垂直于进给方向度量的切削层尺寸，单位为 mm。

选择切削用量时，除了要考虑工艺系统的刚度和强度、不同加工阶段的要求外，还需要考虑加工材料的特性以及加工刀具的情况：

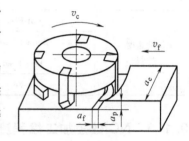

图 10-7 铣削用量

① 粗加工。以快速切除毛坯余量为目的，应选用大的进给量和尽可能大的切削深度，以便在较短的时间内切除尽可能多的切屑；在刀具寿命和机床功率允许的条件下选择合理的切削速度。

② 半精加工、精加工。切削用量的选择要保证加工质量，兼顾生产效率和刀具使用寿命。为减小工艺系统的弹性变形，精加工必须采用较小的进给量。具体的数值应根据机床说明书、刀具说明书和切削用量手册（表 10-2），并结合经验确定。

表 10-2  铣削用量推荐值（硬质合金面铣刀）

| 加工材料 | 钢 | | | | 铸铁 | | 铝及其合金 | |
|---|---|---|---|---|---|---|---|---|
| | 50~70 | | 70~90 | | | | | |
| 工序 | 粗加工 | 精加工 | 粗加工 | 精加工 | 粗加工 | 精加工 | 粗加工 | 精加工 |
| 切削深度 $a_p$/mm | 2~4 | 0.5~1 | 2~4 | 0.5~1 | 2~5 | 0.5~1 | 2~5 | 0.5~1 |
| 切削速度 $v_c$/(m/min) | 80~120 | 100~180 | 40~100 | 90~150 | 50~80 | 80~130 | 300~700 | 500~1000 |
| 每齿进给量 $f_z$/(mm/z) | 0.2~0.4 | 0.05~0.2 | 0.2~0.4 | 0.05~0.15 | 0.2~0.4 | 0.05~0.2 | 0.1~0.4 | 0.05~0.3 |

## 10.1.2  NC 数控加工环境设置

通过在 Config 文件中设置 NC 制造编程的参数（表 10-3），可以为 Pro/Engineer 定制所需的工作环境，以满足数控编程的需要。

表 10-3  NC 制造环境设置

| 参数类别 | 系统变量 | 设定值 |
|---|---|---|
| Config 文件 | Mfg_auto_ref_prt_as_chk_srf | 选择 yes 或 no，在 3、4 和 5 轴"轮廓"和"常规"铣削序列中，缺省情况下选取整个参照零件作为检查曲面，用于计算这些序列的"NC 序列"刀具路径 |
| | Mfg_info_location | 选择 top_left, bottom_right，用来设置"制造信息"对话框的位置 |
| | Mfg_xyz_num_digits | 缺省值为 10，在 CL 数据文件中，为 $x$、$y$、$z$ 数据点设置数字位数 |
| | Nccheck_type | vericut（缺省），指使用 CGTech 公司提供的 Vericut；Nccheck，使用 Pro/NC-CHECK |

(续)

| 参数类别 | 系统变量 | 设定值 |
|---|---|---|
| 切削深度控制 | Upto Depth | 每层按切削深度加工至设定的深度 |
| | From-To Depth | 在一个特定的深度范围内分层加工 |
| | Slice/Slice | 按照每层设定的层深生成刀具运动轨迹，需要设置每层的加工深度 |
| 切削速度控制 | Cut-Feed | 切削加工进给速度 |
| | Retract-Feed | 刀具返回安全面的速度 |
| | Free-Feed | 快速进给速度，如果不设定的话，该速度应用机床默认的缺省值 |
| | Arc-Feed | 圆弧加工进给速度 |

### 10.1.3　NC 数控加工编程流程

利用 Pro/Engineer NC 数控加工的人机交互功能，用户输入零件加工工艺路线、工艺参数、刀具的运动轨迹、位移量、切削参数等；系统结合 CAD 数据通过数学处理计算出刀具的运动轨迹，并将其离散成为一系列的刀位数据；用户通过后置处理将刀位数据转换为最终加工所用数控系统指令格式的 NC 指令。Pro/Engineer NC 加工流程如图 10-8 所示。

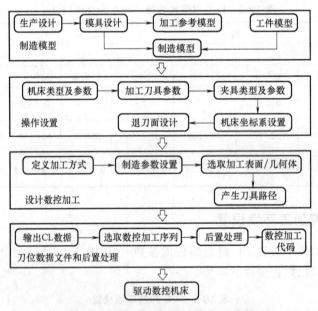

**图 10-8　Pro/Engineer NC 加工流程**

## 10.2　NC 编程案例一：凹模零件加工

### 10.2.1　问题引入

完成图 10-9 所示凹模零件数控加工编程，该零件材料为 45 钢，零件精度要求较低，毛坯已进行六面高度方向留有 2mm 余量加工。

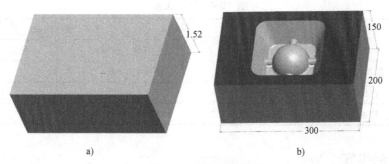

图 10-9 毛坯和凹模零件

a）毛坯 b）凹模零件

## 10.2.2 案例分析

（1）零件工艺分析 凹模零件上下表面均为平面，中部为（型腔）凹槽，工件的外轮廓及底面已加工完成，仅有上表面和中部的凹槽需要加工。这类平面轮廓零件适合在数控铣床上加工，加工上表面和凹槽时选择已加工（尺寸精度较高、表面粗糙度值较低）的底面作为基准面，利用台虎钳将零件固定在机床上。按照先面后孔的原则确定加工顺序，先加工上表面，再加工凹槽。

（2）NC 自动编程思路分析 零件的精度要求不高，分粗加工和精加工：平面采用 $\phi 25$ 的硬质合金平底铣刀加工，一次铣削 2mm，凹槽采用直径 $\phi 10$ 外圆角 $r2$ 的硬质合金外圆角铣刀加工；采用 $\phi 2$ 硬质合金球头铣刀进行精加工（图 10-10）。NC 编程时选择工件上表面中心作为数控程序原点，同时使坐标轴方向与机床坐标系方向一致，工步安排见表 10-4。

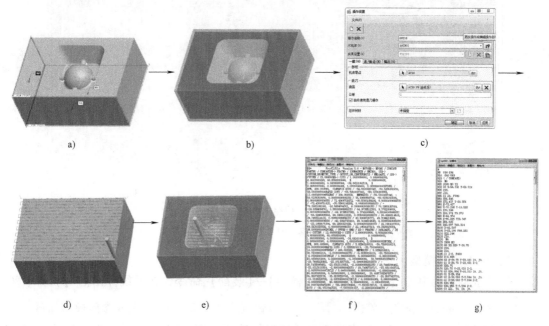

图 10-10 凹模零件 NC 编程流程

a）装配参照模型 b）手工新建工件 c）操作设置 d）端面铣削 e）体积块铣削 f）生成 CL 文件 g）生成 NC 文件

表 10-4　加工工步

| 工步 | 加工内容 | 刀具 | 铣削用量 | |
|---|---|---|---|---|
| | | | 转速 $n(\text{r/min})$ | 进给速度 $f(\text{mm/min})$ |
| 1 | 粗加工-上表面 | 面铣刀 $D25$ | 1200 | 600 |
| 2 | 粗加工-凹槽 | 圆角铣刀 $D10R2$ | 1200 | 600 |
| 3 | 精加工-凹槽 | 球头铣刀 $D2$ | 2000 | 400 |

### 10.2.3　案例实施

（1）设置工作目录　启动 Pro/Engineer 5.0 后，单击菜单栏中的【文件】—【设置工作目录】，将工作目录设置至"D:\work\ch10\concave"，单击 确定 按钮。

提示：D:\work\ch10\concave 是本例制造参照模型所存放目录，创建 NC 制造文件时须将参照模型同时存放在 NC 制造的工作目录中，以保证 NC 制造文件与参照模型间的关联性。

（2）新建 NC 制造文件

1）单击工具栏中的【新建】按钮，在系统弹出的【新建】对话框中选择【制造】选项（【子类型】使用默认选项【NC 组件】），在【名称】文本框中输入"concave"，取消【使用缺省模板】复选框，单击 确定 按钮，如图 10-11a 所示。

2）在系统弹出的【新文件选项】对话框的【模板】选项组中选择【mmns_mfg_nc】选项，单击 确定 按钮，进入 NC 制造环境，如图 10-11b 所示。

a)　　　　　　　　　　　　　　　　b)

图 10-11　创建 NC 制造文件

a)【新建】对话框　b)【新文件选项】对话框

（3）引入参照模型

1）单击菜单栏中的【插入】—【参照模型】—【装配】命令，在系统弹出的【打开】对话框中选取"concave.prt"，单击 打开 ▼ 按钮（图 10-12a、b），完成参照模型加载。

2）在【装配约束】下拉列表中选取【缺省】选项（图 10-12c），使"状态"由"不完全约束"转变为"完全约束"，单击操作面板上的 ✓ 按钮进行确认。

3）在系统弹出的【创建参照模型】对话框中选择【按参照合并】选项，单击 确定 按钮（图 10-12d），完成参照模型的定位。

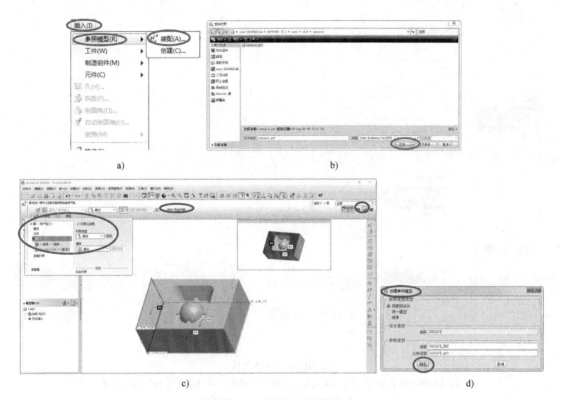

a) b)

c) d)

**图 10-12　引入参照模型**

a)【装配】命令　b)【文件打开】对话框　c) 装配参照模型　d)【创建参照模型】对话框

（4）创建工件

1）单击菜单栏中【插入】—【工件】—【创建】命令，在系统弹出【输入零件名称】对话框中输入 "workpiece"，单击 按钮（图 10-13b），完成工件名称定义。

2）在系统弹出的【特征类】对话框中的区域依次选取【实体】—【伸出项】，在系统打开的【实体选项】菜单中依次选取【拉伸】—【实体】—【完成】，系统显示【实体拉伸】操作面板（图 10-13c）。

3）在系统弹出的【草绘】对话框中，选择【NC_ASM_TOP】作为【草绘平面】，选择【NC_ASM_RIGHT】作为【草绘参照】，完成草绘平面的定义（图 10-13d）。

4）进入截面草绘环境后，选取【NC_ASM_FRONT】和【NC_ASM_RIGHT】平面作为参照，单击快捷工具栏【选取环】命令，选取图 10-13e 所示轮廓完成截面草图，单击右侧工具栏的 按钮确认。

5）修改拉伸高度为 "152"，单击操作面板上的 按钮完成工件的创建。

（5）操作设置

1）单击菜单栏中的【步骤】—【操作】（图 10-14a），在系统弹出的【操作设置】对话框中单击 按钮（图 10-14b），系统弹出【机床设置】对话框，选择【机床类型】—【铣

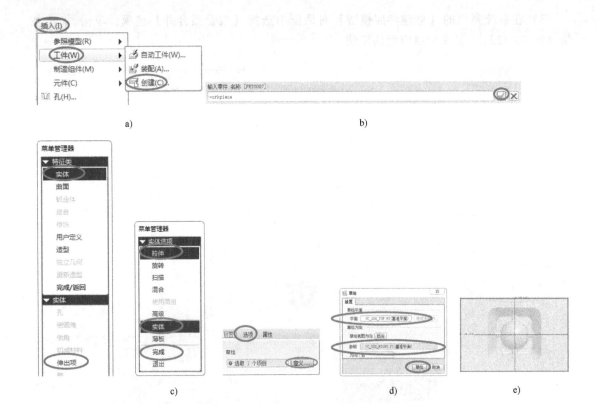

图 10-13　创建工件

a)【创建工件】命令　b)【输入零件名称】对话框　c)【实体拉伸】特征定义
d) 草绘截面放置定义　e) 选取环

削】—【3轴】，单击 确定 按钮（图 10-14c），完成机床设置。

2）返回【操作设置】对话框，在【机床零点】中单击 按钮（图 10-14b），在系统弹出的【制造坐标系】菜单中选择【选取】（图 10-14d）。

提示：机床零点就是工件坐标系，是计算刀具轨迹数据的参照。

3）依次在菜单栏中选取【插入】—【模型基准】—【坐标系】选项，系统弹出【坐标系】对话框，在图形区依次选取 "NC_ASM_RIGHT 基准面"、工件前侧面和工件顶面（图 10-14d）。

提示：如坐标轴的方向与图 10-14e 中的不同，可单击对应区域内的【反向】按钮进行调整。

4）返回【操作设置】对话框，单击【退刀】区域中的 按钮（图 10-14b），系统弹出【退刀设置】对话框，【参照】收集器中默认上一步定义的坐标 ACS0 为退刀坐标系，在【值】文本框中输入 "20"，单击 确定 按钮。

5）返回【操作设置】对话框，在【公差】文本框中输入 "0.01"，单击 确定 按钮，完成退刀平面的定义。

（6）端面铣削加工

1）单击菜单栏中的 步骤(S)，在下拉菜单中选择 端面(F) 命令（图 10-15a），在系统

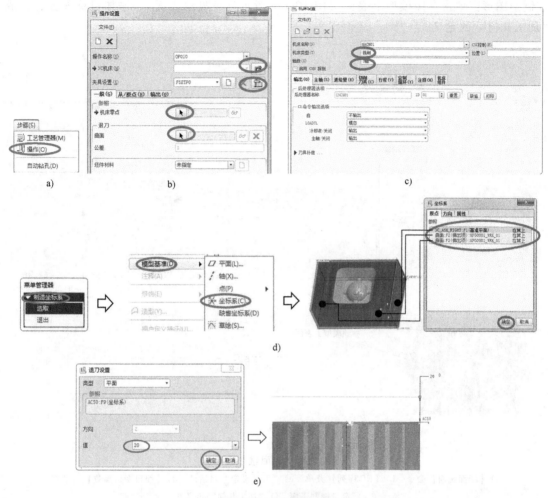

**图 10-14　制造设置**

a)【操作】命令　b)"操作设置"对话框　c)"机床设置"对话框　d)定义制造坐标系　e)定义退刀平面

弹出的【NC 序列】菜单的【序列设置】 序列设置 选项组中依次选取【刀具】、【参数】和【加工几何】选项，然后单击 完成 （图 10-15b）。

2）在系统弹出的【刀具设置】对话框的工具栏中选取【新建】 按钮后的 按钮，在系统弹出的【新建刀具】工具栏中选取 命令，然后在【输入刀具直径】文本框中输入"25"，【输入刀具长度】文本框中输入"80"，依次单击 应用 和 确定 按钮（图 10-15c），完成刀具的定义。

3）依次在系统弹出的【编辑序列参数】和【端面铣削】对话框的【切削进给】、【步长深度】、【跨度】、【扫描类型】、【安全距离】、【主轴速率】参数输入文本框中输入（或下拉列表中选择）"600""2""20"、【类型 1】、"10"和"1200"，单击 确定 按钮（图 10-15d），单击 确定 按钮，完成序列参数设置。

4）系统弹出【曲面】对话框，同时消息提示区提示 选取要加工的竖直相邻曲面。，用鼠标在制造图形区单击参照模型上表面（图 10-15e 所示高亮显示表面），添加目标曲面，完成"加工几何"的定义。

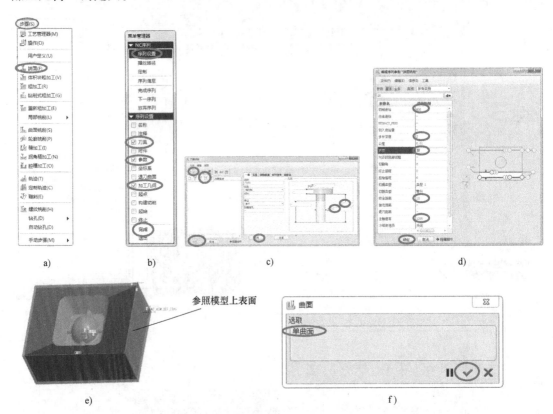

a)【端面铣削】命令  b)【NC 序列】菜单  c)"刀具设定"对话框  d)【编辑序列参数】对话框

e) 定义铣削平面  f)"加工几何"定义

图 10-15 端面铣削设置

（7）演示端面铣削刀具路径

1）在系统弹出的【NC 序列】菜单中选择【播放路径】命令，系统打开【播放路径】下拉菜单（图 10-16）。

2）在下拉菜单中选取【屏幕演示】选项，系统弹出【播放路径】对话框，单击 ▶ 按钮，查看刀具路径（图 10-17）。

提示：进行 NC 检查，需要在安装 Pro/Engineer Wild 软件时选择 VERICUT6.2 by CGTech 软件。

（8）端面铣削仿真

1）在系统弹出的【NC 序列】菜单中选取【NC 检查】命令，在系统打开的"VERICUT6.2.4 by CGTech"软件中单击 ▶ 按钮，演示结果如图 10-18 所示。

2）演示结束后，单击软件右上角的 X 按钮，在

图 10-16 【NC 序列】下拉菜单

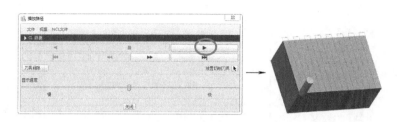

图 10-17　端面铣削刀具路径演示

系统弹出的【Save Changes Before Exiting VERICUT?】对话框中单击 Ignore All Changes 按钮，关闭仿真软件，如图 10-18 所示。

3）在系统弹出的【NC 序列】菜单中选取【完成序列】命令，完成 NC 检查。

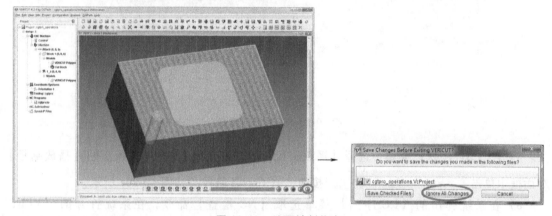

图 10-18　端面铣削仿真

（9）体积块粗加工

1）单击菜单栏【步骤】—【体积块粗加工】命令，在系统弹出的【NC 序列】菜单中依次选取【刀具】、【参数】和【窗口】选项，然后单击【完成】按钮。

2）在系统弹出的【刀具设置】对话框中单击 □ 按钮，选取【外圆角铣削】选项，然后在【输入刀具直径】文本框中输入"10"，在【输入刀具长度】文本框中输入"60"，依次单击 应用 和 确定 按钮，完成刀具的定义。

3）依次在系统弹出【编辑序列参数】、【体积块铣削】对话框的【切削进给】、【步长深度】、【跨度】、【允许轮廓坯件】、【安全距离】、【主轴速率】和【冷却液选项】参数输入文本框中输入（或下拉列表中选择）"600""1""6""0.5""10""1200"和"FLOOD"，单击 确定 按钮，完成序列参数设置，系统在消息提示区提示 选取先前定义的铣削体积块。

4）在菜单栏中依次选取【插入】—【制造几何】—【铣削窗口】，在系统弹出的【铣削窗口】操作面板中单击 按钮，打开【放置】选项卡，在图形区选取工件上表面，完成【窗口平面】收集，在操控面板中选取【依次链】，然后在图形区的工件上表面依次选取轮廓边（在按下<Shift>键的情况下），单击 确定 按钮，完成链收集，接着选取【选项】—【在窗口围线上】，在操作面板中单击 按钮（图 10-19），完成铣削窗口的定义。

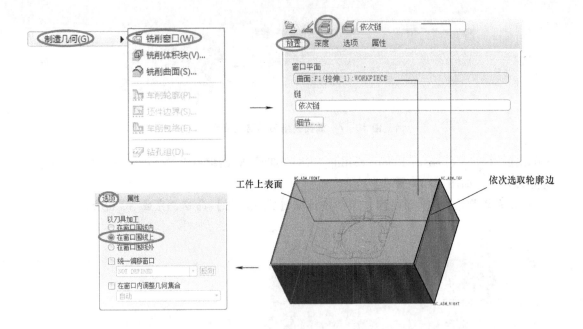

图 10-19　铣削窗口定义

5）在【NC 序列】菜单中选择【播放路径】—【屏幕演示】，在系统弹出的【播放路径】对话框中单击 ▶ 按钮，查看刀具路径，如图 10-20a 所示。

6）在系统弹出的【NC 序列】菜单选取【NC 检查】命令，在系统打开的"VERI-CUT6.2.4 by CGTech"软件中单击 ⊙ 按钮，演示结果如图 10-20b 所示，然后单击软件右上角的 X 按钮，在系统弹出的【Save Changes Before Exiting VERICUT?】对话框中单击 Ignore All Changes 按钮，接着在系统弹出的【NC 序列】菜单中选取【完成序列】命令，完成 NC 检查。

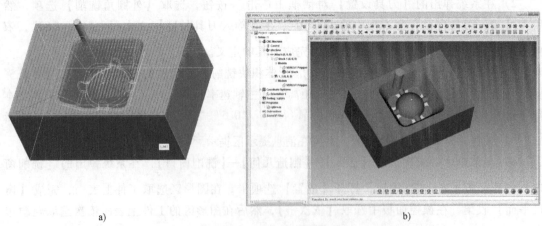

a)　　　　　　　　　　　　　　　　　　b)

图 10-20　体积块铣削仿真

a）刀具路径演示　b）体积块铣削仿真

（10）精加工

1）单击菜单栏【步骤】—【精加工】命令，在系统弹出的【NC 序列】菜单中依次选取【刀具】、【参数】和【窗口】选项，然后单击【完成】按钮。

2）在系统弹出的【刀具设置】对话框中单击【新建】按钮，选取【球铣削】选项，然后在【输入刀具直径】文本框中输入"2"，在【输入刀具长度】文本框中输入"40"，依次单击 应用 和 确定 按钮，完成刀具的定义。

3）依次在系统弹出的【编辑序列参数】和【体积块铣削】对话框的【切削进给】、【跨度】、【安全距离】、【主轴速率】和【冷却液选项】参数输入文本框中输入（或下拉列表中选择）"300" "1" "10" "2000"和"FLOOD"，单击 确定 按钮，完成序列参数设置。

4）在菜单栏中依次选取【插入】—【制造几何】—【铣削窗口】命令，在系统弹出的【铣削窗口】操作面板中单击【链窗口类型】，打开【放置】选项卡，在图形区选取工件上表面，完成【窗口平面】收集，在操控面板中选取【依次链】，在图形区选取工件上表面轮廓边，单击 确定 按钮，完成链收集。接着选取【选项】—【在窗口围线上】命令，在操作面板中单击 按钮（图 10-19），完成铣削窗口的定义。

5）在【NC 序列】菜单中选择【播放路径】—【屏幕演示】命令，在系统弹出的【NC 序列】菜单中选取【NC 检查】命令，完成 NC 检查，如图 10-21 所示。

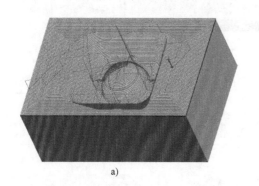
a)

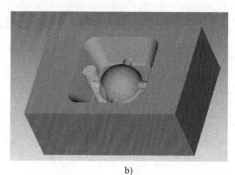
b)

**图 10-21　精加工仿真**
a）刀具路径演示　　b）体积块铣削仿真

（11）创建 CL 文件并进行后处理

1）在菜单栏中选择【编辑】—【CL 数据】—【输出】命令，在系统弹出的【选取特征】菜单中选取【操作】命令，在打开的【选取菜单】菜单中选取 OP010 命令，如图 10-22a、b 所示。

2）在系统弹出的【轨迹】菜单中选择【文件】命令，在【输出类型】下拉菜单中依次选取【CL 文件】、【MCD 文件】和【交互】选项，并选取【完成】命令，如图 10-22c、d 所示。

3）系统弹出【保存副本】对话框，选择文件的保存路径，然后单击 确定 按钮，完成 CL 文件的保存，如图 10-22e、f 所示。

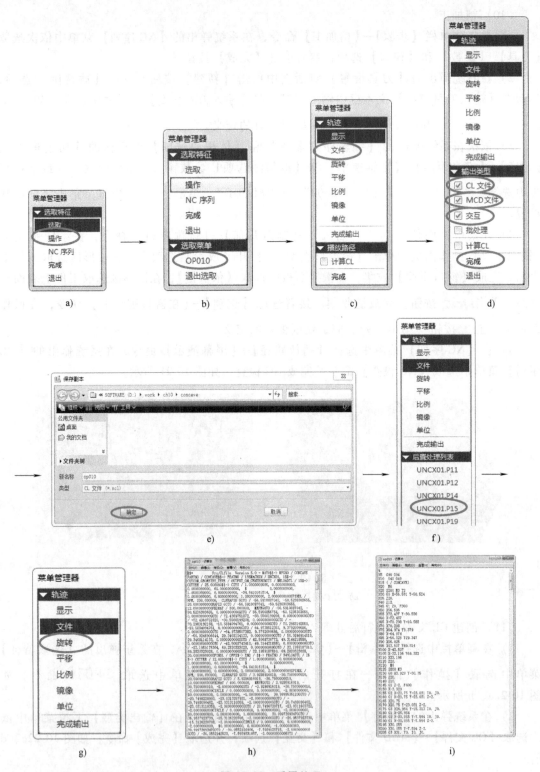

**图 10-22　后置处理**

a)【选取特征】菜单　b)【选取菜单】　c)【轨迹】菜单　d)【输出类型】菜单

e)【保存副本】对话框　f)【后处理列表】　g)【文件】菜单　h) CL文件　i) NC文件

4）在系统打开的【后置处理列表】对话框中选取加工设备所对应的后处理器（如"UNCX01. P15"），然后在系统弹出的【信息窗口】中单击 关闭 按钮，返回【轨迹】菜单，单击【完成输出】按钮。

5）在工作目录下用记事本软件分别打开 CL 文件（op010. ncl）和 NC 文件（op010. tap）（图 10-22h、i），完成后处理工作。

## 10. 2. 4 知识分析

案例实施过程涉及 NC 制造的基本步骤包括：

① 采用装配方式引入参照模型，同时手工创建工件，二者共同构成了制造模型；②加工区域仅限于工件上表面，装夹高度低于加工表面即不会影响退刀，故在制造设置中使用 3 轴机床和默认夹具即可；③需切除上表面加工余量和凹槽内的多余材料，选用端面铣削和体积块加工即可，NC 序列设置过程中进行刀具、加工参数和加工范围定义；④进行加工仿真，检查 NC 加工去除效果，NC 检查；⑤创建刀位文件并生成 NC 代码。了解上述内容，有助于尽快掌握 Pro/Engineer 中 NC 制造的常规流程，如图 10-23 所示。

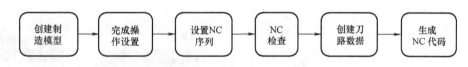

**图 10-23 NC 制造的常规流程**

### 1. 制造模型设置

在 Pro/Engineer 中创建 NC 序列前，需先设置制造模型。制造模型通常由一个参照模型和一个工件模型组成。根据实际加工的需要，还可向制造模型添加其他组件，如转台等。制造模型一般由三个文件组成，包括：制造组件，扩展名为 ". asm"；参照模型，扩展名为 ". prt"；工件模型，扩展名为 ". prt"。

（1）创建参照模型 参照模型又称为"设计模型"，其三维造型用以描述加工完成后零件的结构，为 Pro/Engineer NC 制造模块提供加工所需几何和数值信息，是生成序列刀具路径轨迹的依据。参照模型通过菜单栏【插入】下拉菜单的【参照模型】选项组创建（图 10-24），创建方式有两种：

① 手工创建，在 NC 环境下通过【特征类】菜单采用拉伸、旋转、扫描等基本实体造型工具直接创建模型。

② 通过装配方式引入，通过合并、继承等方式将参照模型放置到 NC 制造环境中，如图 10-25 所示。

（2）创建工件模型 工件在加工制造中常被称为毛坯，表示待加工零件的几何形状，用作 NC 序列创建时定义加工范围。在 Pro/E NC 制造中，工件模型属于可选项，如不做材料的动态去除模拟和过切检测，可以考虑不定义。工件模型的创建通过菜单栏【插入】下拉菜单中【工件】选项组完成，方式有三种：

① 自动生成，系统根据参照模型的大小和位置自动定义工件，默认以参照模型坐标系放置毛坯工件，尺寸则取决于参照模型的边界（图 10-26），用户可通过【整体尺寸】、【线性偏移】和【旋转偏移】调整工件相对参照模型的的大小和角度。

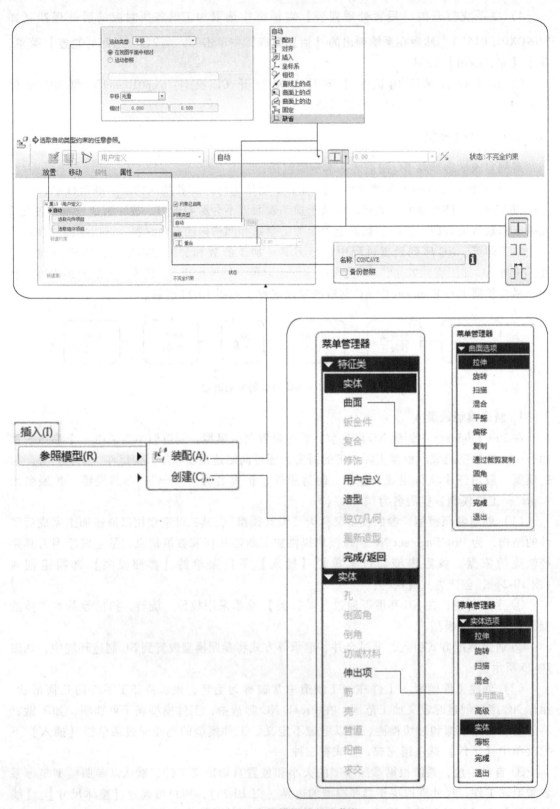

**图 10-24 参照模型的创建菜单**

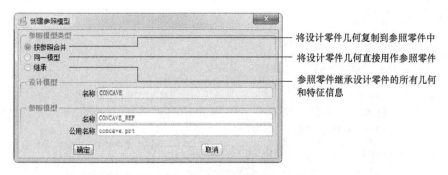

**图 10-25　【创建参照模型】对话框**

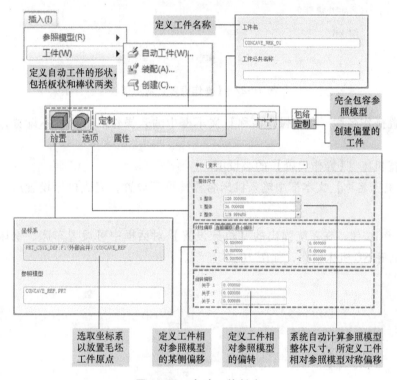

**图 10-26　自动工件创建**

② 通过装配方式引入，将已创建的零件模型放置到 NC 制造环境中，与参照模型的装配一致，一般用于形状较为复杂的工具模型创建。

③ 在 NC 环境下直接创建，在 NC 环境下通过【特征类】菜单，完成工件生成，一般用于较简单的工件模型。

*提示：所创建工件坐标系为编程坐标系，需注意使其 Z 轴正方向正对刀具退刀方向。*

**2. 创建操作设置**

操作设置用于创建制造数据库，此数据库中包括 NC 机床、刀具、夹具、加工零点、退刀点等信息。下面对数据库的设置步骤进行介绍。

（1）打开【操作设置】对话框　选择菜单栏【步骤】下拉菜单中的【操作】命令，系统弹出【操作设置】对话框，如图 10-27 所示。

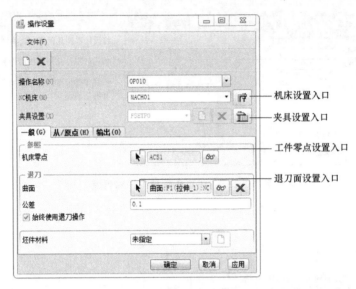

图 10-27　【操作设置】对话框

（2）设置操作名称　在【操作名称】文本框中输入操作名称，可不设置，系统默认为"OP010"。

（3）设置机床（【操作设置】的必设项）

① 在【机床名称】文本框中输入机床名称，可不设置，完成机床设置后，系统默认为"MACH01"。

② 单击 按钮，在系统弹出的【机床设置】对话框中可设置车床、铣床、车铣复合机床和线切割等 NC 机床信息，如图 10-28 所示。

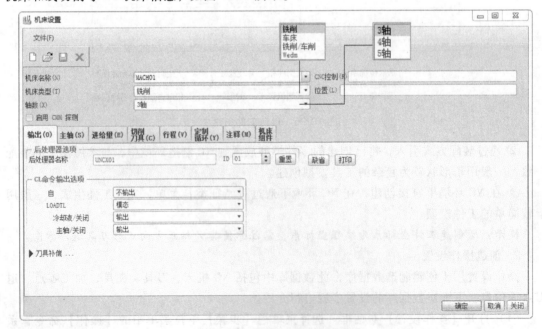

图 10-28　【机床设置】对话框

提示：机床设置时，可同时设置刀具，设置加工序列时则无须再次定义。

（4）设置夹具　单击 □ 按钮，在系统弹出的【夹具设置】对话框中可完成夹具的设置，此为【操作设置】的可选项，如用户不做设置，系统默认夹具名称为"FSETP0"。

（5）设置加工零点（"操作设置"的必设项）　Pro/Engineer NC 中的机床零点也称为加工零点，此为刀具路径数据计算的依据。Pro/Engineer NC 未设置固定的加工零点，故操作设置中必须设置加工零点，建议将其设置在工件上，工件顶部为 $Z$ 向零点。需要强调的是，加工（或制造）坐标系的坐标轴必须与机床坐标系一致（具体可参阅 10.1 节工件坐标系部分内容）。单击 机床零点 区域的 ▶ 按钮，系统弹出【制造坐标系】菜单，选择 选取 选项，即可开始机床零点的设置，设置方法有两种：

① 在 NC 制造图形区选择已建立坐标系。

② 选取菜单栏【插入】下拉菜单【模型基准】选项组中的 ✱ 坐标系(C)... 命令，激活系统弹出的【坐标系】对话框中的 原点 选项卡中的 参照 收集器，在制造模型中按下 <Ctrl> 键，连续选择互相垂直的三个平面，作为工件坐标系的参照；或在制造模型中选择一点作为工件零点，再选择 方向 选项卡中的 定向根据 区域的 ◉ 参考选取(R) 单选按钮，激活第一个 使用 收集器，在制造模型中选择第一个平面以确定第一个坐标轴，接着激活第二个 使用 收集器，在制造模型中选择第二个平面以确定第二个坐标轴，同时可通过 反向 按钮调整坐标轴的正向，使之与机床坐标系方向一致，完成工具坐标系的建立，如图 10-14e 所示。

提示：加工坐标系设置是模态的（即一经指定，所有后续的 NC 序列都使用此设置，直到将其更改为止）。

（6）建立退刀面　当在工件的不同区域加工时，每加工完一个区域后，刀具需要退到高于工件的位置，然后横向移动到另外一个区域的上方，再继续进行加工。退刀面定义了刀具一次切削后所退回的位置，具体定义方法根据加工工艺的需要。退刀面可以定义为曲面、圆柱、球面以及用户自定义的曲面，可以在创建操作时定义，随后在创建具体 NC 序列时再根据需要进行修改。当一个操作的退刀面定义好之后，刀具将沿此退刀面从一个连续的 NC 轨迹的终点移动到下一个 NC 轨迹的起点。

① 单击【退刀】区域的 ▶ 按钮，系统弹出【退刀设置】对话框。

② 在【类型】下拉列表中选择退刀面的类型。

③ 激活【参照】收集器，选择设置退刀面的坐标系，系统默认工件坐标系。

④ 在【值】文本框中输入退刀面在 $Z$ 向坐标的位置，单击 确定 按钮，完成退刀面定义，如图 10-14e 所示。

**3. 加工方法设置 1**

NC 编程时，需要根据工件技术要求、实际加工条件等合理选择加工方法，并通过人机交互的方式完成加工区域、刀具以及切削参数等的设定，以便生成刀具路径。

（1）加工方法创建与修改

1）新建加工方法，如图 10-29 所示。

① 在菜单栏中的【步骤】下拉菜单中，选择所需加工方法，或者直接在 NC 制造工具栏中选择加工方法。

提示：完成"操作设置"后，系统即在 NC 制造界面顶端的工具栏中添加加工方法工具栏，提供与"操作设置"中所选择【机床类型】相应的快捷工具，故亦可通过这些快捷工具调用【NC 序列】菜单，如图 10-29 所示。

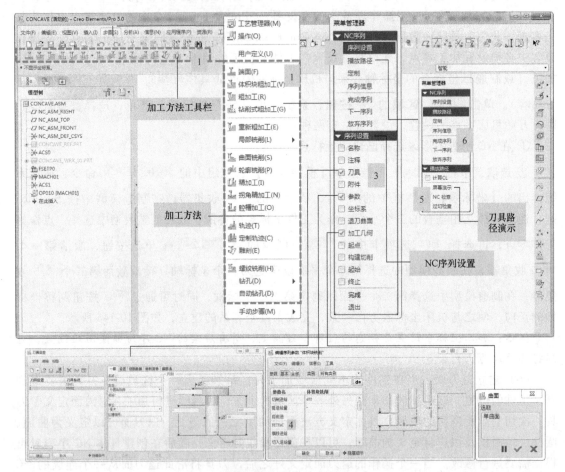

图 10-29　新建加工方法

② 在系统弹出的【NC 序列】菜单中单击【序列设置】选项。

提示：NC 序列是表示单个刀具路径的装配（或工件）特征。

③ 系统打开【序列设置】子菜单，在该子菜单中选择设置加工序列所需的选项，如【刀具】、【参数】、【加工几何】等。

提示：如"刀具设定"已在"操作设置"对话框中定义，【序列设置】时系统默认使用该刀具，则无须勾选【刀具】选项再次定义。

④ 系统根据加工序列设置选项依次弹出设置对话框，输入对应参数，完成序列设置。

⑤ 在系统弹出的【NC 序列】菜单中单击【播放路径】选项，在【播放路径】子菜单中选择【屏幕演示】，观察刀具路径，或选择【NC 检测】，进入刀具模拟环境，观察刀具切减材料的效果，动态验证系统自动生成的刀具路径。

⑥ 在【NC 序列】菜单中单击【完成序列】选项，完成加工方法的创建工作。

2）修改加工方法，如图 10-30 所示。

如屏幕演示结果不符合要求，可对【NC 序列】参数进行修改，或使用"自定义"功能调整刀具路径。【NC 序列】的修改过程如下：

① 如已退出【NC 序列】菜单，在模型树中选择需修改的 NC 序列，单击鼠标右键，在系统弹出的快捷菜单中选取编辑定义选项，系统弹出【NC 序列】菜单。

② 在【NC 序列】菜单栏中选择【序列设置】选项。

③ 在系统打开【序列设置】下拉菜单中需要修改的参数，如【刀具】、【参数】、【坐标系】（与【退刀曲面】一起）和 MFG 几何特征（如铣削窗口或体积块）。

④ 修改加工方法参数。

⑤ 返回【NC 序列】菜单，单击【播放路径】选项，对加工过程仿真，或【完成序列】结束修改工作。

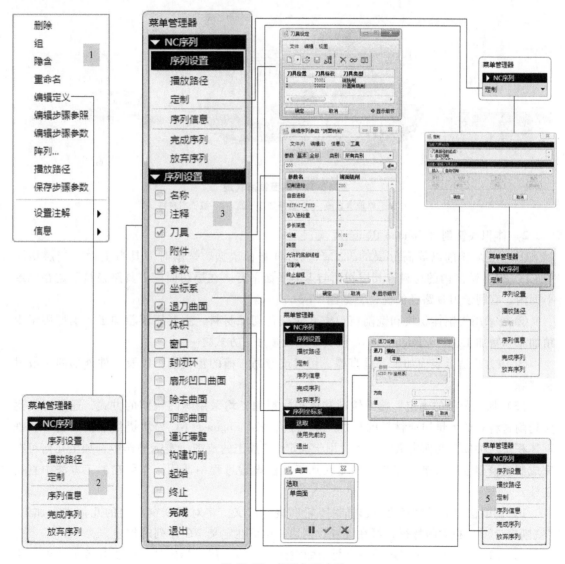

图 10-30 修改加工方法

提示：在【NC序列】中选择定制选项，可自定义刀具路径。

（2）常用加工方法

下面介绍本节案例中采用的端面铣削和体积块粗加工方法。

1）端面铣削（Face Mill）。

① 端面铣削时，刀具轴线垂直于切削层平面，通过在水平切削层上创建刀具路径来切除工件表面的材料余量，如图10-31a所示。

② 端面铣削通过选择面区域来指定加工范围，加工时所选区域中的内部轮廓会被自动排除，如图10-31b和10-31c所示，可实现平面的粗加工和精加工。

③ 该方法适合加工面积大或平面度要求高的平面，如垫板、分型面和平底槽等，采用端面铣削方法加工面积较大的平面时，能有效提高加工效率和加工质量。

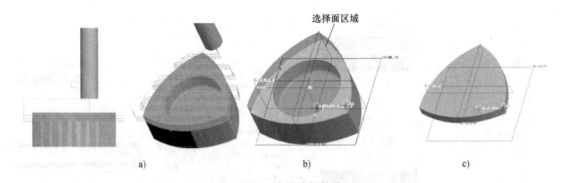

图 10-31　端面铣削轨迹

a）加工原理示意图　b）选择加工平面　c）被铣削材料

2）**体积块铣削（Volume Rough）**。

① 体积块铣削以等高分层的方式产生刀具路径数据。铣削时刀具自上而下按层切除"加工几何"范围内的材料，其层切面与退刀平面平行。在层切面内刀具路径被限定在二维平面内，有利于刀具路径的优化，如图10-32所示。

② 可采用铣削体积块和铣削窗口方式定义待切除材料，主要用于粗加工，也可用于半精加工和精加工，Pro/Engineer NC模块应用最多加工方式之一。

③ 该方法适合表面加工，垂直槽、切口或带岛盲槽的粗铣削，以及工件外部的一般材料移除。

（3）加工范围的确定　端面铣削和体积块粗加工均采用等高铣削的方式，通过刀具逐层切削材料完成大量切削材料的粗加工。为此，Pro/Engineer NC模块提供了铣削窗口和铣削体积块两种加工几何定义的方式，用于确定NC加工的范围。实际操作中，加工几何可在完成制造模型创建后单独定义，然后在加工方法设置过程中调用，亦可在加工方法中直接创建。

1）铣削窗口。通过草绘或选择封闭轮廓进行定义。将对铣削窗口内的几何进行加工。"铣削窗口"是独立的特征，可在设置时创建，也可在定义NC序列时创建。

2）铣削体积块。体积块是一个封闭的空间几何体，用于指定加工时被切除的材料，主要用于体积块粗加工中加工范围的定义。对于凹模类零件，一般采用【聚合体积块】菜单进行创建；对于凸模类零件，则需在创建与工件相同的体积块后，利用【修剪】命令进行

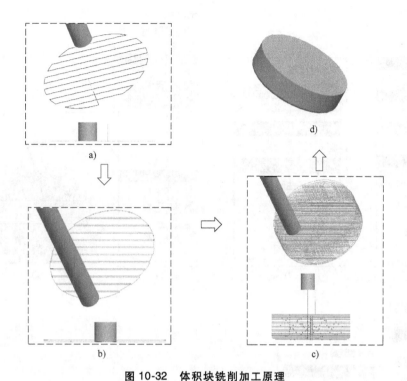

**图 10-32　体积块铣削加工原理**

a）成切面内刀具路径　b）自上而下切削　c）等高分层切削　d）切除材料

布尔求差运算，以得到加工所需的体积块。下面介绍其铣削体积块的定义：

①在菜单栏选取【插入】—【制造几何】—【铣削体积块】，然后在菜单栏选取【编辑】—【收集体积块】命令，在系统弹出的【聚合体积块】菜单中选择【选取】和【封闭】复选项，单击【完成】按钮，如图 10-33a 所示。

②在系统弹出的【聚合选取】下拉菜单中选择【曲面和边界】和【完成】选项，系统在消息提示区提示 ⇨选取一个种子曲面。，在图形区的参照模型中选取图 10-33c 所示的种子

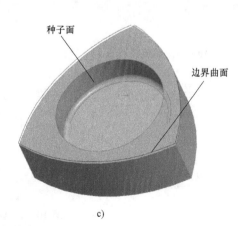

**图 10-33　铣削体积块定义**

a）【聚合步骤】菜单　b）【聚合选取】菜单　c）曲面与边界选取

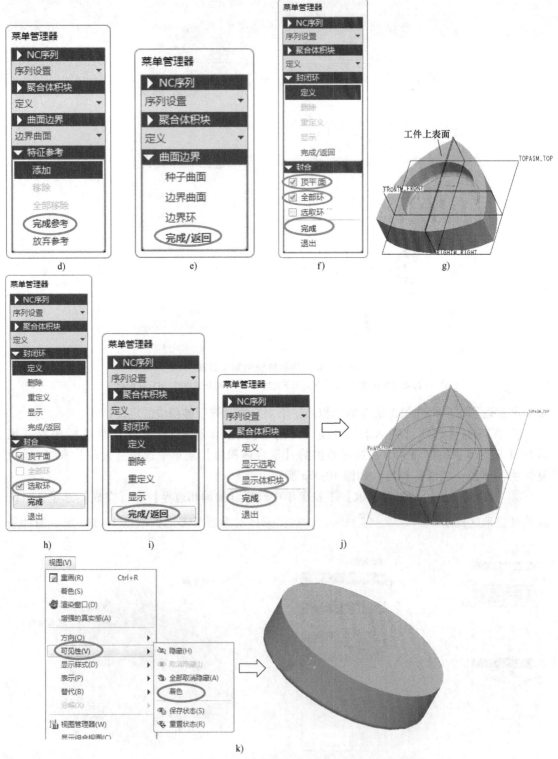

**图 10-33　铣削体积块定义（续）**

d)【特征参考】菜单　e)【曲面边界】菜单　f)【封合】菜单 1　g)体积块闭合面

h)【封合】菜单 2　i)【封闭环】菜单　j)显示体积块　k)体积块着色

曲面，系统在消息提示区再提示 指定限制加工曲面的边界曲面。，在图形区的参照模型中选取图 10-33c 所示的边界曲面，依次在系统弹出的【特征参考】菜单和【曲面边界】菜单中选取【完成参考】和【完成/返回】选项（图 10-33d 和 e），然后在系统弹出【封合】菜单中选取【顶平面】和【全部环】选项，单击【完成】选项（图 10-33f），系统在消息提示区再提示 选取或创建一平面，盖住闭合的体积块。，在图形区选择图 10-33g 所示参照模型的上表面，接着依次在系统弹出【封合】和【封闭环】菜单中选取【完成】和【完成/返回】选项（图 10-33h 和 i），完成体积块定义。

③ 在系统弹出【聚合体积块】菜单中依次选取【显示体积块】和【完成】选项，图形区聚合体积块高亮显示（图 10-33j），然后在菜单栏选取【视图】—【可见性】—【着色】选项，图形区显示聚合体积块（图 10-33k）。

### 4. 刀具路径演示

在【NC 序列】菜单中除了提供加工方法的设置，还提供加工的屏幕演示功能，以便检查所设置的刀具路径是否正确合理。如对刀具路径或仿真效果不满意，可在【NC 序列】菜单中选择【序列设置】选项，对加工方法设置中的相关参数进行优化。

（1）屏幕演示 在【播放路径】子菜单中选择【屏幕演示】选项（其设置如图 10-34 所示），可观察所设置加工方法的刀具轨迹。

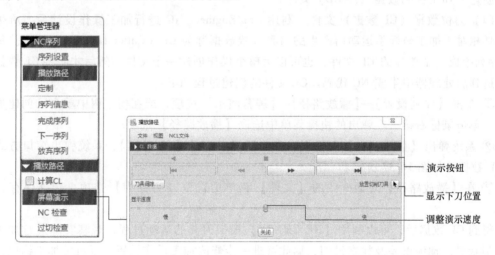

**图 10-34 刀具路径演示界面**

（2）NC 检查 在【播放路径】子菜单中选择【NC 检查】选项，可对工件材料的切除进行动态演示，以便观察实体工件切削情况。Pro/E 提供 "VERICUT" 和 "NC CHECK" 两种三维渲染加工模拟的方式，两种方法的设置方法如下：在菜单栏的【工具】下拉菜单中选择【选项】，系统弹出【选项】对话框，在【选项】文本框中输入 "nc check_ type"，在【值】下拉列表中选择所需选项，然后单击 添加/更改 按钮即可，如图 10-35 所示。"VERICUT" 模拟加工结果如图所示 10-21 所示，"NC CHECK" 模拟加工结果如图 10-36 所示。

### 5. 文件输出

前面步骤产生的 NC 序列必须转化为 CL 数据输出，才可以进行检查或输出文件。NC 生

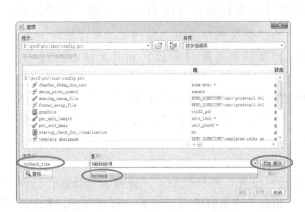

图 10-35 【NC 检查】选项设置

图 10-36 【NC CHECK】模拟

成 ASCII 格式的刀具位置（CL）数据文件，在进行任何加工操作之前这些文件需要进行后处理以创建"加工控制数据"（MCD）文件。

（1）刀位数据（CL 数据）文件　利用 Pro/Engineer NC 进行加工操作设计后，所生成的刀具相对于加工坐标系运动而产生的刀具位置数据称为 CL（Cutter Location）数据。每个 NC 序列生成一个单独的 CL 文件，也可以为整个操作创建一个文件，然后才能将 CL 数据文件传送到后处理器中生成 NC 代码。CL 文件的创建过程如下：

① 单击【序列设置】—【播放路径】—【屏幕演示】选项，或在模型树中单击已创建加工方法，单击鼠标右键，在弹出的快捷菜单中选取【播放路径】选项。

② 系统弹出【播放路径】对话框，在对话框中选择【CL 数据】，系统弹出窗口方式显示 CL 数据，如图 10-37 所示。

③ 在【播放路径】对话框中的【文件】菜单中选取【另存为】选项，选择保存目录即可。

得到 CL 数据后，可以利用【NC CHECK】模拟刀具的运动过程，观察实际进行加工时的切削状况，预测误差及检查过切，据此可进一步修改加工操作设置，以避免加工错误。

（2）后置处理　为了使 Pro/ENC 制作的刀位数据文件能够适应不同加工机床的要求，需要将刀位（CL）数据文件转化为特定基础所配置的数控系统能实现的 G 代码程序。后置处理步骤如图 10-38 所示。

① 在菜单栏中选择【工件】—【CL 数据】—【后处理】命令，在系统弹出的【打开】对话框中选取后处理文件，单击 打开 ▼ 按钮。

② 在系统弹出的【后置期处理选项】菜单中选择【详细】和【跟踪】复选框，并选取【完成】命令。

③ 系统弹出【保存副本】对话框，选择文件的保存路径，然后单击 确定 按钮，完成 CL 文件的保存，如图 10-22e、f 所示。

④ 在系统打开【后置处理列表】下拉菜单，选取加工设备所对应的后处理器（如

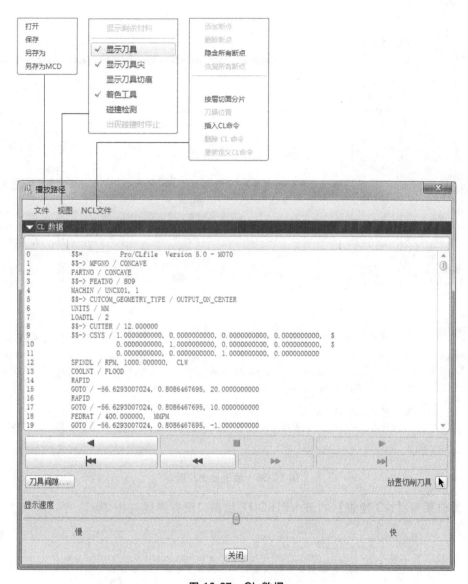

图 10-37　CL 数据

UNCX01.P15），然后在系统弹出的【信息窗口】中单击 关闭 按钮，即可完成后置处理。

　　⑤ 在工作目录下用记事本软件分别打开 CL 文件（op010.ncl）和 NC 文件（op010.tap），分别如图 10-22h、i 所示。

　　提示：也可按案例一中步骤（11）所示步骤完成文件输出工作。

## 10.2.5　疑问解答

**1. 为何在创建刀具时发现刀具与零件的比例不符合所输入尺寸的要求？**

请检查建立零件模型和制造模型时所选用的单位，二者必须一致。

**2. 加工方法、刀具和切削参数设置都没有问题，为什么无法进行刀具路径演示？**

在设置制造模型时未创建工件，故无法进行刀路演示。

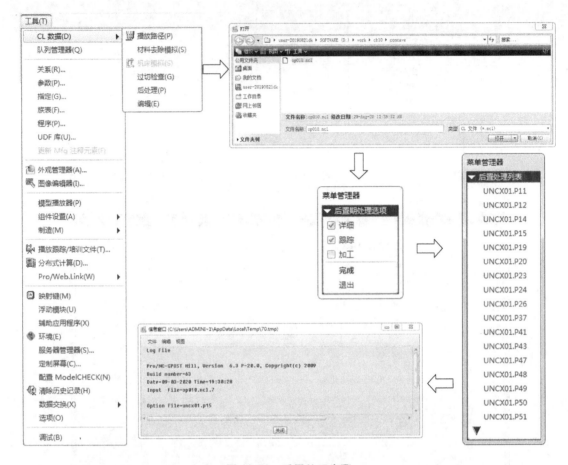

图 10-38　后置处理步骤

### 3. 为何采用【NC 检查】打开 VERICUT 后窗口没有模型（图 10-39）？

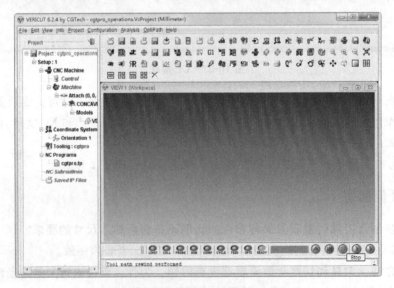

图 10-39　VERICUT 无模型示例

检查是否已创建工件，如已创建则检查工件是否被"隐藏"，"取消隐藏"即可解决。

**4. 为何打开以前创建的 NC 制造文件，图形区无法加载模型？**

在创建 NC 制造文件时未创建工作目录，将相关文件存于该目录下，加载模型时缺乏所需模型，查看导航区模型树可以发现缺少相关文件（图 10-40）。

图 10-40　缺少文件示例

# 10.3　NC 编程案例二：凸模零件加工

## 10.3.1　问题引入

完成图 10-41 所示凸模零件的数控加工的自动编程，零件材料为 718H，要求上表面粗糙度为 $Ra1.6\mu m$，单件小批量生产。

## 10.3.2　案例分析

（1）零件工艺分析　零件为平面结构凸模类零件，可选用现成的预制板料作为加工工件。零件的边界尺寸为 300mm×200mm×126mm（图 10-42），可选坯料的尺寸为 300mm×200mm×128mm，预制坯料的六个面均已加工，故需要数控加工的部位仅有工件的分型面及曲面轮廓。以已加工过的底面和侧面为基准，用精密

图 10-41　凸模零件

台钳夹紧，工件上表面高出台钳上平面少许。加工面要求表面粗糙度 $Ra3.2\mu m$，将加工过程分为粗、半精和精加工三个阶段，一次装夹完成。考虑到工件材料为模具钢，粗加工时采用硬质合金面铣刀，半精加工硬质合金圆盘铣刀；精加工时则主要采用硬质合金球铣刀。NC 编程时选择工件上表面右侧角点作为数控程序原点。

（2）数控加工思路和步骤

① 粗加工：采用体积块粗加工，一次完成分型面和曲面轮廓的加工，留加工余量

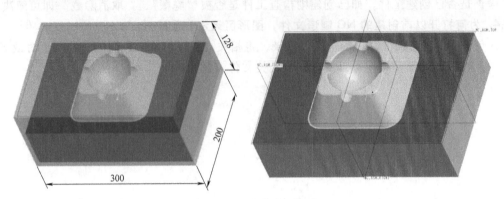

图 10-42　凸模外形尺寸

0.5mm，如图 10-43b 所示。

　　② 半精加工：采用局部铣削加工去除体积块粗加工后所剩下的材料，如图 10-43c 所示。

　　③ 精加工：采用曲面铣削出加工曲面轮廓（图 10-43d），采用精加工加工出分型面（图 10-43e），采用铅笔跟踪加工出圆角（图 10-43f）。

　　④ 孔加工：先采用中心钻预钻孔以便定心，再用钻头钻孔。

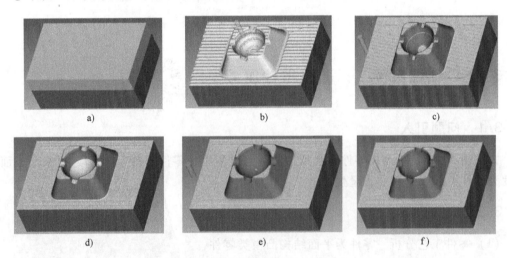

图 10-43　凸模数控加工步骤

a) 制造元件　b) 粗加工（体积块粗加工）　c) 半精加工（局部铣削）
d) 精加工 1（曲面铣削）　e) 精加工 2（精加工）　f) 精加工 3（铅笔跟踪）

## 10.3.3　案例实施

　　（1）设置工作目录　启动 Pro/Engineer 5.0 后，单击菜单栏中选取【文件】—【设置工作目录】，将工作目录设置至 D：\ work \ ch10 \ core，单击 确定 按钮，完成工作目录的设置。

　　（2）新建 NC 制造文件

　　1）单击工具栏中的【新建】按钮，系统弹出【新建】对话框，选择【制造】选项，在【名称】文本框中输入"core"，取消【使用缺省模板】选项，单击【确定】按钮。

2）系统弹出【新文件选项】对话框，在该对话框的【模板】选项组中选择【mmns_mfg_nc】选项，单击【确定】按钮，进入NC制造模块。

（3）创建制造模型

1）在制造工具栏中单击 按钮，系统弹出【打开】对话框中，在文件夹中选取"core.prt"，将其以按参照合并的方式完成参照模型的定位，引入参照模型，如图10-44所示。

2）在快捷工具栏中单击 按钮，在系统打开的【创建自动工件】操作面板中打开 放置 选项卡，打开 坐标系 收集器，选择参照模型坐标系，然后打开 选项 选项卡，在 当前偏移 区域内的【+Z】文本框中输入"2"，单击操作面板中的 按钮，自动生成工件。

提示：在Z向增加2mm切削余量。

（4）操作设置　在菜单栏中选择【步骤】—【操作】命令，在系统弹出的【操作设置】对话框中完成3轴铣削机床的设置，按图10-45的要求设置工件零点，并设置退刀高度为20。

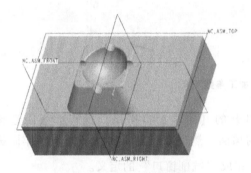

图10-44　引入参照模型

图10-45　定义工件零点

返回【操作设置】对话框，在 一般(G) 选项卡下的 退刀 区域中单击 按钮，系统弹出【退刀设置】对话框，【参照】收集器中默认上一步定义的坐标ACS0为退刀坐标系，在 值 文本框中输入"20"，单击 确定 按钮，退出【退刀设置】对话框，在【操作设置】对话框的 退刀 区域 公差 文本框中输入"0.01"，单击 确定 按钮，完成退刀平面的定义。

（5）体积块粗加工

1）单击工具栏中的 命令，在系统弹出的【NC序列】菜单中依次选取【刀具】、【参数】和【窗口】选项，然后选取【完成】命令。

2）在系统弹出的【刀具设置】对话框的工具栏中单击 按钮，选择【一般】—【类型】—【外圆角铣削】，依次在【输入刀具直径】、【输入刀具圆角半径】和【输入刀具长度】文本框中输入"16""2"和"80"，再依次单击【应用】和【确定】按钮，完成粗加工刀具的定义。

3）在系统弹出的【编辑序列参数"体积块铣削"】对话框中输入加工参数，如图10-46所示，单击【确定】按钮，完成体积块粗加工序列的参数设置。

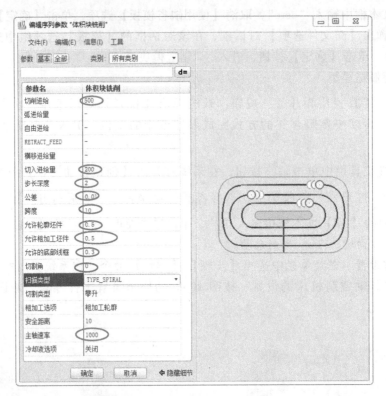

**图 10-46　体积块粗加工参数定义**

4）单击制造工具栏中的 按钮，在系统打开的【定义窗口平面】操作面板中选择【放置】—【窗口平面】，在图形区选择"工件"的顶面，然后在【定义窗口平面】操作面板选择【选项】—【在窗口围线上】，单击 按钮，完成"铣削窗口"的定义。

提示：手工创建铣削体积：单击制造工具栏中的铣削体积块工具 ，选择拉伸工具 ；然后在图形区选择"工件"上表面作为草绘平面，并使用边工具 以"工件"顶面外轮廓为"环"（图10-47a）草绘截面；接着伸至"参照模型"的分型面（图10-47b），创建出体积块；最后利用制造工具栏中的修剪工具 从体积块中切减掉"参照模型"的曲面实体部分，从而完成铣削体积块（图10-47c）的创建。

5）在系统弹出的【NC序列】菜单中选择【播放路径】—【屏幕演示】选项，在系统弹出的【播放路径】对话框中查看刀具路径（图10-47d），完成体积块粗加工定义。

（6）局部铣削加工（图10-48）

1）单击工具栏中的 命令后的 ，在打开的下拉菜单中选择 ，在系统弹出【选取特征】菜单中选择【NC序列】—【1. 体积块铣削】—【切削运动#1】选项，接着在系统弹出的【NC序列】菜单中依次选取【刀具】、【参数】选项，然后选取【完成】命令。

2）在系统弹出的【刀具设置】对话框的工具栏中单击 按钮，选择【球铣削】，依次在【输入刀具直径】和【输入刀具长度】文本框中输入"8"和"50"，完成半精加工刀具的定义。

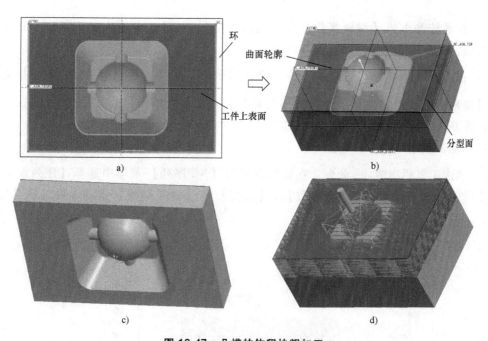

**图 10-47　凸模的体积块粗加工**

a）环选择　b）拉伸体积块　c）铣削体积块　d）刀具路径演示

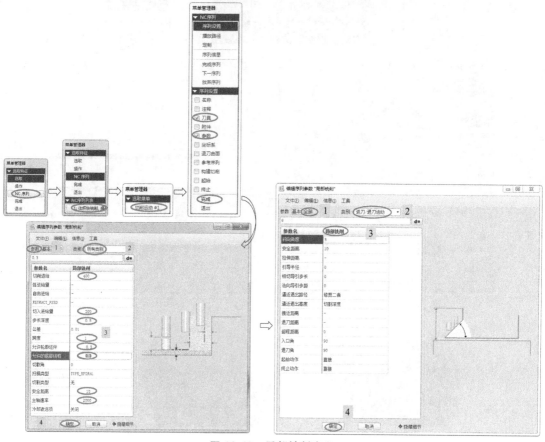

**图 10-48　局部铣削定义**

3）在系统弹出的【编辑序列参数"局部铣削"】对话框中输入加工参数，单击【确定】按钮，完成局部铣削序列的参数设置。

4）在系统弹出的【NC序列】菜单中选择 播放路径 命令，在【播放路径】下拉菜单中选取【屏幕演示】选项，系统弹出【播放路径】对话框，单击 ▶ 按钮，查看刀具路径，完成局部铣削定义。

（7）曲面铣削（图10-49）

1）单击工具栏中的 命令，在系统弹出的【NC序列】菜单中选择【序列设置】选项，然后依次选择【刀具】、【参数】、【曲面】和【定义切削】选项，再选取【完成】命令。

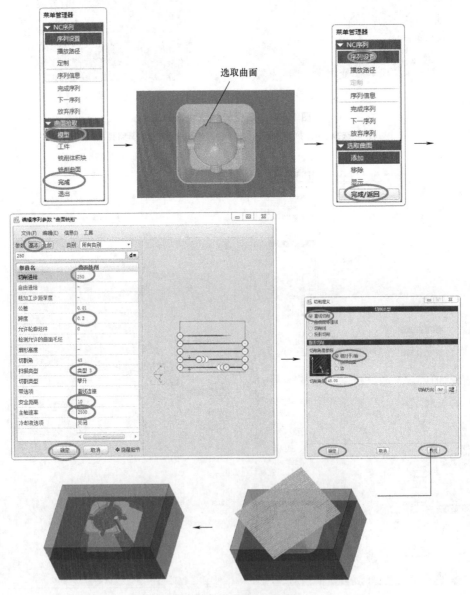

图10-49 曲面铣削定义

2）在系统弹出的【刀具设置】对话框的工具栏中单击 按钮，选择【球铣削】后，依次在【输入刀具直径】和【输入刀具长度】文本框中输入"10"和"50"，再依次单击【应用】和【确定】按钮，完成曲面精加工刀具的定义。

3）在系统弹出【编辑序列参数"曲面铣削"】对话框中输入加工参数（图10-47），单击 确定 按钮，完成曲面铣削序列的参数设置。

4）在系统弹出的【NC序列】菜单中选择【曲面拾取】—【模型】—【完成】选项，用鼠标在图形区中框选出曲面对象，单击【选取曲面】—【完成/返回】选项，在系统弹出的【切削定义】对话框中依次选取【直线切削】和【相对于X轴】选项，在文本框中输入"45"，然后单击 按钮，预览曲面铣削的刀具轨迹，最后单击【确定】按钮。

5）在系统弹出的【NC序列】菜单中选择【播放路径】，查看刀具路径，完成曲面铣削定义。

（8）精加工（图10-50）　单击工具栏中的 命令，在系统弹出的【NC序列】菜单中

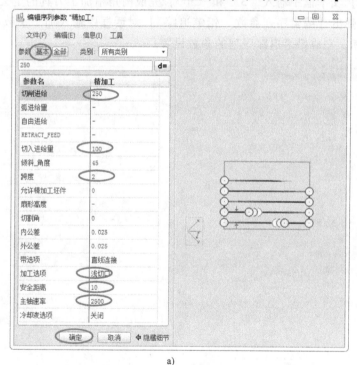

a)

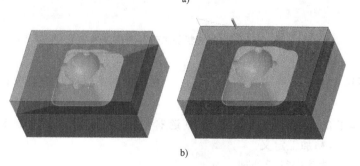

b)

图10-50　分型面精加工定义

a）精加工参数定义　b）刀具路径演示

选取【序列设置】—【刀具】—【参数】—【窗口】—【完成】命令；在系统弹出的【刀具设置】对话框中选择【端铣削】，依次在【输入刀具直径】和【输入刀具长度】文本框中输入"5"和"30"，完成分型面精加工刀具的定义；在系统弹出【编辑序列参数"精加工"】对话框中输入加工参数（图 10-50a），完成精加工序列的参数设置；在模型树中选取【铣削窗口 1】完成"铣削窗口"的定义；在系统弹出的【NC 序列】菜单中选择【播放路径】命令，查看刀具路径（图 10-50b），完成分型面精加工定义。

（9）铅笔跟踪

1）单击工具栏中的 🔧▾命令后的 ▾，在打开的下拉菜单中选择 🔧，在系统弹出的【NC 序列】菜单的 序列设置 选项组中依次选取 ☑刀具 、 ☑参数 和 ☐窗口 复选项，然后选取 完成 命令。

2）在系统弹出【刀具设置】对话框中选择【球铣削】，依次在【输入刀具直径】和【输入刀具长度】文本框中输入"3"和"50"，完成圆角精加工刀具的定义。

3）在系统弹出【编辑序列参数"铅笔追踪"】对话框中输入加工参数（图 10-51），单击【确定】按钮，完成铅笔追踪序列的参数设置。

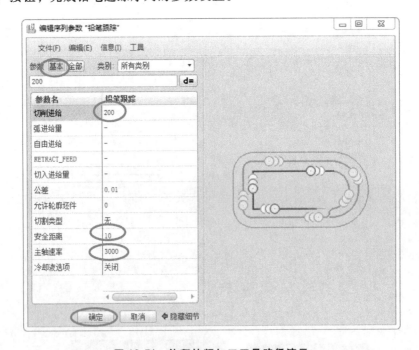

图 10-51　体积块粗加工刀具路径演示

4）消息提示区提示 ⇨选取或创建铣削窗口。 ，在模型树中选取【铣削窗口 1】完成"铣削窗口"的定义。

5）在系统弹出的【NC 序列】菜单中选择【播放路径】命令，查看刀具路径（图 10-45），完成圆角精加工定义。

（10）创建 CL 文件并进行后处理

1）在工具栏中选取 🔲 按钮，系统弹出【制造工艺表】对话框，如图 10-52 所示，按下

<Ctrl>键，选取所有的工序，单击鼠标右键，在弹出的快捷菜单中选取【CL 播放器】命令。

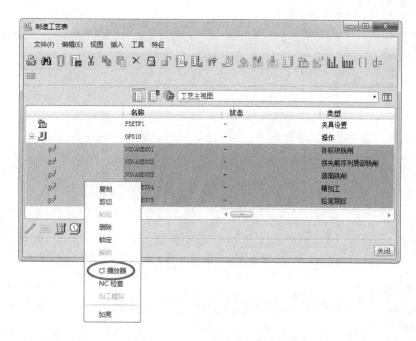

图 10-52　"制造工艺表"

2）在系统弹出的【播放路径】对话框，单击 ▶ 按钮，演示刀路轨迹，单击菜单栏中选择【文件】—【另存为 MCD】选项。

3）系统弹出 后处理器选项 对话框，依次选取【同时保存 CL 文件】、【详细】和【跟踪】选项，单击【输出】按钮（图 10-53），选择保存路径。

4）在系统打开的【后置处理列表】对话框中选取加工设备所对应的后处理器（如 UNCX01.P15），然后在系统弹出的【信息窗口】中单击 关闭 按钮，完成后处理工作。

## 10.3.4　知识分析

在加工质量要求较高或结构较为复杂的零件时，为保证加工质量、生产效率和经济性，常将工艺路线分为粗加工、半精加工和精加工三个阶段来进行。粗加工以快速切除毛坯余量为目的；半精加工的任务是减小粗加工误差，为精加工做准备；精加工则以保证加工质量和表面质量为目标。此外，安排各工序时，还应注意先铣削后钻孔；先进行曲面精加工，后进行二维轮廓精加工。为了兼顾加工效率和质量，本节案例在实施时也将工艺路线划分为三个阶段。铣削加工在不同阶段要达到的加工精度和表面粗糙度分别为：

1）粗铣时精度为 IT11~IT13，表面粗糙度为 $5 \sim 20 \mu m$。

2）半精铣时精度为 IT8~IT11，表面粗糙度为 $2.5 \sim 10 \mu m$。

3）精铣时精度为 IT8~IT16，表面粗糙度为 $0.63 \sim 5 \mu m$。

NC 自动编程时需要通过与 CAD/CAM 软件的交互完成工艺规划，包括刀具选择、切削用量设定和加工路径规划等。只有掌握软件中不同加工方法的特点、刀具选择和切削用量确定的基本原则才能更好地完成编程工作。下文仍以铣削为例，分析 Pro/Engineer NC 环境中

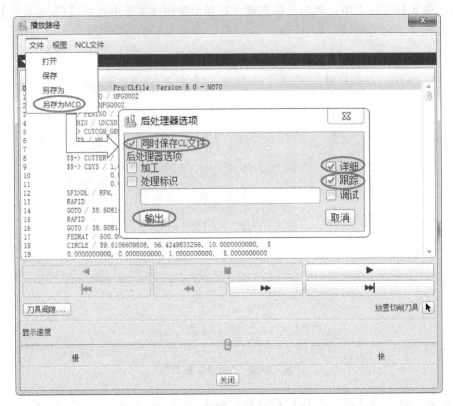

**图 10-53  【播放路径】对话框**

加工方法、刀具和参数设置的一般原则。

**1. 加工方法设置 2**

Pro/Engineer NC 制造模块将加工方法分为粗加工、半精加工和精加工三类，具体如图 10-54 所示。需要说明的是系统所提供加工方法的适用范围并不局限于此。10.2.3 节介绍了属于粗加工类别的端面铣削和体积块粗加工，本节将继续介绍属于半精加工和精加工的方法。

**2. 铣削加工方法菜单及工具栏**

（1）轮廓铣削和腔槽加工（Profile & Pocketing Mill）

① 轮廓铣削采用等高分层的方法加工垂直或倾斜的曲面；腔槽加工用于 2.5 轴水平、竖直或倾斜曲面铣削，腔槽壁的铣削类似于"轮廓铣削"，腔槽底部的铣削则与"体积块"铣削类似。

② 轮廓铣削既可以用于加工垂直表面，也可以用于加工倾斜表面，所选择的加工表面必须能形成连续的刀具路径，刀具以等高方式沿工件分层加工；腔槽加工主要用于各种不同形状的凹槽特征，可同时对腔槽侧壁和腔槽底面进行加工。其刀具路径轨迹在腔槽侧壁上类似于"轮廓铣削"，在腔槽底面上则类似"体积块铣削"中的底面铣削，该操作通常在"体积块铣削"后进行。

③ 主要用来加工垂直或者斜面较陡的工件的铣削，均可用于半精加工和精加工，前者只加工轮廓，后者还包括底面。

图 10-54　铣削加工方法菜单及工具栏

（2）孔加工　孔的加工方法有很多种，Pro/Engineer NC 铣削机床中可调用的加工序列有钻削、铣削和镗削等。铣削的形状精度较差，一般钻削和镗削用得较多，其加工刀具如图 10-55 所示，二者的切削参数和加工范围的设置的方法几乎完全相同。铰孔和镗孔的精度均可达到 IT7 级左右，镗孔还可修正钻削带来的位置偏差，因此二者常用于孔的精加工。

① 钻孔：用于创建一般的循环孔加工序列。

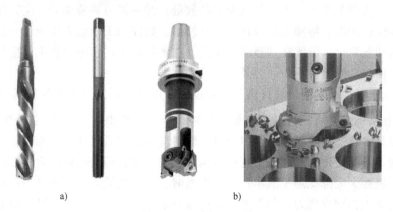

图 10-55　孔加工刀具

a）钻削和铰削　b）镗削

② 深钻：用于深孔加工。

③ 铰孔：小孔的精加工方法之一。

④ 镗孔：一般用于较大孔的扩孔加工。

（3）局部铣削（Local Milling） 用于移除"体积块""轮廓""逆铣"或"轮廓曲面"铣削，或去除另一个局部铣削 NC 序列之后剩下的材料，也可用于清理指定拐角的材料。系统提供三种设置方式：

①【前一步骤】，用于去除"体积块""轮廓""逆铣"或"轮廓曲面"铣削，或另一个局部铣削 NC 序列之后剩下的材料（通常用较小的刀具）。

②【前一刀具】，使用较大的刀具进行加工后，计算指定曲面上的剩余材料，然后用当前较小的刀具去除材料。

③【拐角】，3 轴铣削，通过选取边指定一个或多个需要清除的拐角，自动加工先前的球头铣刀不能到达的拐角或凹处。

（4）曲面铣削（Surface Mill）

① 曲面铣削可用来铣削水平或倾斜的曲面，所选的曲面上的刀具路径必须是连续的。用于加工规则和不规则的曲面，加工时常选用球头铣刀。

② Pro/Engineer NC 中主要的精加工方式之一，偶尔用于粗加工。

③ 曲面铣削的走刀方式非常灵活，不同的曲面可以采用不同的走刀方式，即使是同一曲面也可采用不同的走刀方式。

（5）精加工（Finishing） 对工件进行精确的加工，使其形状和设计模型相同，一般用于在"粗加工"和"重新粗加工"后加工参考零件的细节部分。

（6）铅笔跟踪（Finishing） 用于清除精加工后曲面拐角边的余料，沿拐角创建的单一走刀的刀具路径。

**3. 切削刀具**

在 Pro/Engineer NC 模块中，刀具类型、几何参数及材料等均在【刀具设定】对话框的【一般】选项卡中完成。刀具的设定既可在【NC 序列】设置的过程中进行，也可在【机床设置】中单独设定，然后在【序列设置】时调用，如图 10-56 所示。

在经济型数控加工中，刀具的刃磨、测量和更换需通过手工完成，辅助时间较长，故刀具设定时一般遵循以下原则：①尽量减少刀具数量；②一把刀具装夹后，应完成其所能进行的所有加工部位；③粗、精加工的刀具应分开使用。数控加工一般采用通用刀具，这些刀具已逐渐标准化和系列化。因此在选择时要注意，在满足加工要求的前提下，应尽量选择较短的刀柄，以保证刀具的使用寿命和刀具加工的刚性。

在 Pro/Engineer NC 制造模块提供了铣削过程中可能用到的二十多种刀具（包括孔加工在内），刀具相关的信息可通过【刀具设定】对话框工具栏中的 按钮进行查询。图 10-57所示为常用刀具参数的设定界面，设定刀具参数时应保证刀具尺寸与被加工工件的表面尺寸相适应。尽管刀具的使用寿命和精度直接影响刀具的价格，但选择好的刀具能提高加工质量和加工效率，进而大大降低加工成本；铣削平面时，应选硬质合金刀片铣刀；加工凸台、凹槽时，宜选高速工具钢立铣刀；加工毛坯表面或粗加工孔时，可选取镶硬质合金刀片的玉米铣刀。

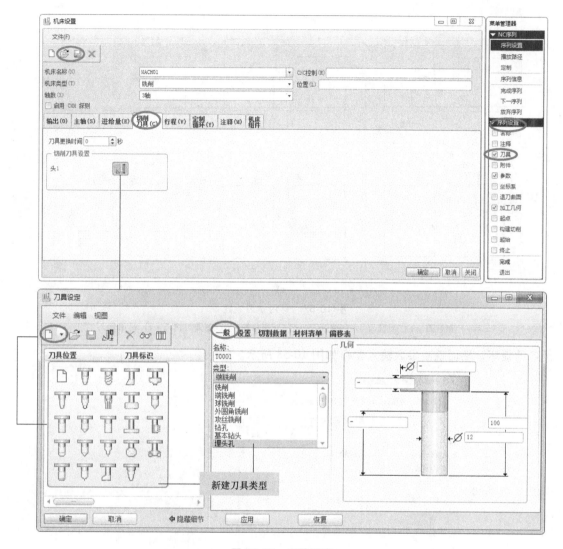

图 10-56  刀具设定

在不同的加工阶段也应选择不同类型的刀具:

① 凹形表面加工:粗加工时宜选择面铣刀或圆角铣刀,以保证刀具的使用寿命;半精加工和精加工时,应选择球头铣刀,以提高表面质量。

② 凸形表面加工:粗加工时一般选择面铣刀或圆角铣刀;精加工时宜选择圆角铣刀,这是因为圆角铣刀的几何条件比面铣刀好。

③ 带脱模斜度的侧面加工:宜选用锥铣刀,虽然采用面铣刀通过插值也可以加工斜面,但会使加工路径变长而影响加工效率,同时会加大刀具的磨损而影响加工的精度。

④ 自由曲面加工:球头铣刀常用于曲面的精加工,面铣刀在表面加工质量和切削效率方面都优于球头铣刀,因此在保证不过切的前提下,曲面粗加工应优先选择面铣刀。

**4. 切削参数设置**

在 Pro/Engineer NC 制造中设置加工参数,不仅需要熟悉各个参数的确切含义,还需要掌握各参数用量对加工质量的影响,否则不仅无法获得良好的加工质量,而且有可能会导致

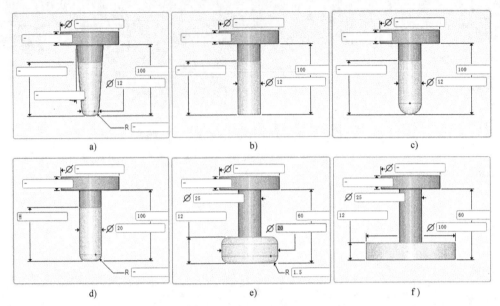

**图 10-57　常用铣刀设定**

a）锥铣刀　b）面铣刀　c）球铣刀　d）外圆角铣　e）侧面刃铣刀　f）键槽铣刀

设备的损坏。端面铣削参数输入窗口如图 10-58 所示。

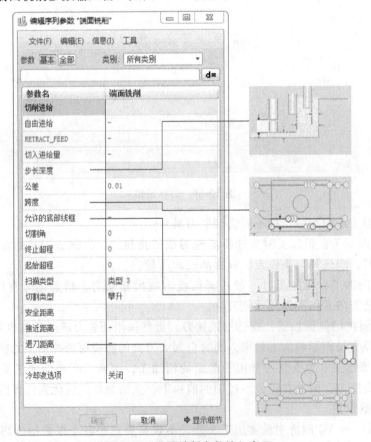

**图 10-58　端面铣削参数输入窗口**

为了提高加工质量，除了切削用量要素外，设置不同的加工序列的切削参数时，还应注意以下几点：

① 外轮廓采用立铣刀侧刃切削，刀具切入工件时，应避免零件外轮廓的法向切入，而应沿外轮廓曲线延长线的切向切入，避免在切入处产生刀具的刻痕而影响表面质量，保证零件外轮廓曲线平滑过渡，同理，在切离工件时，也应避免在工件的外轮廓处直接退刀，而应沿零件轮廓延长线的切向逐渐切离工件。

② 在数控铣床上加工平面轮廓图形时，要安排好刀具的切入切出刀路，避免因交线处重复切削或法线方向切出（退刀）而在工件表面上产生痕迹。

③ 确定轴向移动尺寸时，应考虑刀具的引入长度和超越长度。

④ 镗孔加工时，若位置精度要求较高，加工路线的定位方向应保持一致。

⑤ 加工工件时，刀具的轴向工作循环一般包括快进、工作进给和快速退回等运动，工件进给距离应当是刀具的引入长度、工件加工长度和刀具超越长度的和。

**5. 工艺管理器的使用**

单击工具栏上的 █ 按钮，可打开工艺管理器，如图 10-59 所示。

（1）工艺流程查询和修改　工艺管理器列出全部制造工艺对象，如机床、操作、夹具设置、刀具和 NC 序列。其中 NC 序列列出时被称作步骤。在此对话框中可创建新的制造对象或修改现有对象的属性，也可直接在工艺管理器中创建新的"铣削"和"孔加工"步骤。

（2）工艺模板设置　图 10-59 所示一系列孔径、孔深度、孔距都相同的孔，每个孔的加工循环动作都一样，对于这些重复的加工动作可通过单击工具栏上的 █ 按钮创建模板，然后单击 █ 按钮调用模板即可。

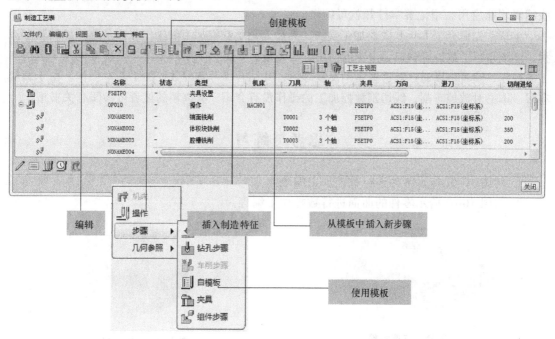

图 10-59　工艺管理器

### 10.3.5 疑问解答

**1. 在对曲面铣削进行屏幕演示时，为什么系统提示"刀具不能没有过切曲面放置"？**

机床零点的设置不合理。

**2. 完成加工方法设置后，进行屏幕演示时，为什么会系统提示"刀具路径已创建好，请检查设定"？**

需要检查相关参数的设置，包括工件坐标系的设置。

**3. 铣削窗口与体积块这两个制造几何工件在使用过程中怎样选择？**

铣削窗口既可用于创建体积块铣削收集几何，又可用于端面铣削序列。对于粗加工、重新粗加工、拐角精加工和精加工序列而言，铣削窗口则是收集制造几何的唯一方法。与体积块相比，铣削窗口的创建更灵活和方便，它几乎能实现铣削体积块的所有功能。

**4. 加工仿真结果如图 10-60 所示，如何修改？**

设置铣削区域时，将【选项】下滑面板中的【在窗口围线内】修改为【在窗口围线上】。

**5. 如何重新使用已有的刀具路径？**

有多种方法可以重用已创建的 NC 序列，在同一个模型中可通过编辑—复制—编辑—粘贴的方式，在此过程中系统将给出提示，可根据需要进行重定义；也可通过 NC 工艺管理器中创建模板，然后重用。

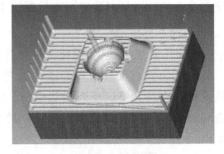

图 10-60　切削残料

**6. 在后置处理时，在菜单中没有找到所需的后处理器，怎么办？Pro/Engineer 所生成 NC 程序能直接用于加工吗？**

可以去 PTC 网站免费下载后处理器。通常情况下，经过后处理的 NC 程序还需要进行一些编辑才能应用，用记事本打开就可编辑。

本章首先简介了 Pro/E 数控加工模块，然后介绍了数控加工的操作界面及数控加工基本流程，详细介绍了数控铣削加工命令的使用方法，最后，以一个模具零件，完整地讲述了数控加工的操作，读者可以通过对这些实例反复练习，并结合练习掌握数控加工基本操作。由于篇幅有限，本书对数控车削、线切割数控加工的操作没有介绍，有兴趣的读者可参阅有关书籍。

## 思考与练习

1. 对图 10-61 所示零件进行数控加工编程。
2. 对图 10-62 所示零件的曲面进行数控加工编程。

图 10-61　支座零件

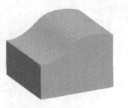

图 10-62　曲面零件

3. 对图 10-63 所示文字进行雕铣加工编程。

图 10-63　文字雕铣

4. 以图 10-64 所示的零件为参考模型进行加工仿真。

要求：

（1）设计合适的工艺规程，见表 10-5。

（2）根据选择的刀具和加工参数进行加工序列设计与仿真。

（3）生成整体的 NC 代码。

表 10-5　工艺规程表

| 序号 | 加工方法 | 刀具 | 铣削用量 | | | |
|---|---|---|---|---|---|---|
| | | | 转速 $n$/(r/min) | 进给速度 $f$/(mm/min) | 切削深度 $a_p$/mm | 安全高度 $h$/mm |
| 1 | | | | | | |
| 2 | | | | | | |
| 3 | | | | | | |

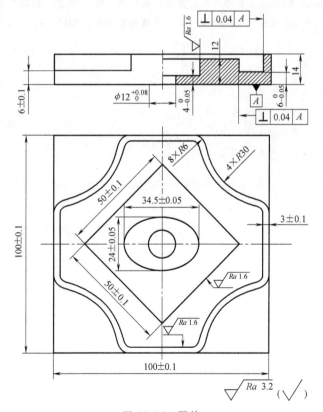

图 10-64　零件

# 参 考 文 献

[1]  余世浩，朱春东. 材料成形 CAD/CAE/CAM 基础 [M]. 北京：北京大学出版社，2011.

[2]  高嵩峰，吴高阳，王宏. Pro/Engineer Wildfire 5.0 中文版模具设计与加工案例实战 [M]. 北京：机械工业出版社，2012.

[3]  史翔. 模具 CAD/CAM 技术及应用 [M]. 北京：机械工业出版社，2008.

[4]  李名尧. 模具 CAD/CAM [M]. 北京：机械工业出版社，2005.

[5]  李志刚. 模具 CAD/CAM [M]. 北京：机械工业出版社，2008.

[6]  林清安. Pro/Engineer 野火 3.0 中文版基础零件设计 [M]. 北京：电子工业出版社，2006.

[7]  陈为，谢玉书. Pro/Engineer 塑料模具设计实例 [M]. 北京：国防工业出版社，2006.

[8]  詹友刚. Pro/Engineer-数控加工教程 [M]. 北京：机械工业出版社，2007.

[9]  孙江宏. Pro/Engineer WILDFIRE 3.0 中文版工程图与数据交换 [M]. 北京：清华大学出版社，2007.

[10]  张铁柱，陈丽，李东升. 参数化模板技术在汽车覆盖件冲压模具设计中的应用 [J]. 材料科学与工艺，2005，12（5）：56-58.

[11]  李雅倩，王斌修. 精冲工艺与模具设计 [J]. 模具制造，2010，10（1）：17-20.

[12]  金坤焱. 汽车垫片冲压多工位级进模设计 [J]. 锻压设备与制造技术，2015，50（3）：15-16.

[13]  柳文清. 基于 CAD 的垫片复合模具设计 [J]. 煤矿机械，2012，33（10）：123-124.

[14]  王勹. Pro/Engineer Wildfire 5.0 冲压模具设计实例教程 [M]. 北京：国防工业出版社，2012.

[15]  张宝源，席平. 三维标注技术发展概况 [J]. 工程图学学报，2011（4）：74-79.